职业教育电子类专业"新课标"规划教材

电子CAD

Electronic CAD

主　编　戴金文

副主编　林干祥　张知明

参　编　段伶俐　甘元智　张照发　汪娇梅

　　　　周学阶　彭俊敏　余扬忠

主　审　谭立新

中南大学出版社
www.csupress.com.cn
·长沙·

内容提要

本书根据"中等职业学校电子技术应用专业教学标准"编写,是中等职业学校电子技术应用、电子电器维修专业课程改革成果教材。

全书采用项目教学的方法,贯彻"做中学,做中教"的理念,介绍如何使用 Protel DXP 2004 软件进行原理图设计和 PCB 设计,如何利用热转印制板、感光板曝光制板、小型工业制板三种化学腐蚀制板方法进行PCB 板制作。全书共分 12 个项目,将 Portel DXP 2004 基础知识、原理图设计、PCB 设计、原理图库设计、PCB 封装库设计、PCB 板制作等内容分解后有机地融入到相应的项目中。本书内容浅显易懂,配合详细的操作步骤和图片,特别适于边操作边学习软件的初学者。

本书适合作为中等职业学校电子技术应用、电子电器维修、电子与信息技术等相关专业教学用书,也可作为岗位培训用书和自学用书。

图书在版编目(C I P)数据

电子CAD / 戴金文主编 . --长沙:中南大学出版社,2014.5
ISBN 978 - 7 - 5487 - 1074 - 5

Ⅰ.电… Ⅱ.戴… Ⅲ.印刷电路—计算机辅助设计—应用软件—职业教育—教材 Ⅳ.TN410.2

中国版本图书馆 CIP 数据核字(2014)第 078410 号

电子 **CAD**

戴金文 主编

□责任编辑	谢贵良
□责任印制	易建国
□出版发行	中南大学出版社
	社址:长沙市麓山南路　　　邮编:410083
	发行科电话:0731 - 88876770　　传真:0731 - 88710482
□印　　装	长沙印通印刷有限公司

□开　　本	787×1092　1/16	□印张 15.5	□字数 390 千字
□版　　次	2014 年 7 月第 1 版	□2018 年 9 月第 2 次印刷	
□书　　号	ISBN 978 - 7 - 5487 - 1074 - 5		
□定　　价	35.00 元		

职业教育电子类专业"新课标"规划教材编委会

出版说明

根据《国务院关于大力发展职业教育的决定》、国务院印发的《关于加快发展现代职业教育的决定》等文件提出的教材建设要求，和《中等职业学校专业教学标准(试行)》(2014)要求职业教育科学化、标准化、规范化等要求，以及习近平总书记专门对职业教育工作作出的重要指示，中南大学出版社组织全国近30余所学校的骨干教师及行业(企业)专家编写了这套《职业教育电子类专业"新课标"规划教材》。

本套教材的编写紧紧围绕目标，以项目模块重新构建知识体系结构，书中内容都以典型产品为载体设计活动来进行的，围绕工作任务、工作现场来组织教学内容，在任务的引领下学习理论，实现理论教学与实践教学融通合一、能力培养与工作岗位对接合一、实习实训与顶岗工作学做合一。

本套教材力求以任务项目为引领，以就业为导向，以标准为尺度，以技能为核心，达到使学校教师、学生在使用本套教材时，感到实用、够用、好用。归纳起来，本套教材具有以下特色：

(1)以任务为驱动，对接真实工作场景性强，教学目的性强，实用性强，教、学、做合一体性。

(2)各项目及内容按照循序渐进、由易到难，所选案例、任务、项目贴近学生，注重知识的趣味性、实用性和可操作性。

(3)把培养学生学习能力贯穿于整个教材中，尽量避免各套教材的实训项目内容重复，注意主辅协调、合理搭配，提高教学效果。

(4)考虑到各个学校实训条件，教材中许多项目还设计了仿真教学，兼顾各中等职业学校的实际教学要求，让学生能轻松学习知识和技能。

(5)注重立体化教材建设。通过主教材、电子教案、实训指导、习题及解答等教学资源的有机结合，提高教学服务水平，为高素质技能型人才的培养创造良好的条件。

由于职业教育改革和发展的速度很快，加之我们的水平和经验有限，因此在教材的编写和出版过程中难免出现问题和错误。我们恳请使用这套教材的师生及时向我们反馈质量信息，以利于我们今后不断提高教材的出版质量，为广大师生提供更多、更实用的教材。意见反馈及教学资源联系方式：451899305@qq.com

编委会主任　李正祥
2014 年 6 月

前　言

本书是中等职业教育电子技术应用专业课程改革成果教材。本书的编写是根据湖南省"中等职业学校电子技术应用专业教学标准",同时参考教育部最新颁布的教学大纲和有关行业的职业技能鉴定规范及中级技术工人等级考核标准。本书主要提供中等职业学校电类相关专业教学使用,也可作为岗位培训教材及自学用书。

Portel DXP 2004 是一款功能强大、国内应用广泛的电子电路设计软件。本书主要介绍如何使用 Protel DXP 2004 软件进行原理图设计和 PCB 设计,如何利用热转印制板、感光板曝光制板、小型工业制板三种化学腐蚀制板方法进行 PCB 板制作。全书共分 12 个项目,将 Portel DXP 2004 基础知识、原理图设计、PCB 设计、原理图库设计、PCB 封装库设计、PCB 板制作等内容分解后有机地融入到相应的项目中。

本书在编写过程中对内容进行了如下处理:

1. 项目内容由浅入深、由点到面,每个项目着重介绍所涉及内容的操作方法,同时涉及一定的新知识。项目一至项目四主要为原理图设计,项目五为原理图元件的制作,项目六为层次原理图设计,项目七为原理图各种报表的生成,项目八至项目九为 PCB 设计,项目十PCB 板元件封装制作,有条件的学校可完成项目十一至项目十二化学腐蚀制板。

2. 为强化学习效果,加强学生复习,部分项目内容与前面的项目有所重复,但操作步骤的叙述有所简化。

3. 在本软件的使用中尽管有很多不同的操作界面,但大多数的操作方法、步骤(例如对元件的操作有拖动、旋转、翻转、复制、粘贴、属性修改等)相同,所以对重复的操作步骤,后面的项目中不再说明(或简单说明),学习过程中需要学生举一反三。

4. 全书通过项目教学的方式编写,在选择项目电路时尽可能考虑学习内容的需要,未尽内容通过"知识准备"、"提示"等栏目进行表述。

5. 考虑到工程实际的需要及中职学生的学习目标,本书以完成一般电路的 PCB 设计为目的,对 Portel DXP 2004 中比较复杂的相关内容进行了删减。

6. 较好地完成工程实际应用中的 PCB 设计。需要大量工程设计经验的实训,本书只能提出一些设计原则及软件使用的方法,用于指导实践,实际应用中还需要学生加强练习。

本书由戴金文任主编,林干祥、张知明任副主编,参加本书编写的还有段伶俐、甘元智、张照发、汪娇梅、周学阶、彭俊敏、余扬忠等。本书由谭立新审稿。审者认真地审阅了全书,提出了许多宝贵的建议和意见,在此表示衷心的感谢!

由于编者水平有限,教材中难免存在错误和不足之处,敬请广大读者批评指正。

编者

2014 年 7 月

目　录

项目一　认识 ProteI DXP 2004

项目描述

电子 CAD 的基本含义是使用计算机完成电子电路的设计,包括电原理图的编辑、电路功能仿真、工作环境模拟、印制电路板(PCB——Printed Circuit Board)设计(自动布局、自动布线)与检测等。电子 CAD 软件还能迅速形成各种各样的报表文件,如元件清单报表,为元器件的采购及工程预决算等提供了方便。它能够使人们从日常的繁重和重复性的工作中解脱出来,有更多的机会充分发挥自己的聪明才智,进行创造性的设计工作。Protel DXP 2004 是澳大利亚 Altium 公司于 2002 年推出的一款电子设计自动化软件。它的主要功能包括:原理图编辑、印制电路板设计、电路仿真分析、可编程逻辑器件的设计。用户使用最多的是该款软件的原理图编辑和印制电路板设计功能。

通过此项目来达到如下目标:

(1)学会如何安装 Protel DXP 2004 软件;

(2)学会新建和保存原理图文件;

(3)掌握设计项目和文件的关系;

(3)熟悉 Protel 文件管理。

任务实现

1.1　Protel DXP 2004 简介

Protel DXP 2004 是 Protel 99SE 的升级版本。Protel DXP 2004 与以前的 Protel 99SE 相比,在操作界面和操作步骤上有了很大的改进,用户界面更加友好、直观,用户操作更加便利。

Protel DXP 2004 的主要组成如下:

(1)原理图设计系统。主要用于电路原理图的设计,为印制电路板图的设计做准备工作。

(2)印制电路板图设计系统。主要用于印制电路板图的设计,由它生成的 PCB 文件可直接应用到印制电路板的生产中。

(3)FPGA 系统。主要用于可编程逻辑器件的设计。

(4)VHDL 系统。硬件描述语言编译系统。

1.2　Protel 的发展历史

Protel 公司于 1985 年在澳大利亚的悉尼成立,同年推出第一代 DOS 版 PCB 设计软件,如

TANGO、Protel Schematic 和 Autotrax 等。1988 年，Protel 公司在美国硅谷设立研发中心。升级版的 Protel for DOS 由美国引入中国大陆，因其方便、易学、实用得到了广泛的应用。进入 20 世纪 90 年代以后，随着个人计算机硬件性能的提高和 Windows 操作系统的推出，Protel 公司于 1991 年发布了世界上第一个基于 Windows 环境的 EDA 工具，奠定了其在桌面 EDA 系统的领先地位。

1998 年，Protel 公司推出了 Protel 98，将原理图设计、PCB 设计、无网格布线器、可编程逻辑器件设计和混合电路模拟仿真集成于一体化设计环境中。随后又推出了 Protel 99 及 Protel 99SE 等产品。2002 年，该公司更名为 Altium 公司，接着推出了 Protel DXP。Protel DXP 是 Altium 公司 2002 年推出的最新一代 EDA 设计软件，是 Protel 99SE 的升级版本。Protel DXP 与以前的 Protel 99SE 相比，在操作界面和操作步骤上有了很大的改进，用户界面更加友好、直观，用户操作更加方便。

本教材以 Protel DXP 2004 中文破解版为基础进行介绍。

1.3 Protel DXP 2004 的特点

1. 通过设计档包的方式，将原理图编辑、电路仿真、PCB 设计及打印有机地结合在一起，提供了一个集成开发环境。

2. 提供了混合电路仿真功能，为正确设计实验原理图电路中某些功能模块提供了方便。

3. 提供了丰富的原理图组件库和 PCB 封装库，并且为设计新的器件提供了封装向导程序，简化了封装设计过程。

4. 提供了层次原理图设计方法，支持"自上向下"的设计思想，使大型电路设计的工作组开发方式成为可能。

5. 提供了强大的查错功能。原理图中的 ERC（电气法则检查）工具和 PCB 的 DRC（设计规则检查）工具能帮助设计者更快地查出和改正错误。

6. 全面兼容 Protel 系列以前版本的设计文件，并提供了 OrCAD 格式文件的转换功能。

7. 提供了全新的 FPGA 设计功能，这是以前版本所没有提供的功能。

任务一   Protel DXP 2004 安装

Protel DXP 2004 中文破解版的安装与大多数的 Windows 应用程序安装类似，按照安装向导的提示，分别执行安装程序步骤即可。具体的安装步骤如下。

1. 如果是在网上下载的 Protel DXP 2004 中文破解版，先解压，再运行 setup\Setup.exe 文件，安装 Protel DXP 2004。

2. 接着分别运行 DXP2004SP2 补丁.exe 和 DXP2004SP2_IntegratedLibraries.exe 文件。

3. 使用 DXP2004crack.rar 文件中的 Protel2004_sp2_Genkey.exe，将它放在 Protel_DXP_2004 的安装目录里面双击注册。

4. 左键点击 Protel 左上角 DXP，选择 Preference 菜单项并单击，在出现的对话框中，选中 Use localized rescources，然后关闭 Protel_DXP_2004，重新打开软件变为简体中文版本，这样就安装完成了！

任务二　Protel DXP 2004 应用初步

1.4　Protel 文件管理

1. 熟悉文件组织结构

Protel DXP 2004 引入了设计项目的概念，在印制电路板的设计过程中，一般先建立一个项目文件，项目文件扩展名为".Prj＊＊＊"（其中"＊＊＊"是由所建项目的类型决定）。该文件只是定义项目中的各个文件之间的关系，并不将各个文件包含于内。在设计过程中，建立的原理图、PCB 等文件都以分立文件的形式保存在计算机中。有了项目文件这个联系的纽带，同一项目中不同文件可以不必保存在同一文件夹中。在查看文件时，可以通过打开项目文件的方式看见与项目相关的所有文件，也可以将项目中的单个文件以自由文件的形式单独打开。总的说来，Protel DXP 2004 软件的文件组织结构可以表述成如图 1-1 所示结构。

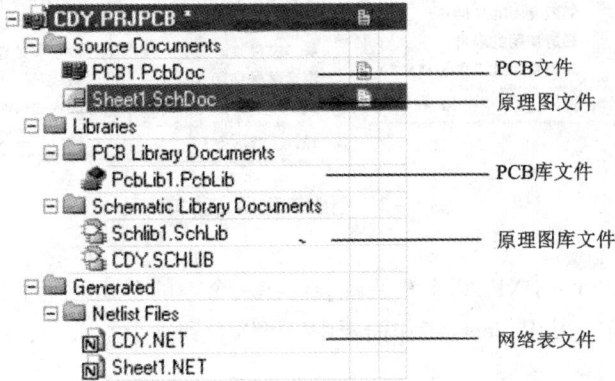

图 1-1　文件组织结构

在 Protel DXP 2004 软件中，设计文件的扩展名，如表 1-1-1 和表 1-1-2 所示。

表 1-1-1　常用项目类型

文件扩展名	文件类型	图标
.PrjPCB	PCB 项目	
.LibPkg	集成元件库项目	

表 1-1-2　常用文件类型

文件扩展名	文件类型	图标
.SchDoc	原理图文件	
.SchLib	元件原理图库文件	
.PcbDoc	印制电路板图文件	
.PcbLib	元件封装库文件	
.IntLib	集成元件库文件	

2. PCB 工程及相关文件的创建

(1) PCB 工程的创建与保存

步骤 1: 运行 Protel DXP 2004 软件, 进入到工作窗口界面, 执行【文件】—【创建】—【项目】—【PCB 项目】菜单命令, 如图 1 - 2 所示。

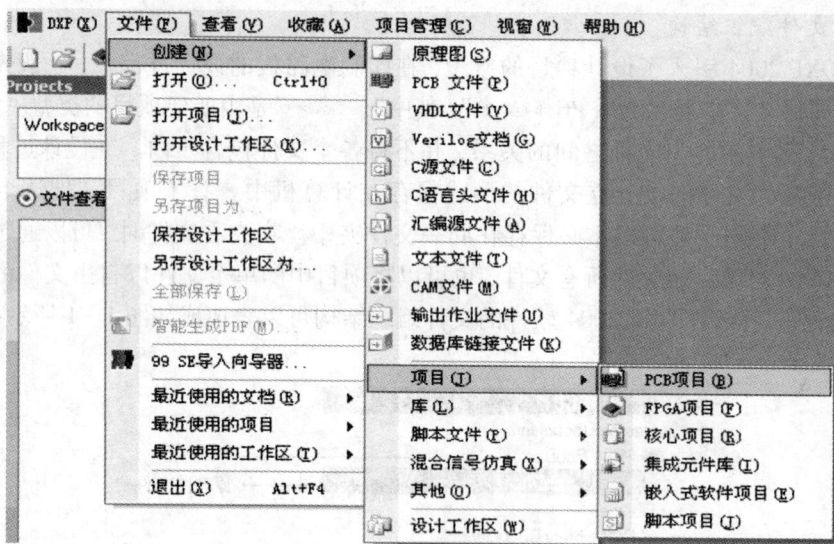

图 1 - 2   创建工程项目菜单

执行命令之后, Protel DXP 2004 软件就会创建一个空的 PCB 工程, 并使用默认文件名为 PCB__Project1. PrjPCB。从 Projects 工作面板中, 可以看到这个空工程, 如图 1 - 3 所示。

图 1 - 3   新建的空 PCB 工程

步骤 2: 执行【文件】—【保存项目】菜单命令, 弹出保存工程项目文件路径和文件名如图 1 - 4 所示对话框。

图 1-4 保存工程项目文件对话框

（2）文件的创建与保存

在创建了空工程后，可以添加很多类型的源文件，如原理图文件、PCB 文件、原理图库文件、PCB 封装库文件等。其步骤与 PCB 工程的创建与保存类似。如图 1-5 所示。

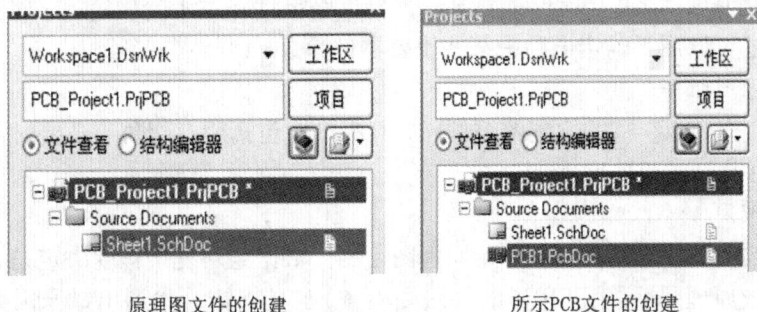

原理图文件的创建   所示PCB文件的创建

图 1-5

3. 从工程中删除与添加文件

（1）删除文件

步骤1：在如图 1-5 所示的 Projects 工作面板中，右击要删除的文件，然后在弹出的菜单中选择从项目中删除命令，弹出确认删除对话框，如图 1-6 所示。

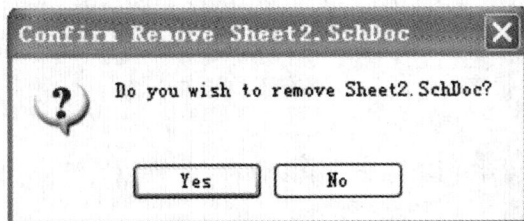

图 1-6 确认删除对话框

步骤 2：单击 Yes 按钮，即可将此文件从当前工程项目中删除。从工程项目中删除的文件称为自由文件。如果需要从磁盘中将其彻底删除，则需要相应的磁盘文件。

（2）添加文件

添加新文件：执行【项目管理】—【追加新文件到项目中】菜单命令，将需要新设计的文件添加到当前工程项目中。

添加已有文件：执行【项目管理】—【追加已有文件到项目中】菜单命令，从弹出的对话框中选择一个需要文件，添加到当前工程项目中。

另外，Projects 工程面板中所显示的自由文件，可通过鼠标拖动或单击右键从弹出的菜单中选择【Add to Project】命令，将其加入到工程项目中。

1.5　电路设计简介

电路设计首先要了解电路设计与制作的总体流程，以便从整体上掌握实际 PCB 设计与制作的操作步骤，理解原理图在电路板设计中的作用。电路设计与制作流程如下：

1. 方案分析

它决定电路原理图如何设计，同时也影响到 PCB 板如何规划。根据设计要求进行方案比较、元器件的选择等，是开发项目中最重要的环节。

2. 电路仿真

在设计电路原理图之前，有时候对某一部分电路设计并不十分确定，因此需要通过电路仿真来验证。还可以用于确定电路中某些重要器件参数。

3. 设计原理图组件

Protel DXP 提供了丰富的原理图组件库，但不可能包括所有组件，必要时需动手设计原理图组件，建立自己的组件库。

4. 绘制原理图

找到所有需要的原理组件后，开始原理图绘制。根据电路复杂程度决定是否需要使用层次原理图。完成原理图后，用 ERC（电气法则检查）工具查错。找到出错原因并修改原理图电路，重新查错到没有原则性错误为止。

5. 设计组件封装

和原理图组件库一样，Protel DXP 也不可能提供所有组件的封装。需要时自行设计并建立新的组件封装库。

6. 设计 PCB 板

确认原理图没有错误之后，开始 PCB 板的绘制。首先绘出 PCB 板的轮廓，确定工艺要求（使用几层板等）。然后将原理图传输到 PCB 板中来，在网络表、设计规则和原理图的引导下布局和布线。（设计规则检查）工具查错是电路设计时另一个关键环节，它将决定该产品的实用性能，需要考虑的因素很多，不同的电路有不同要求。

7. 文档整理

对原理图、PCB 图及器件清单等文件予以保存，以便以后维护、修改。

考核评价

使用给定计算机上 Protel DXP 2004 的安装文件，在自己的电脑上安装 Protel DXP 2004 软件，要求在我的电脑的 D 盘中新建一个文件名为 DXP 的文件，并将软件安装在其中，并对软件进行破解与汉化操作。

拓展提高

将在 Protel 99 SE 格式文件导入 Protel DXP 2004 中。

练习题

1. 填空题

(1) Protel DXP 是＿＿公司生产的电路板设计系统的最新版本。

(2) Protel DXP 主要由 4 大部分组成＿＿＿＿、＿＿＿＿、＿＿＿＿、＿＿＿＿。

(3) Protel DXP 主窗口即 Design Explorer DXP 窗口，该窗口主要由＿＿＿＿、＿＿＿＿、＿＿＿＿、＿＿＿＿、＿＿＿＿等组成。

(4) 工作区面板可以通过＿＿＿＿、＿＿＿＿或＿＿＿＿显示方式适应桌面工作环境。

(5) 原理图设计系统主要用于＿＿＿＿的设计，印制电路板设计系统主要用于＿＿＿＿的设计。

(6) ProtelDXP 提供了一系列的工具来管理多个用户同时操作项目数据库。每个数据库默认时都带有设计工作组(Design Team)，其中包括 Members, Permissions, Sessions3 个部分。Members 自带两个成员：系统管理员和＿＿＿＿。系统管理员可以进行修改密码，增加＿＿＿＿，删除设计成员，修改权限等操作。

2. 判断题

(1) 在 Protel DXP 中用户只能单独完成设计项目，不能通过网络完成设计项目。(　　)

(2) 按组合键 Alt + F4 可以关闭 Protel DXP。(　　)

(3) 在 Protel DXP 中一定要建立项目后才可以新建原理图文件。(　　)

(4) Protel DXP 是用于电子线路设计的专用软件。(　　)

(5) Protel DXP 的安装与运行对计算机的系统配置没有要求。

项目二 模拟放大器电路图的绘制

考核评价

本项目通过一个简单的模拟放大器电路来叙述绘制一个原理图的过程，达到如下目标：

（1）掌握启动 Protel DXP 2004 的方法。

（2）理解设计项目与文件的关系，掌握 Protel 文件管理的方法。

（3）掌握工程项目文件、原理图文件和 PCB 文件的创建。

（4）掌握元件库的加载与卸载。

（5）掌握元器件查找和放置的方法及元器件属性的设置。

（6）掌握元器件的连接方法。

（7）掌握电源/接地符号的放置方法。

知识准备

2.1 Protel DXP 2004 启动

按照项目一安装好 Protel DXP 2004 软件后，可以通过以下方式来启动该软件。

1. 从桌面快捷方式启动

如果在桌面上已经建立了 Protel DXP 2004 软件的快捷键图标，则可以直接双击该图标启动 Protel DXP 2004；也可以右击该图标，在弹出的菜单中单击【打开】命令启动 Protel DXP 2004。

2. 从【开始】菜单启动

选择 Windows 的【开始】菜单下【所有程序】/Altium/DXP 2004 命令，即可启动 Protel DXP 2004。

2.2 原理图编辑器

电路的设计一般都是从原理图设计开始的，而要进行原理图的设计，首先要熟悉原理图设计界面。

Protel DXP 2004 原理图编辑器的基本结构如图 2 - 1 所示，主要包括以下几个方面。

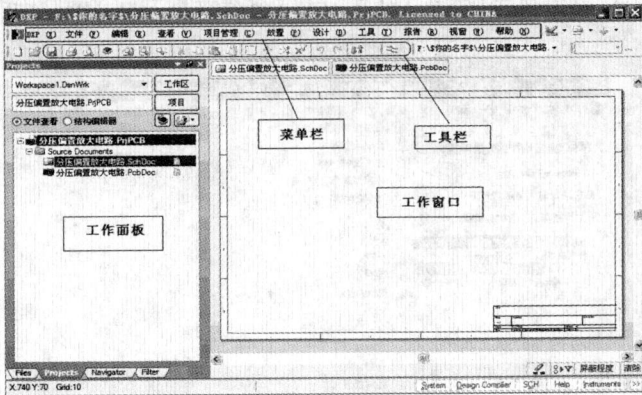

图 2-1　原理图编辑器

1. 主菜单

它负责文件管理，原理图设计相关命令及编辑。

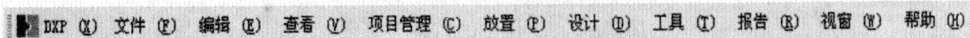

2. 工具栏

它提供了与菜单相对应的按钮操作，以加快设计过程。工具栏包括：

主工具栏：负责提供文件管理、打印等功能。

格式(颜色和字体)工具栏：负责设置颜色和字体。

原理图设计工具栏：负责完成布线、总线、网络标号、地线、层次电路设计等工作。

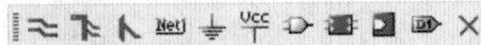

实用工具栏：提供测试点设置等功能。

导航工具栏：完成设计文件访问导航功能。

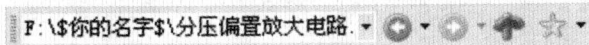

混合信号仿真工具栏：完成电路仿真功能。

所有这些工具栏都可以单击【查看】/【工具栏】命令来打开或关闭，如图2-2所示。

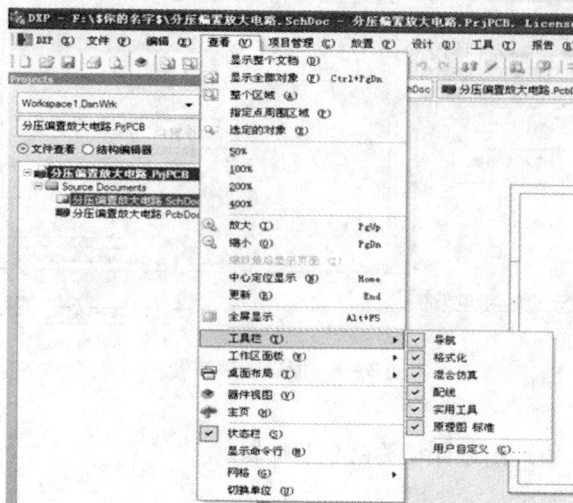

图2-2 工具栏的打开与关闭

3. 工作窗口

工作窗口提供了原理图设计和编辑的工作平台，原理图设计过程中的全部操作都可以在这个窗口中实现。

4. 工作面板

工作面板位于原理图编辑器界面的左侧。利用工具面板的图形化菜单窗口，设计者可以方便地打开、访问、浏览和编辑电路。设计者可以根据不同的工作环境来选用不同的工作面板。系统默认的工作面板是"Projects"面板，可以单击不同的面板标签来激活对应的面板使其在工作面板窗口中显示，例如，单击"Files"面板标签时，工作面板窗口中会出现如图2-3所示的"Files"工作面板。

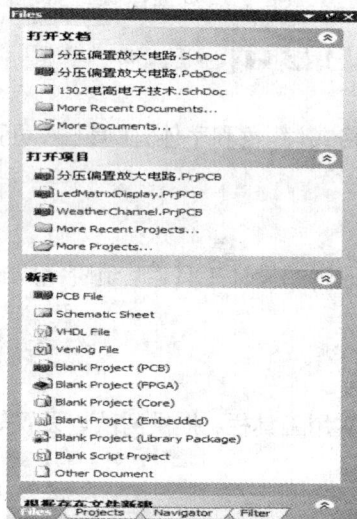

图2-3 "Files"工作面板

2.3 元件库操作

电路一般都是由各种元器件构成的，如电阻、电容、二极管、三极管等，在 Protel DXP 2004 软件中，这些常用元器件的原理图符号、元器件封装等都是现成的，它们被放置在元件库中，若用户需要，可直接从元件库中加以调用。

2.3.1 元件库介绍

Protel DXP 2004 软件支持单独的元器件符号、元器件封装库和集成元器件库。它们的文件后缀名分别为：SchLib、PcbLib 和 IntLib。

当加载的库文件为集成元件库时，相当于同时加载了符号库和封装库。Protel DXP 2004

软件提供了电气元件杂项库（Miscellaneous Devices. IntLib）和常用的接插件杂项库（Miscellaneous Connectors. IntLib），常用的元器件都能在这两个集成库中找到，它们被放在 Protel DXP 2004 安装目录下的 Library 文件夹中。在设计电路原理图之前，一般先把这两个集成元件库进行加载。

2.3.2　熟悉【元件库】工作面板

Protel DXP 2004 软件的【元件库】工作面板如图 2 - 4 所示。该工作面板包括以下信息：

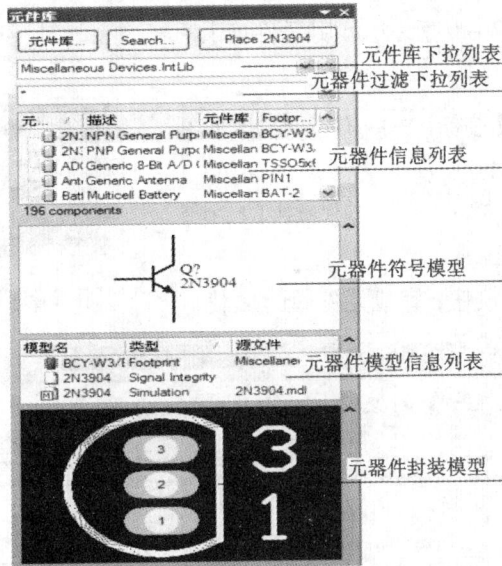

图 2 - 4　【元件库】工作面板

【元件库】、【Search】、【Place】按钮：位于工作面板的最上方，分别表示加载或卸载元件库、查找元器件和放置元器件三种功能。

第 1 个下拉列表框：它列出了已经加载的元件库。

第 2 个下拉列表框：它是元器件过滤下拉列表框，用来设置匹配条件，通配符号为"＊"。如在过滤栏中输入"BU＊"，则在对象库元器件栏中显示所有以 BU 字母开头的元器件。

第 3 个下拉列表框：它是元器件信息列表，包括元件名称、元件描述、元件所在的集成库及封装信息。

元器件符号模型：它显示了所选元器件的原理图模型。

元器件模型信息：它显示了所选元器件 PCB 封装模型（Footprint）、信号完整性模型（Signal Integrity）和仿真模型（Simulation）等。

元器件封装模型：它显示了所选元器件的 PCB 封装模型。

2.3.3　元件库的加载与卸载

1. 元件库的加载

Protel DXP 2004 系统装载有万种元器件，这些元件分别按生产厂家和类别被保存在不同的原理图库文件中。因此，在绘制原理图之前应该知道所用元器件属于哪个库。也就是说，在往电路原理图中放置元件之前，应该首先将该元件所在的元件库进行加载。

加载元件库的步骤如下：

步骤一：打开元件库工作面板，单击【查看】/【工作区面板】/【System】/【元件库】菜单命令，即可打开元件库工作面板，如图2-5所示。（或者单击原理图主工具栏中的【浏览元件库】图标，可直接打开元件库工作面板。）

步骤二：单击【元件库】工作面板中的【元件库】按钮，弹出如图2-6所示【可用元件库】对话框。

步骤三：单击【安装】按钮，弹出如图2-7所示的"打开"【元件库】对话框。

步骤四：选取需要加载的元件库后，单击【打开】按钮，即可将该元件库加载。

步骤五：单击【关闭】按钮，完成元件库的加载。

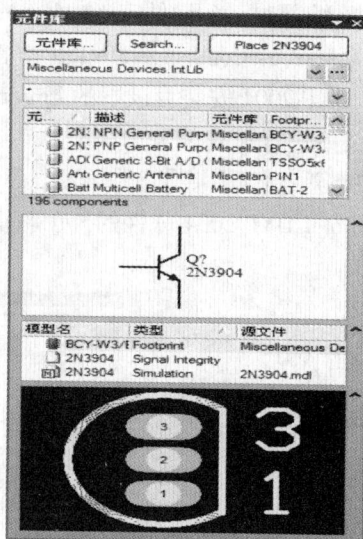

图2-5 【元件库】工作面板

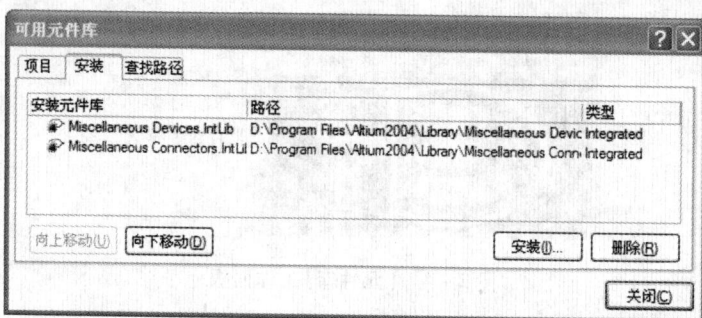

图2-6 【可用元件库】对话框

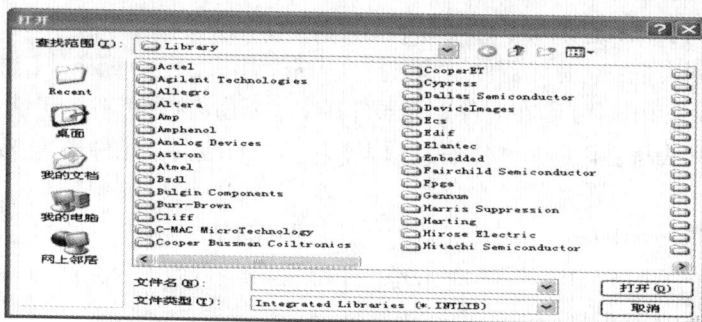

图2-7 【元件库】对话框

2.元件库的卸载

步骤一：单击原理图主工具栏中的【浏览元件库】图标，打开元件库工作面板。

步骤二：单击【元件库】工作面板中的【元件库】按钮，弹出如图2-6所示的【可用元件库】对话框，在该对话框中列出了已经安装的元件库。

步骤三：选中想要卸载的元件库，单击【删除】按钮，即可将该元件库从该项目中删除。

步骤四：单击【关闭】按钮，完成卸载元件库的操作。

2.3.4 查找和放置元器件

Protel DXP 2004 软件中包含了丰富的元件库。对一个初学者来说，快速、准确地找到自己想要的元器件是必备基本功之一。

例：设计者需要查找一电容，已知电容元件在 Miscellaneous Devices. IntLib 集成库中，电容元件的名称以字母 cap 开头。

下面介绍两种元器件查找的方法：

1. 利用【元件库】工作面板的过滤功能查找元器件

查找要求：

1）知道所需元器件的部分或全部名称；

2）知道所需元器件所在的库；

3）加载了该元器件的库文件。

查找该元件的步骤如下：（如图 2-8 所示）

步骤一：单击主工具栏中的【浏览元件库】图标，打开【元件库】工作面板。

步骤二：在第 1 个下拉列表框中选中"Miscellaneous Devices. IntLib"，在第 2 个下拉列表框输入"cap"，系统将自动根据匹配信息对元器件进行筛选，筛选结果显示在第 3 个下拉列表框中。

步骤三：在第 3 个下拉列表框中选中你所需要的电容元件。

步骤四：单击【元件库】工作面板右上角的"Place"按钮，即可将该元件放置于原理图工作区。

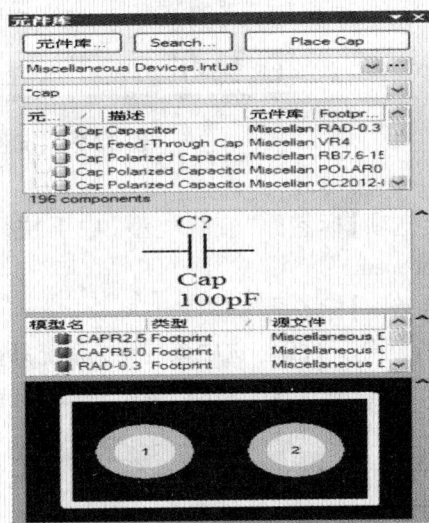

图 2-8 元器件的查找

2. 利用【元件库】工作面板的【Search】（查找）按钮查找元件

查找要求：

1）知道所需元器件的部分或全部名称；

2）不知道所需元器件所在的库；

3）未加载该元器件的库文件。

例：查找一元件名称中有"74LS"字符的集成运放。

查找该元件的步骤如下：

步骤一：单击主工具栏中的【浏览元件库】图标，打开【元件库】工作面板。

步骤二：单击【Search】（查找）按钮，弹出如图 2-9 所示的【元器件查找】对话框。

步骤三：设置【元件库查找】对话框的信息（如图 2-9 所示）：

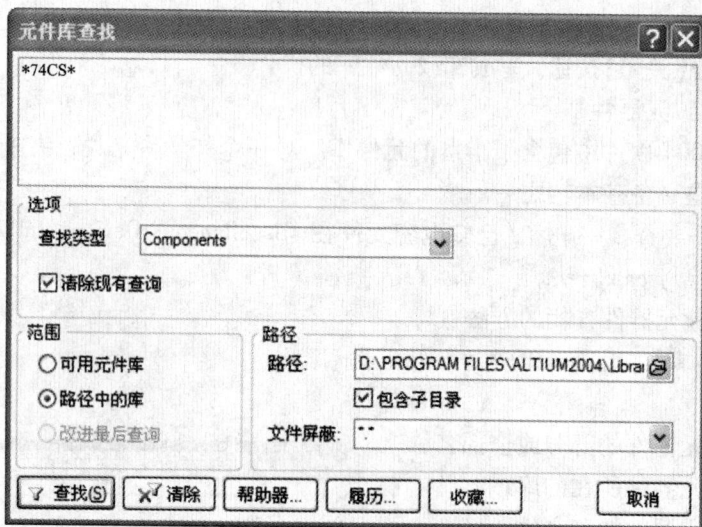

图 2 - 9 【元件库查找】对话框及其设置

【选项】标签的"查找类型"中下拉列表框中设置需要查找的元器件模型。本例选择"Components"。

【范围】标签设置：

①可用元件库：选中该按钮，系统只在已经加载的元件库中查找元件。

②路径中的库：选中该按钮，系统将在用户指定的路径下进行查找，此时，在右侧的【路径】标签中用户可以设置搜索路径。

本例应选中"路径中的库"按钮。

【路径】标签设置：

①路径文本框：默认路径为"C:\Program File\Altium 2004\Library"。用户也可以自行设置搜索路径。本例采用默认路径。

② 包含子目录复选框：选中该复选框，则进行元器件搜索时，将同时搜索该路径下子目录中的元器件。通常，该复选框应为选中状态。本例应选中该复选框。

③文件屏蔽下拉列表框：选择"＊.＊"，则在选定目录下的所有文件夹中进行元器件查找。本例选择"＊.＊"。

步骤四：在【元器件查找】对话框最上面文本框中输入"＊74LS＊"，单击左下角的【查找】按钮，即可进行元件的查找。

步骤五：在第 3 个下拉列表框中选中你所需要的集成运放组件，单击【元件库】工作面板右上角的"Place"按钮，弹出"是否添加该元器件所在库"的对话框，如图 2 - 10 所示。单击【是】按钮即可完成该元件库的加载。

步骤六：单击【元件库】工作面板右上角的"Place"按钮 Place Cap ，即可将该元件放置于原理图工作区。

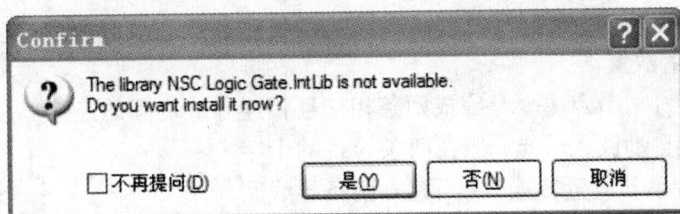

图 2 – 10　"是否添加该元器件所在库"的对话框

2.4　元件的连接

Protel DXP 2004 软件中的导线是指具有电气连接关系的一种原理图组件,是原理图中重要的图元之一。导线不同于绘图工具中的直线,直线没有电气连接的意义。

2.4.1　放置导线

步骤一:单击【放置】/【导线】菜单命令,或者直接单击"原理图设计工具栏"中的【放置导线】图标 ≈ 。此时光标变成十字状,表明已经进入放置导线状态,可以进行元件的连接。

步骤二:将光标移到元器件的管脚上,当光标变成红色的"×"形标记时,单击鼠标左键,此为导线的第一个端点(起点)。

步骤三:移动鼠标到下一个转折点或终点,单击鼠标左键,确定导线的第二个端点,同时,该点又成为下一段导线的起点,继续移动鼠标可放置第二条导线。

步骤四:单击鼠标右键,结束导线的放置。

此时系统仍处于导线放置状态。放置完所有导线后,可通过右击工作区或按 Esc 键,可退出导线放置状态。

2.4.2　设置导线属性

双击导线或在放置导线状态下按 Tab 键,进入"导线"属性设置对话框,如图 2 – 11 所示。

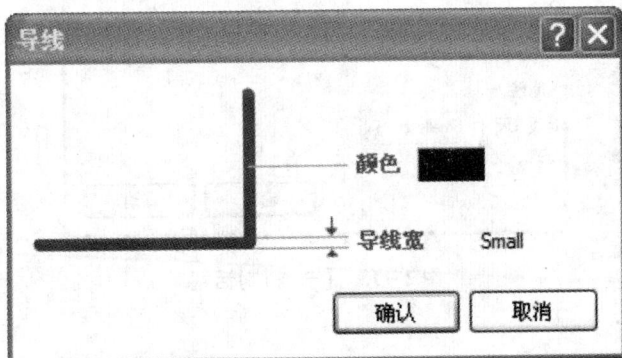

图 2 – 11　"导线"属性设置对话框

1)颜色。根据个人喜好,可设置导线的颜色。

2)导线宽:设置导线的宽度。打开右边的下拉列表,列出来四种宽度标准:Smallest(最细)、Small(细)、Medium(中)和 Large(粗)。系统默认的导线宽度为 Small(细)。

设置完毕,单击确认,完成导线的属性设置。

2.4.3 线路节点的放置

在原理图设计中,节点主要是完成两条相交且相连导线之间的连接。一般,两条导线的 T 型交叉处系统会自动放入节点,但在两条导线的十字交叉处需要设计者手动放置节点,方可建立两条导线间的电气连接关系。

图 2-12 手工放置好的节点

1. 节点的放置

步骤一:单击【放置】/【手工放置节点】菜单命令。此时光标变成十字形状且线路节点悬浮于光标之上,系统进入节点放置状态。

步骤二:在需要放置节点的位置单击鼠标左键即可放置节点。重复此操作可继续放置其他节点。

步骤三:单击鼠标右键或按 Esc 键,结束节点放置。手工放置好的节点如图 2-12 所示。

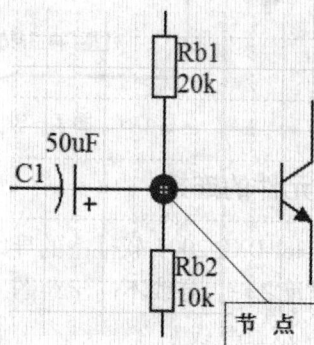

2. 节点属性设置

在放置节点时按 Tab 键,或者双击已经放置好的节点,可弹出【节点】对话框(图2-13),对节点进行属性设置:

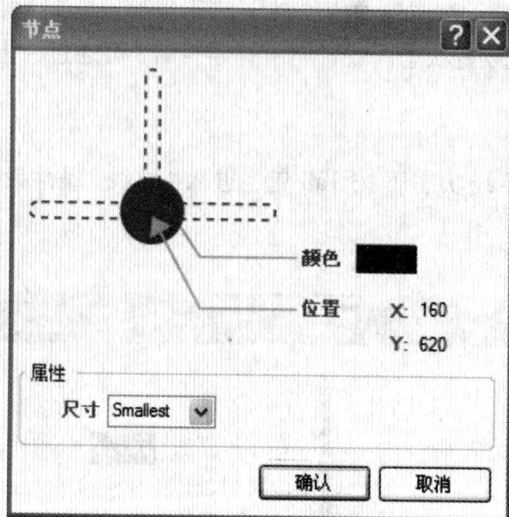

图 2-13 【节点】对话框

1)颜色:可选择节点的颜色。

2)位置:设置 X 和 Y 的坐标值,可精确确定节点位置。

3)尺寸:可从尺寸下拉列表中选择节点的大小。节点的大小有 Smallest(最细)、Small(细)、Medium(中)和 Large(粗)四种。系统默认尺寸为 Smallest(最细)。

2.5 电源/接地组件的放置

电源/接地组件是电路设计中的电源系统,是电路图中不可缺少的组件,统称为电源端口。

2.5.1 菜单方式放置电源/接地端口

步骤一:单击【放置】/【电源端口】菜单命令,鼠标光标变成十字形状并浮动电源符号。

步骤二:将鼠标移动至需要放置电源/接地端口的位置,当光标变成红色的"×"形标记时,单击鼠标左键即可完成放置。此时,鼠标仍处于放置状态,可继续放置第二个电源端口。

可通过右击工作区或按 Esc 键,退出电源/接地端口放置状态。

2.5.2 快捷方式放置电源/接地端口

可在"原理图设计工具栏"上单击【放置 GND 电源端口】图标 ⏚ /【放置 VCC 电源端口】图标 ⏛ ,放置电源/接地端口。

可在"实用工具栏"上单击【放置电源端口】图标 ⏚ ,在弹出的子菜单上选取相应的端口(如图 2-14 所示),放置电源/接地端口。

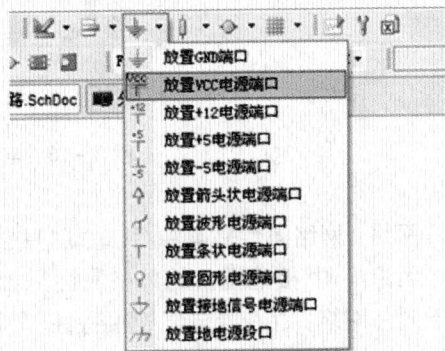

图 2-14 【放置电源端口】图标弹出的子菜单

2.5.3 设置放置电源/接地端口属性

双击放置好的电源/接地端口,或者在放置状态下按 Tab 键,弹出【电源端口】对话框(如图 2-15 所示),设置其属性。

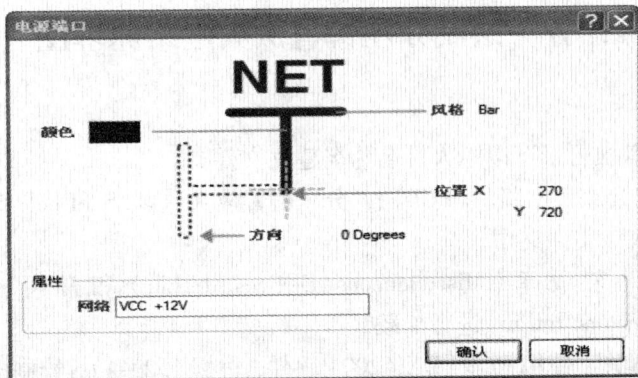

图 2-15 【电源端口】对话框及其设置

1)颜色:设置电源/接地端口的颜色,通常保持默认设置。

2)方向:设置电源/接地端口的方向。有 0 Degrees(度)、90 Degrees(度)、180 Degrees(度)和 270 Degrees(度)四个方向。亦可在放置时按【Space】空格键实现,每按一次逆时针方向旋转 90 度。

3)位置:输入 X 和 Y 的坐标,精确定位端口位置。通常保持默认设置。

4）风格：设置电源端口符号的风格。单击下拉菜单，弹出电源端口符号风格的下拉列表，选择不同风格的电源口端符号。不同电源端口符号风格如图 2 - 16 所示。

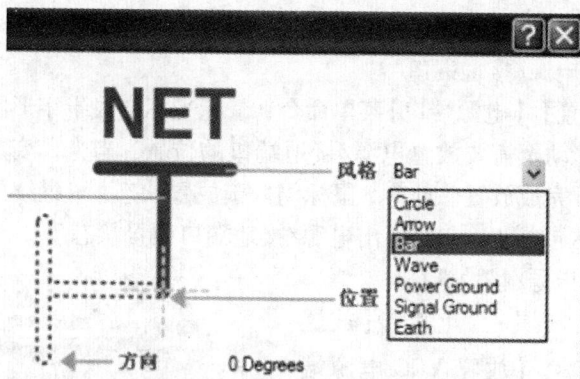

图 2 - 16　电源端口符号风格类型

5）网络：网络属性是电源/接地端口最重要的属性。它确定了电源/接地端口的电气连接特性。无论电源/接地端口的风格属性是否相同，只要所处的"网络"属性相同，即可认为它们处于同一网络，存在着电气连接特性。

任务实现

任务　绘制分压偏置放大电路原理图

设计要求如下：

1）设计者在 F 盘根目录下以本人姓名为名建立文件夹。

2）创建"分压偏置放大电路. PrjPCB"、"分压偏置放大电路. SchDoc"和"分压偏置放大电路. PcbDoc"，并存入该文件夹中。

3）将电气元件杂项库（Miscellaneous Devices. IntLib）和常用的接插件杂项库（Miscellaneous Connectors. IntLib）进行加载。

4）绘制电路原理图：使用 Protel DXP 2004 软件，根据图 2 - 17，绘制电路原理图。

5）根据图 2 - 17，要求电路连接正确，布局美观。

分压偏置放大电路原理图的绘制步骤如下：

1. 创建设计工程项目文件、原理图文件和 PCB 文件

在 F 盘根目录下以本人姓名为名建立文件夹。创建"分压偏置放大电路. PrjPCB"、" 分压偏置放大电路. SchDoc"和"分压偏置放大电路. PcbDoc"，如图 2 - 18 所示。

2. 元件库的加载

本任务中所需要的元器件都包含在电气元件杂项库（Miscellaneous Devices. IntLib）和常用的接插件杂项库（Miscellaneous Connectors. IntLib）两个元件库中。因此，必须先将这两个元件

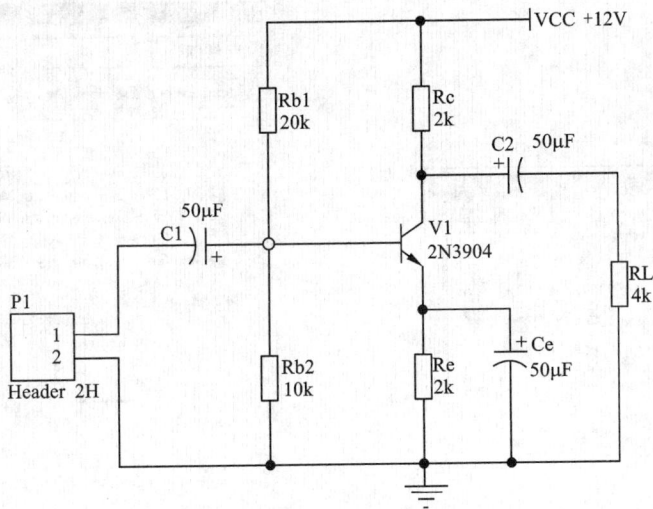

图 2 - 17   分压偏置放大电路

库进行加载。

打开元件库工作面板，单击元件库工作面板中的【元件库】按钮，弹出【可用元件库】对话框，单击【安装】按钮，弹出"打开"元件库对话框，在 C：\Program File\Altium 2004\Library 文件夹中选取 Miscellaneous Devices. IntLib 和 Miscellaneous Connectors. IntLib，单击【打开】按钮，即可将该元件库加载。

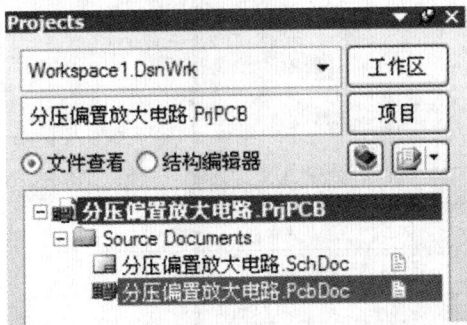

图 2 - 18   工程项目文件结构

图 2 - 19   已经加载的元件库

3. 元件的查找和放置

在"元件库"工作面板中，在元件库下拉列表中可以看到元件库 Miscellaneous Devices. IntLib 和 Miscellaneous Connectors. IntLib 都已经安装并可供使用，如图 2 - 19 所示。

1）放置电路中的电容、电阻元件。可点击实用工具栏中的"数字式设备"按钮，在下拉元件中选择需要的元件进行放置即可。如图 2 - 20 所示。

2）电路中的三极管可在电气元件杂项库（Miscellaneous Devices. IntLib）中找到。只需要在元件库下拉列表中将 Miscellaneous Devices. IntLib 选为当前元件库，三极管就显示在元器件信息列表框中，如图 2 - 21 所示。

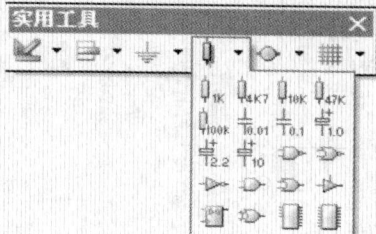

图 2 - 20   实用工具栏放置元件

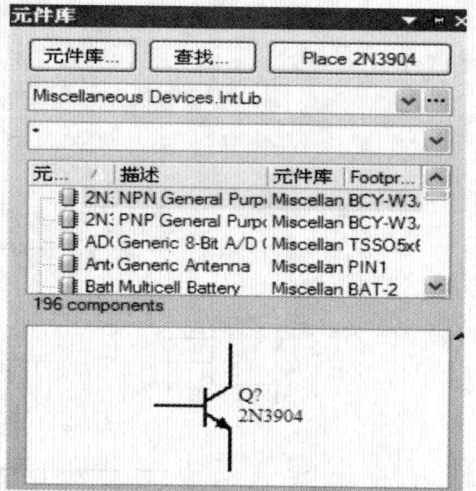

图 2 - 21   三极管的查找

3）电路中的 2 端接口符号可通过【Search】（查找）按钮进行查找。打开【元件库】工作面板，单击【Search】（查找）按钮，在弹出的【元器件查找】对话框的文本框中输入"＊Header 2H＊"（如图 2 - 22 所示），单击【查找】按钮，即可查找到所需要的 2 端接口。

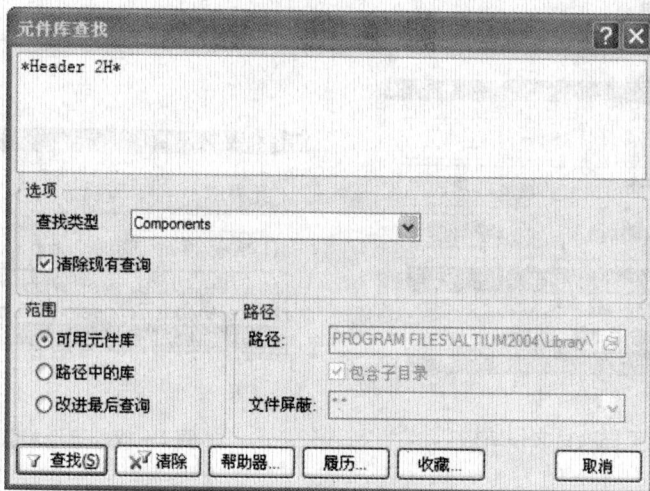

图 2 - 22   2 端接口的查找

4. 元件位置的调整

根据图 2 - 17 的元件布局，可以用鼠标拖拽相应元件至对应位置。电路元件布局的要求是：正确、美观。

5. 元件属性的设置

双击某个元件，在弹出的"元件属性"对话框中，可以设置这个元件的属性。

现以电阻元件 Rb1 为例，讲述【元件属性】对话框的设置。

在"标识符"后的文本框中输入元件在原理图中的序号。本例中输入"Rb1",选中其后的"可视"复选框。

在"注释"后的文本框输入对元件的注释,通常输入元件的名字、标称值或其它参数。本例中输入"10K",选中其后的"可视"复选框。设置好的元件属性如图 2 - 23 所示。

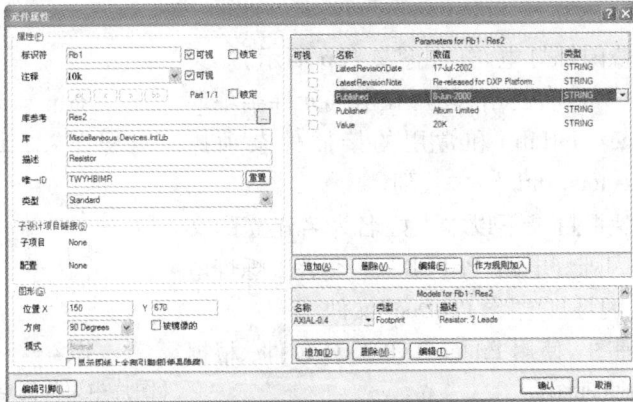

图 2 - 23   电阻 Rb1 元件属性的设置

本任务中其他元件属性的设置与电阻 Rb1 基本相同。

6. 导线的连接

单击"原理图设计工具栏"中的【放置导线】按钮,或单击菜单【放置】/【导线】命令,系统将进入放置导线状态,按照图 2 - 25,各器件用导线连接起来。

7. 放置电源/接地符号

单击"原理图设计工具栏"中的【VCC 电源端口】按钮，可放置电源符号；然后双击电源符号,弹出"电源端口"属性对话框,将网络名称改为"VCC + 12V",如图 2 - 24 所示。

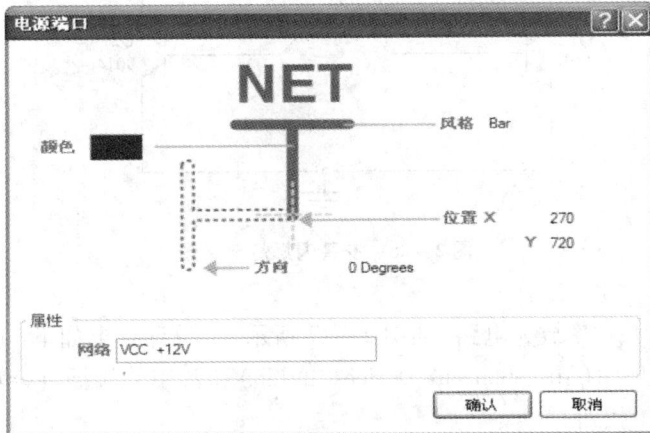

图 2 - 24   电源端口属性的设置

单击"原理图设计工具栏"中的【GND 端口】按钮,可放置接地符号。

8. 手工放置节点

单击【放置】/【手工放置节点】菜单命令,在电阻 Rb1 和电阻 Rb2 间的,两根导线的交叉处放置一节点,以保证该电路电气连接的正确性,如图 2-25 所示。

9. 任务完成,单击【保存】按钮

实训:

实训 1. 绘制交替闪烁灯电路(如图 2-26 所示)。设计要求如下:(电路中的所需元件均可在电气元件杂项库(Miscellaneous Devices. IntLib)和常用的接插件杂项库(Miscellaneous Connectors. IntLib)中找到。

1)设计者在 F 盘根目录下以本人姓名为名建立的文件夹中,创建"交替闪烁灯电路. PrjPCB"、"交替闪烁灯电路. SchDoc"和"交替闪烁灯电路. PcbDoc"文件。

2)绘制电路原理图:使用 Protel DXP 2004 软件,根据图 2-26,绘制电路原理图。

3)根据图 2-26,要求电路连接正确,布局美观。

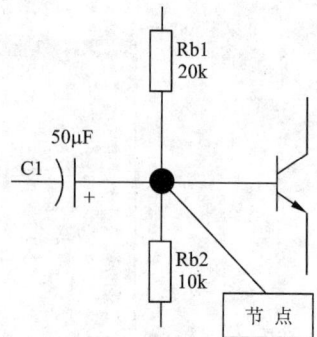

图 2-25 节点的放置
(图片中央的圆点是手工放置的节点)

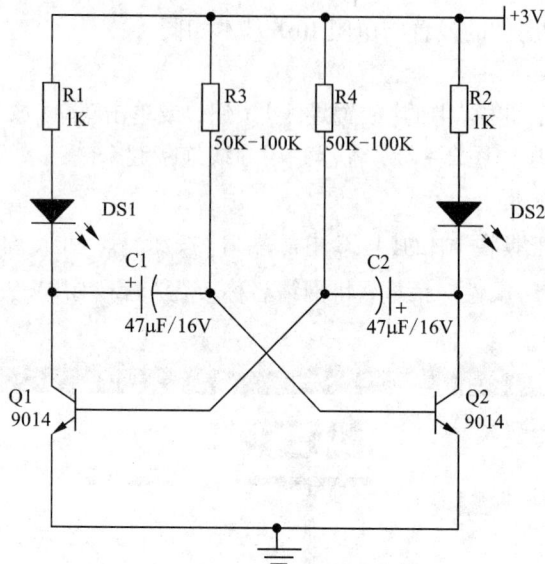

图 2-26 交替闪烁灯电路图

实训 2. 绘制音频功率放大电路(如图 2-27 所示)。设计要求如下:电路中的所需元件均可在电气元件杂项库(Miscellaneous Devices. IntLib)和常用的接插件杂项库(Miscellaneous Connectors. IntLib)中找到。

1)设计者在 F 盘根目录下以本人姓名为名建立的文件夹中,创建"音频功率放大电路. PrjPCB"、"音频功率放大电路. SchDoc"和"音频功率放大电路. PcbDoc"文件。

2)绘制电路原理图:使用 Protel DXP 2004 软件,根据图 2-27,绘制电路原理图。

3）根据图 2 - 27，要求电路连接正确，布局美观。

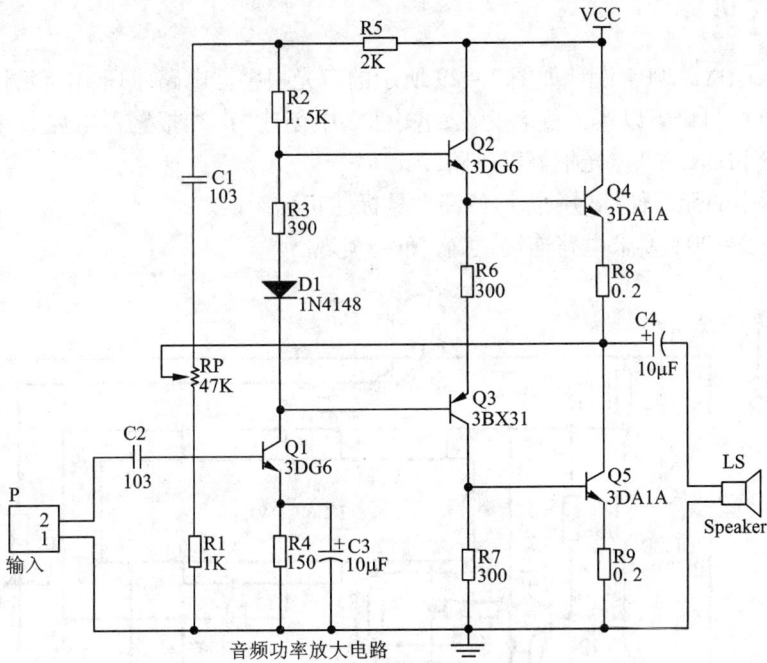

图 2 - 27　音频功率放大电路图

实训 3. 绘制分立元件串联可调直流稳压电源电路（如图 2 - 28 所示）。设计要求如下：电路中的所需元件均可在电气元件杂项库（Miscellaneous Devices. IntLib）和常用的接插件杂项库（Miscellaneous Connectors. IntLib）中找到。

1）设计者在 F 盘根目录下以本人姓名为名建立的文件夹中，创建"直流稳压电源.PrjPCB"、"直流稳压电源. SchDoc"和"直流稳压电源. PcbDoc"文件。

2）绘制电路原理图：使用 Protel DXP 2004 软件，根据图 2 - 28，绘制电路原理图。

3）根据图 2 - 28，要求电路连接正确，布局美观。

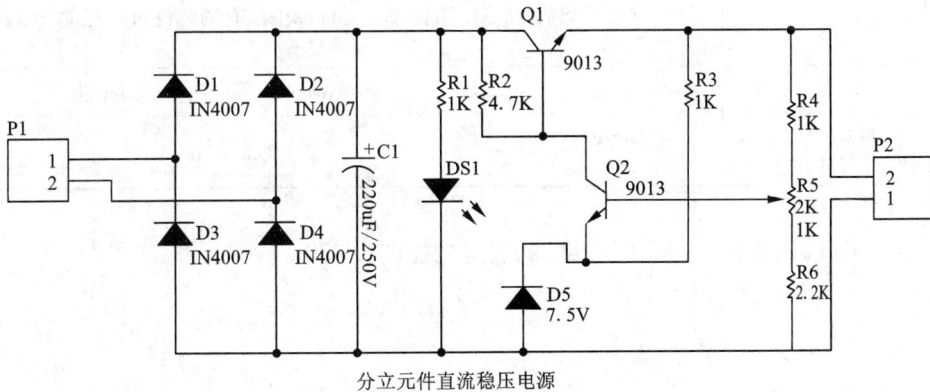

图 2 - 28　分立元件串联可调直流稳压电源电路

考核评价

使用 Protel DXP 2004 设计如图 2 - 29 所示的声光报警器电路原理图，设计要求如下：

1）在 D 盘根目录下以本人姓名为名的文件夹中创建"声光报警器电路. PrjPCB"、"声光报警器电路. SchDoc"和"声光报警器电路. PcbDoc"。

2）电路图中的元器件标号、标称值和型号标注正确无误。

3）根据图 2 - 29，要求电路连接正确，布局美观。

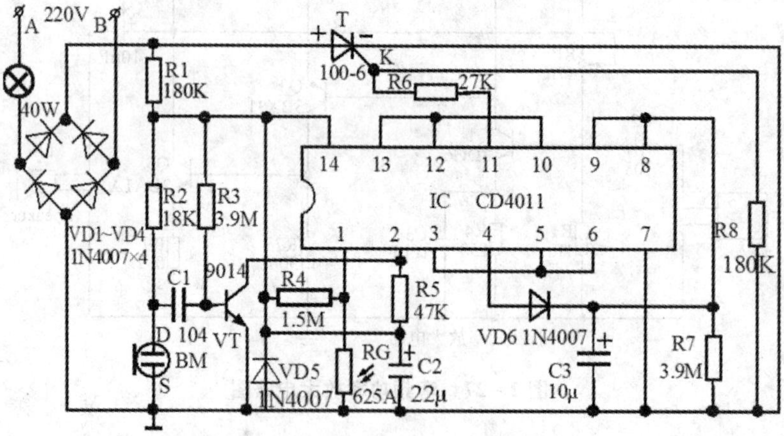

图 2 - 29　声光报警器电路原理图

注：

元 件	名 称	所在库
单相可控硅	scr	Miscellaneous Devices. IntLib
话筒	Microphone	Miscellaneous Devices. IntLib
灯泡	lamp	Miscellaneous Devices. IntLib
光敏电阻	元件库中找不到，用一电阻代替。元件库中没有的元件可自己制作，这将在后面章节学习。	
桥堆	brige	Miscellaneous Devices. IntLib
CD4011（四 2 输入与非门电路）	CD4011 分立与非门	Query Results

附：CD4011（四 2 输入与非门电路）的引脚功能图 2 - 30。

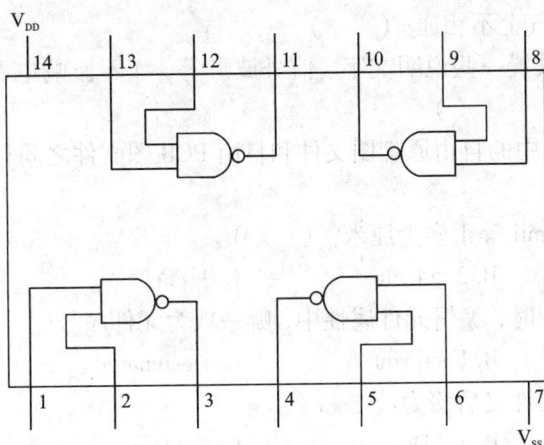

图 2-30　CD4011(四 2 输入与非门电路)的引脚功能图

拓展提高

实用工具栏子菜单,快速查找元件技巧。

练习题

1.填空题

(1)原理图就是元件的连接图,其本质内容有两个:＿＿＿＿和 ＿＿＿＿。

(2)连线工具栏(Wiring)主要用于放置原理图器件和连线等符号,是原理图绘制过程中最重要的工具栏。执行菜单命令＿＿＿＿＿＿＿＿＿＿可以打开或关闭该工具栏。

(3)捕获栅格是移动光标和放置原理图元素的＿＿＿＿＿＿＿。

(4)光标的显示类型有＿＿＿＿、＿＿＿＿、＿＿＿＿三种。

(5)Protel DXP 自带元件库中的元件数量庞大,但分类很明确。一级分类主要是以元件的＿＿＿＿分类,在＿＿＿＿分类下面又以元件的＿＿＿＿进行二级分类。

(6)旋转元件时,用鼠标＿＿＿键点住要旋转的元件不放,按＿＿＿键,每按一次,元件逆时针旋转＿＿＿＿;按＿＿＿键可以进行水平方向翻转,按＿＿＿键可以进行垂直方向翻转。

(7)Protel DXP 主窗口主要由标题栏,菜单栏,工具栏,设计窗口,＿＿＿＿,＿＿＿＿,状态栏以及命令指示栏等部分组成。

2.判断题

(1)如果选择菜单命令[Edit]/[Move]/[Move],在移动元件的同时会将与元件连接的导线一起移动。(　　)

(2)元件一旦放置后,就不能再对其属性进行编辑。(　　)

（3）在原理图中，节点是表示两交叉导线电气上相通的符号，如果两交叉导线没有节点，系统会认为两导线在电气上不相通。（　　　）

（4）要在原理图中放置一些说明文字、信号波形等，而不影响电路的电气结构，就必须使用画图工具（Drawing）。（　　　）

（5）Protel DXP 系统中的自由原理图文件和自由 PCB 图文件之间相互独立，没有联系。

3. 选择题

（1）Protel DXP 中 1mil 等于多少厘米？（　　　）。

A. 0.001 cm   B. 2.54 cm   C. 1 cm   D. 0.00254 cm

（2）在画电路原理图时，编辑元件属性中，哪一项为元件序号（　　　）。

A. LibRef   B. Footprint   C. Designator   D. Comment

（3）电路原理图的文件名后缀为（　　　）。

A. SchLib   B. SchDoc   C. PcbDoc   D. PcbLib

（4）Protel DXP 中，元件集成库的文件名后缀为（　　　）。

A. IntLib   B. SchLib   C. PcbLib   D. PrjPCB

（5）执行菜单命令（　　　）可以打开或关闭连线工具栏。

A. View / Toolbars / Wiring   B. View / Toolbars / Drawing

C. View / Toolbars / Digital Objects   D. View / Toolbars / Power Objects

（6）以下哪一个是电路原理图的常用元件杂项库文件（　　　）

A. TI Logic Gate2. IntLib

B. Miscellaneous Connectors. IntLib

C. C – MAC – Crystal Oscillator. IntLib

D. Miscellaneous Devices. IntLib

（7）绘制电路原理图时，在导线拐弯处，光标处于画线状态时，在键盘上按（　　　）可以改变导线的转折方式。

A. Ctrl + 空格键   B. Shift + 空格键

C. Alt + 空格键   D. Tab + 空格键

项目三　实用门铃电路的绘制、LED 驱动电路图的设计

项目描述

通过一个实用门铃电路的电路图绘制、LED 驱动电路图的设计来达到如下目标：

(1)理解并掌握绘图的一般步骤。

(2)掌握电路原理图图纸参数的设置。

(3)掌握元件的编辑方法(选择、移动、删除、拷贝、粘贴、排列)，进一步掌握元件属性的设置(包括元件序号、名称、封装、标称值等)。

(4)掌握实用工具组中各工具按钮的使用及其属性的设置。

知识准备

3.1　原理图设计流程

绘制原理图的步骤并不是固定的，用户实际操作过程中，也可以根据需要调整先后顺序，一般为：

(1)新建设计项目和文件；

(2)设置图纸参数；

(3)安装所需要的元件库；

(4)查找和放置元件，并设置元件的属性；

(5)根据需要对元件进行适当的编辑操作(如移动或删除、翻转、对齐等)；

(6)导线的连接；

(7)放置电源符号；

(8)保存。

3.2　原理图图纸参数设置

选择菜单命令"设计"/"文档选项"，弹出"文档选项"对话框。在该对话框中可以设置相关的图纸参数。"文档选项"对话框的设置如图 3 - 1 所示。

图纸大小设置： 在"标准风格"后的下拉列表框中选择图纸大小为"A4"。

图纸方向设置： 在"选项"选择区域内的"方向"后的下拉列表框中选择图纸方向为 landscape(水平放置)。(portrait 表示垂直放置的意思)

图纸颜色设置： 在"选项"选择区域内的"边缘色"后的颜色标签上单击，在弹出的"边缘

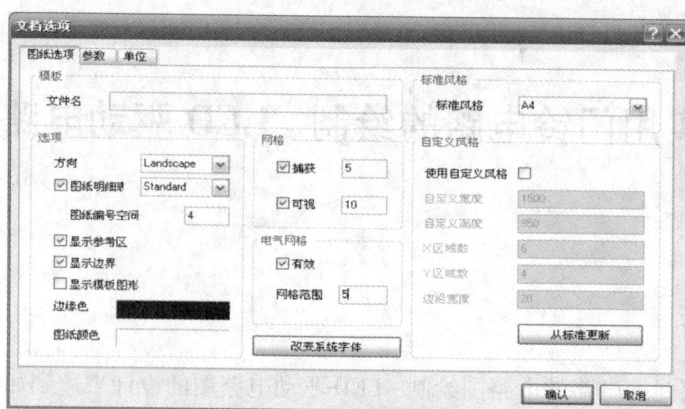

图 3-1 "文档选项"对话框

颜色"对话框中选择黑色作为图纸的边框色。在"图纸颜色"后的颜色标签上单击,在弹出的"图纸颜色"对话框中选择白色作为图纸的颜色。

栅格和捕捉的设置:所谓栅格,也就是电路图纸上的网格。而捕捉指的是光标每次移动的距离。在"网格"选择区域内的"可视"前单击选中复选框,然后将其后的数值改为 10,表示网格大小为 10。如果复选框没有选中,则表示栅格不可见。在"网格"选择区域内的"捕获"前单击选中复选框,然后将其后的数值改为 5,表示光标每次移动的距离为 5。如果复选框没有选中,则表示没有捕捉,光标可以任意距离移动。

电气捕捉的设置:在"电气网格"选择区域内,单击选中"有效"复选框,表示电气栅格有效,然后将网格范围后的数值设置为 5。如果"有效"复选框没有选中,则表示电气栅格无效。所谓电气栅格范围为 5,表示在绘图的时候,系统能够自动在 5 的范围内自动搜索电气节点,如果搜索到了电气节点,光标自动会移动到该节点上,并在该节点上显示一个圆点。

系统字体设置:单击"改变系统字体"按钮,在弹出的对话框中设置图纸的系统字体为 12 号、宋体、黑色。设置完毕后,单击"确定"按钮即可。

知识链接:"文档选项"对话框的说明

在"文档选项"对话框中,"文件名"后的文本框中可以输入电路图纸的名称,如本图中,图纸名称可以设置为"实用门铃电路图"。

"显示参考区"复选框用于设置是否显示图纸的参考边框。

"显示边界"复选框用于设置是否显示图纸边框。

"显示模板图形"复选框用于设置是否显示图纸模板图形。

在"自定义风格"选项区域内,如果选中"使用自定义风格后"后的复选框,则用户可以在其中自由设置图纸大小。如果没有选中复选框,则只能在"标准风格"后的下拉列表框中选择一个系统提供的图纸大小。

3.3 元件库及元件的操作

在 Protel DXP 2004 软件被安装到计算机中的同时,它所附带的元件库也被安装到计算机的磁盘中了。在软件的安装目录下,有一个名为 Library 的文件夹,其中专门存放了这些元件库。这些元件库是按照生产元件的厂家来分类的，比如 Wesern Digital 文件夹中包含了西部数据公司所生产的一些元件；而 Toshiba 文件夹中则包含了东芝公司所生产的元件。

在绘图过程中，用户需要把自己常使用的器件所在的库加载进来。由于加载进来的每个元件库都要占用系统资源，影响应用程序的执行效率，所以在加载元件库时，最好的做法是只装载那些必要而且常用的元件库，其他一些不常用的元件库仅当需要时再加载。日常使用最多的元件库是 Miscellaneous Connectors. IntLib 和 Miscellaneous Devices. IntLib，后者中包含了一些常用的器件，如电阻、电容、二极管、三极管、电感、开关等，而前者包含了一些常用的接插件，如插座等。

元件的编辑操作：

元件的选择：单击某个元件，即可将其选中。选中元件后，可以对其执行清除、剪切、拷贝、对齐等操作。如果需要选择多个对象，则需按住键盘上的 Shift 键，然后依次单击要选择的对象即可。如果要取消选择，只需要在图中空白处单击鼠标即可。

元件的对齐：Protel DXP 2004 共提供了 10 种排列方式，用户可以根据自己的需要选择。如对 4 个元件进行左纵向对齐操作，则先按住 Shift 键，然后依次单击选中 4 个对象。选中后，执行菜单"编辑"/"排列"/"左对齐排列"，四个对象就将以最下边的对象的中心为标准对齐。

元件的翻转：用鼠标单击元件，待到光标变成十字后，按 Y 键，将该元件上下翻转，按下 X 键可以实现左右翻转。

元件的移动：如果需要移动对象，只需要在选择对象后，然后按住鼠标左键拖动即可。元件的移动也可以通过菜单"编辑"/"移动"后的各个子菜单命令来执行。

元件的剪切：选中需要剪切的对象后，执行菜单"编辑"/"剪切"。该命令等于于快捷键"Ctrl + X"。

元件的复制：选中需要复制的对象后，执行菜单"编辑"/"复制"。该命令等同于快捷键"Ctrl + C"。

元件的粘贴：该操作执行的前提是已经剪切或复制完器件。执行菜单"编辑"/"粘贴"，然后将光标移动到图纸上，此时，粘贴对象呈现浮动状态并且随光标一起移动，在图纸的合适位置单击左键，即可将对象粘贴到图纸中。该命令等同于快捷键"Ctrl + V"。

元件的阵列式粘贴：执行菜单"编辑"/"粘贴阵列……"，在弹出的对话框中设置需要粘贴的数量、序号的递增量、元件间水平和垂直的距离，然后单击"确定"，然后在图纸的合适位置单击确定基点，就可以按照指定的数量和参数粘贴若干个器件。如图 3 - 2 所示。

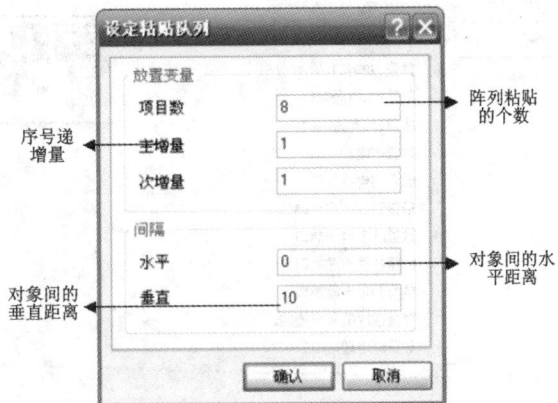

图 3 - 2　阵列粘贴对话框

元件的清除：选中操作对象后，执行菜单"编辑"/"清除"，或者按下键盘上的"Delete"键。

3.4 原理图绘制工具箱的基本操作

为了使绘图更加方便和快捷, Protel DXP 2004 提供了一个实用工具栏, 其中包含了对原理图进行修饰的实用工具组、对元件布局进行调整的调准工具组、用来放置各种类型接地和电源符号的电源工具组, 提供了各种常用电子器件的数字式设备工具组、各种仿真电源符号的仿真电源工作组以及用于设置网格的网格工具组。

实用工具栏可以通过菜单"查看"/"工具栏"/"实用工具"打开。该工具栏共包含6组工具, 如图3-3所示。

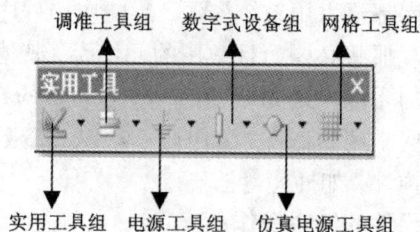

图 3-3 实用工具

单击每种工具组旁边的向下箭头, 可打开该工具组所对应的所有工具。比如打开"实用工具组", 如图3-4所示; 打开"调准工具组"; 如图3-5所示; 打开"电源工具组", 如图3-6所示; 打开"数字式设备组", 如图3-7所示。

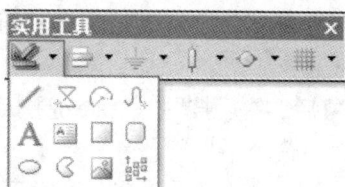

图 3-4 实用工具组

图 3-5 调准工具组

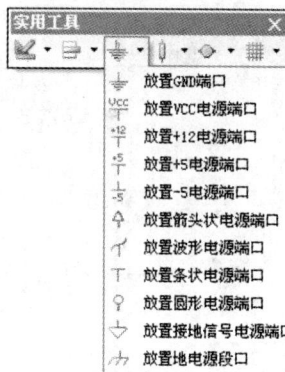

图 3-6 电源工具组

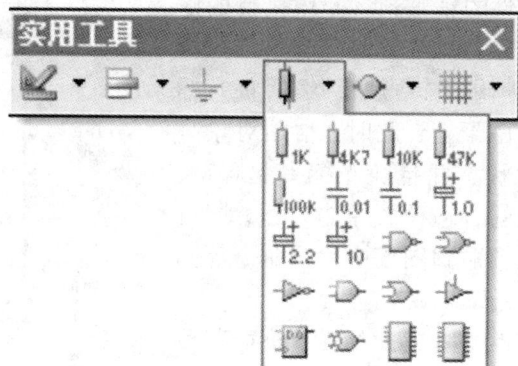

图 3-7 数字式设备组

重点介绍实用工具组中各工具的功能及使用方法, 该工具组中各工具的功能和使用方法如下:

- ╱ 该工具用于画直线, 使用方法和导线一样。
- ╳ 该工具用于画多边形, 单击选中该工具后, 将鼠标移动到图纸上, 在合适的位置单击左键确定多边形的起始点，然后继续移动鼠标到合适的位置，单击左键可以确定多边形的一个拐点，依次类推，每次单击都可以确定多边形的一个拐点。最后将鼠标移动到起始点，单击左键确定，然后可以单击右键退出绘图状态。可以绘制规则或不规则的多边形。

　　该工具用来绘制椭圆弧，绘制一个椭圆弧有5要素，即圆心、长轴半径、短轴半径、圆弧起点、圆弧终点。单击选中该工具后，移动到图纸中合适的位置，单击确定圆心的位置，然后再次移动到合适的位置单击，此时二次单击点距离一次单击点的距离就是椭圆的长轴半径；再次移动鼠标到合适的位置单击，三次单击点距离一次单击点的距离就是椭圆的短轴半径；四次单击确定椭圆弧的起点，五次单击确定椭圆弧的终点位置。如图3-8所示。

　　该工具用来绘制贝塞尔曲线。单击选中该工具后，先在合适的位置单击确定曲线的起点，然后第2次单击确定曲线的第2点，第3次单击确定曲线的第3点，第4次单击确定曲线的第4点，……，最后一次单击后，单击右键退出绘制导线状态。系统将各个单击点连接起来就构成了一个曲线。如图3-9所示。

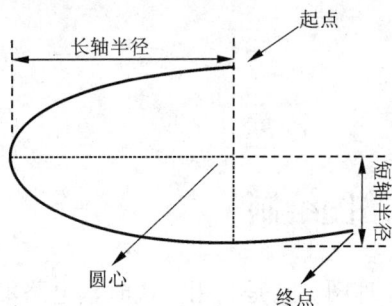

图 3-8 圆弧五要素   图 3-9 贝塞尔曲线

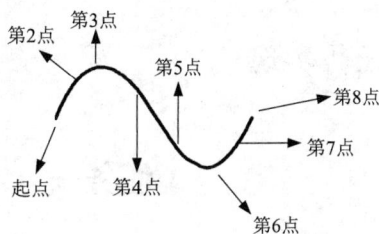

　　A　该工具用来放置作为注释使用的文本字符串，该字符串没有电气属性。单击该工具后，移动到图纸中合适的位置，单击即可确定字符串的位置。

　　如果需要改变注释的内容，可以双击该对象。弹出一个对话框，在该对话框的"注释"属性框中，"文本"后的文本框中可以输入注释的内容。单击"字体"后的按钮，在弹出的"字体"对话框中，可以改变注释的字体和颜色。另外，在"注释"对话框中可以改变注释的颜色和位置，以及注释的放置方向和对齐方式，是否镜像。

　　该工具是用来放置大段注释的文本框。

　　该工具用来放置矩形。单击选中该工具后，先单击确定矩形一个角点，移动鼠标到合适的位置再次单击，确定矩形的另一个角点。放置完毕后，单击右键退出。双击矩形，可以在打开的对话框中修改矩形的边框颜色、宽度、填充颜色以及矩形的位置等。

　　该工具用来放置圆角矩形，使用方法同上。

　　该工具用来绘制椭圆。单击该工具按钮后，移动到图纸中合适的位置单击确定椭圆的圆心，然后移动到合适的位置单击，2次单击点距离第1次单击点的距离为椭圆的长轴半径，第3次单击点距离第1次单击点的距离为椭圆的短轴半径。绘制完毕，单击右键退出。

　　该工具用来绘制馅饼。单击该工具按钮后，移动到图纸中合适的位置单击确定馅饼的圆心，然后移动到合适的位置单击，确定馅饼的半径，第3次单击确定馅饼的起点位置，第 4 次单击确定馅饼的终点位置。如图 3 – 10 所示。

    该工具用来在图纸上放置图片。单击该工具后，将鼠标移动到图纸中合适的位置，第 1 次单击确定图片放置的一个角点，移动鼠标到另一位置单击，确定另一个角点的位置。然后将弹出一个对话框。在该对话框中查找到需要插入的图片，确定后，即可将图片插入进来。

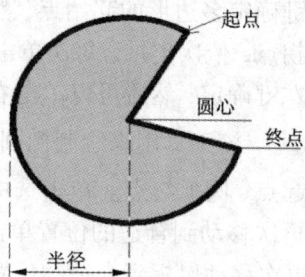

图 3 – 10　绘制馅饼图

    该工具的作用是实现阵列式粘贴，也就是一次可以多个。它的功能和菜单"编辑"/"粘贴阵列"功能是等同的。

    注意： 在执行这些工具的过程中，按下 Tab 键，将弹出该工具的属性设置对话框，可以在该对话框中设置绘制对象的颜色、粗细、位置等相关属性。放置完毕后，如果需要修改对象的属性，也可以双击对象，同样会弹出该对象的属性设置对话框。

任务实现

任务一　实用门铃电路图绘制

    图 3 – 11 是一种能发出"叮、咚"声的门铃的电路原理图。它是利用一块时基电路集成块 SE555D 和外围元件组成的。要求图纸大小为 A4，水平放置，图纸颜色为白色，边框色为黑色，栅格大小为 10，捕捉大小为 5，电气栅格捕捉的有效范围为 5，系统字体为宋体 12 号黑色。

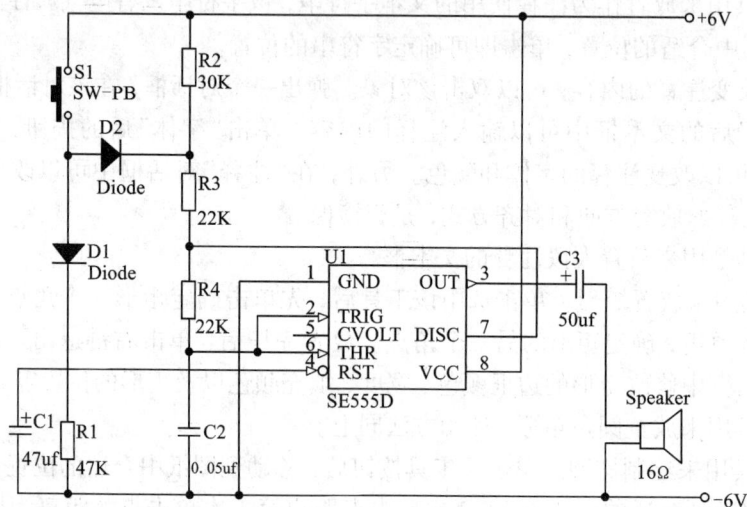

图 3 – 11　实用门铃电路

1. 新建设计项目文件和原理图文件

建立一个新的设计项目文件和原理图文件，并将文件分别保存为"实用门铃电路.PrjPCB"和"实用门铃电路.SchDoc"。如图 3 - 12 所示。

图 3 - 12　"实用门铃电路. PrjPCB"和"实用门铃电路. SchDoc"

2. 原理图图纸参数设置

选择菜单命令"设计"/"文档选项"，弹出"文档选项"对话框。在该对话框中可以设置相关的图纸参数。

"文档选项"对话框的设置如图 3 - 13 所示。

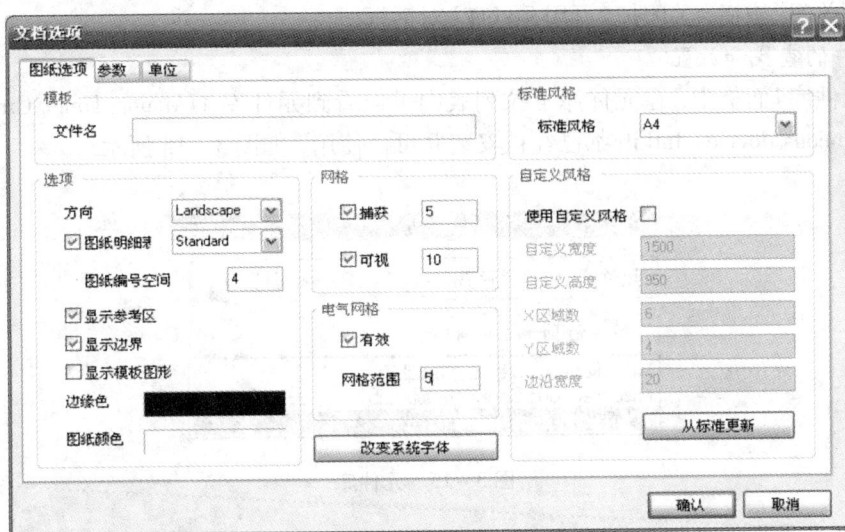

图 3 - 13　文档选项

3. 元件库的加载

本例中所需要的元件主要包含在 TIAnalog Timer Circuit. IntLib 和 Miscellaneous device. IntLib 两个元件库中。因此，必须先将这两个元件库加载到项目中去。

（1）单击窗口右侧的"元件库"标签，打开"元件库"面板。

（2）单击上方的"元件库…"按钮，弹出一"可用元件库"对话框，其中列出的就是当前项目已经安装可供使用的元件库。如图 3 - 14 所示。可以看到其中包含 Miscellaneous device. IntLib 元件库，表示其已经加载进来。下面只需要加载元件库 TIAnalog Timer Circuit. IntLib 即可。

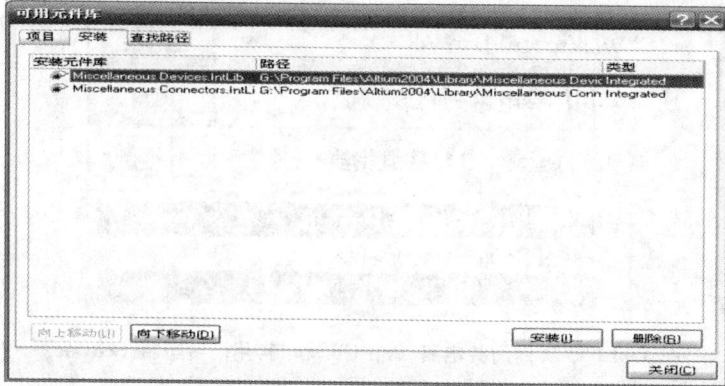

图 3 - 14 "可用元件库"对话框

（3）单击"可用元件库"对话框下侧的"安装…"按钮，在"打开"对话框中，找到 Texas Instruments 文件夹，双击打开，然后找到 TI Analog Timer Circuit. IntLib，单击选中，单击"打开"按钮。元件库 TI Analog Timer Circuit. IntLib 即被加载进来可供使用了。

单击"关闭"按钮，关闭掉"可用元件库"对话框。

4.元件的查找和放置

在"元件库"面板中，在元件库下拉列表中可以看到元件库 TIAnalog Timer Circuit. IntLib 和 Miscellaneous devices. IntLib 都已经被安装并可供使用，如图 3 - 15 所示。

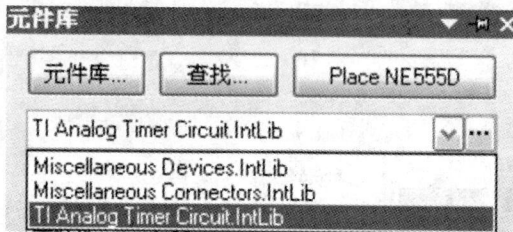

图 3 - 15 元件库

（1）单击选中 TIAnalog Timer Circuit. IntLib 或 Miscellaneous devices. IntLib 作为当前元件库，下面的元件列表框中就列出了该元件库中所包含的所有器件。如图 3 - 16 所示。也可以利用实用工具栏中的数字式设备组元件放置，如图 3 - 17 所示。

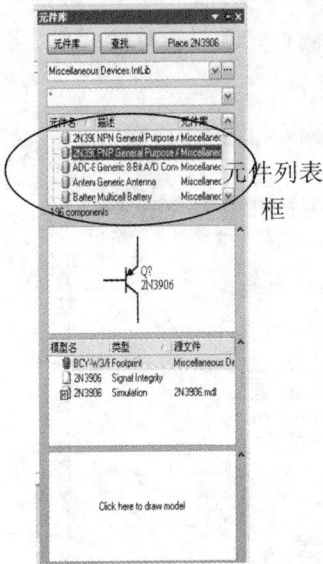

图 3-16 元件列表框

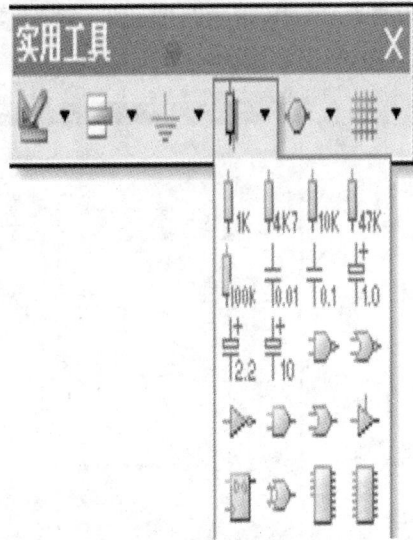

图 3-17 数字式设备组

（2）在元件列表框中找到电阻 RES2，电容 CAP、开关 SW - PB、喇叭 speaker、电解电容、SE555D 等并放在合适的位置。放置完毕，如图 3 - 18 所示。

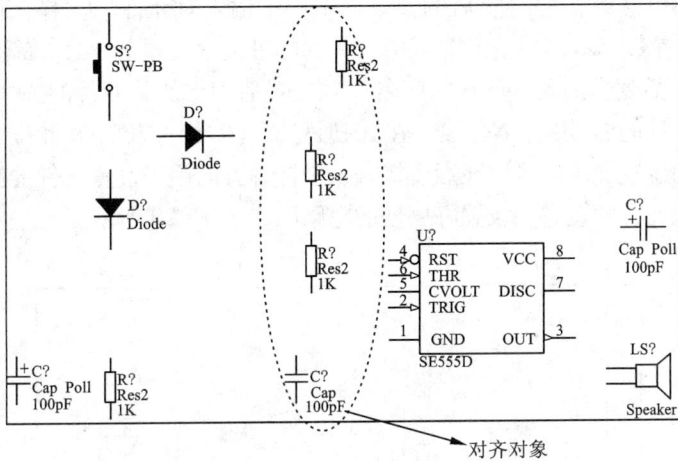

图 3-18 元件放置图

5. 元件的编辑操作

图 3 - 18 所示，元件放置位置不理想，需对其中的一些元件进行编辑操作。可以单个元件移动、对齐操作，也可以多个元件一起移动、对齐操作，先将要移动的元件选中，然后执行菜单"编辑"/"排列"/"————"操作，如图 3.18 所示四个对象，选中 4 个对象，执行菜单"编辑"/"排列"/"左对齐排列"，四个对象就将以最下边的对象的中心为标准对齐。Protel DXP 2004 共提供了 10 种排列方式，用户可以根据自己的需要选择。

6. 元件属性的设置

设置图 3 - 18 中所有的元件属性。要设置一个元件属性，就双击这个元件，出现"元件属性"对话框。如图 3 - 19 所示。

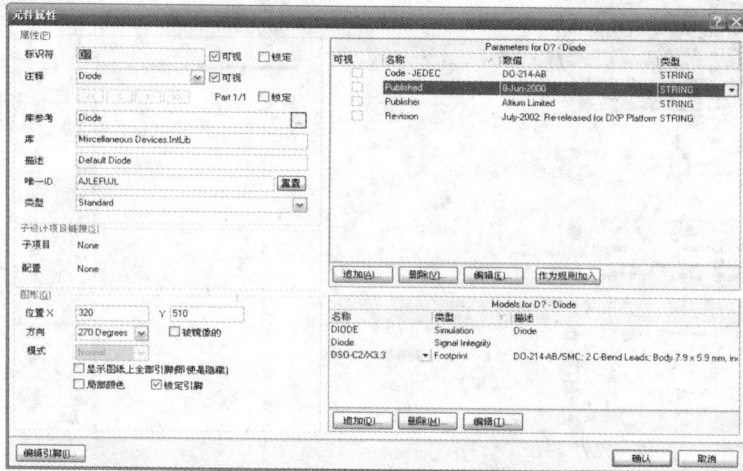

图 3 - 19　元件属性

"标志符"后的文本框中可以输入元件在原理图中的序号。本例中输入"D1"。其后的"可视"复选框如果被选中表示其可见，如果没被选中，表示不可见。"锁定"复选框如果被选中，则表示将序号锁住不可修改。"注释"后的文本框中用于输入对元件的注释，通常输入元件的名字、标称值或其它参数。本例中输入 IN4007。其后的可视含义同上。"库参考"后是系统给出的元件的型号。"库"后列出的元件所在的库名。"描述"后列出的是元件的描述信息。"唯一 ID"后是系统给出的元件的编号，无需修改。在"图形"选择区域中，位置 X 和位置 Y 用来精确定位元件在原理图中的位置。用户可以在后直接输入坐标。方向用于设置元件的翻转角度。镜像复选框用于设置得到元件的镜像。设置好属性的电路图如图 3 - 20 所示。

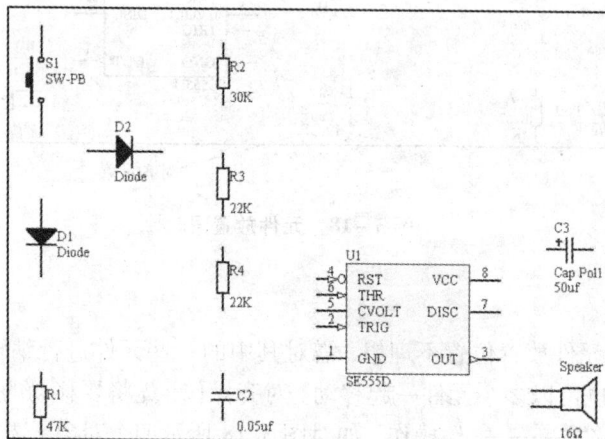

图 3 - 20　设置好的电路图

7. 导线的连接

执行菜单"放置"/"导线"命令，将各器件连接起来。

8. 放置电源符号

执行菜单"放置"/"电源端口"，或利用实用工具栏中的电源工具组元件放置，然后将鼠标移动到图纸中的合适位置放置好。在放置的过程中，可以按空格键旋转元件的方向。然后双击电源符号，打开"电源端口"属性对话框，将"风格"改为"Circle"，网络名称改为"+6V"或"−6V"。如图 3−21 所示。

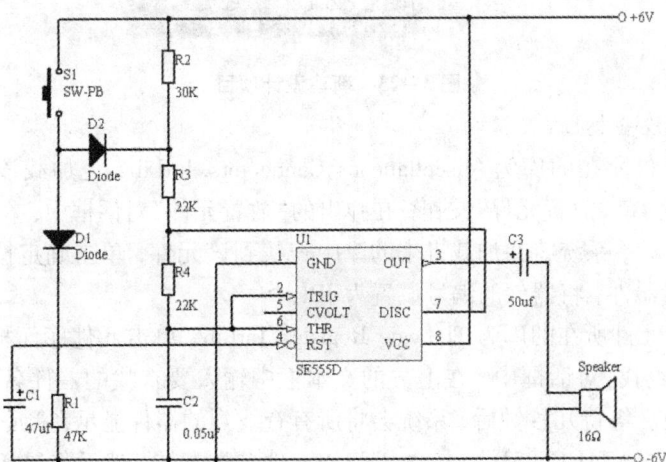

图 3−21　绘制好的电路图

任务二　LED 驱动电路图的设计

使用 Protel DXP 2004 设计如图 3−22 所示的 LED 驱动电路图，要求布局整齐美观，L1…L8 垂直对齐，R1…R8 垂直对齐，并且都等距分布。

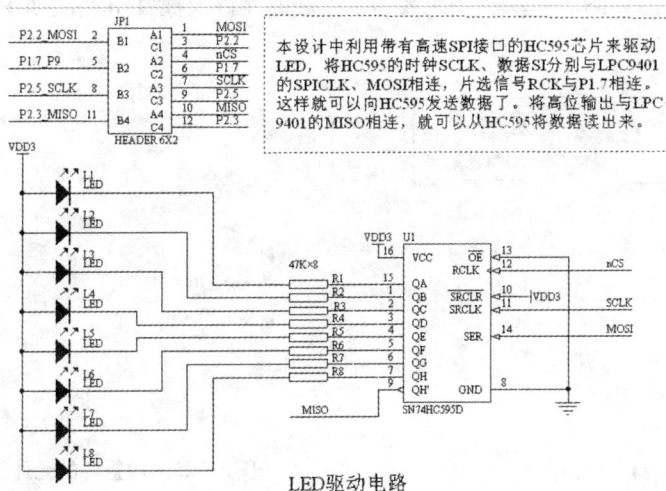

本设计中利用带有高速SPI接口的HC595芯片来驱动LED，将HC595的时钟SCLK、数据SI分别与LPC9401的SPICLK、MOSI相连，片选信号RCK与P1.7相连。这样就可以向HC595发送数据了。将高位输出与LPC9401的MISO相连，就可以从HC595将数据读出来。

LED驱动电路

图 3−22　LED 驱动电路图

1. 新建设计项目和文件

新建设计项目和电路原理图文件，分别命名为"LPC9401 实验电路图. PRJPCB"和"LED 驱动电路图. SchDoc"。如图 3 – 23 所示。

图 3 – 23　新建设计项目

2. 放置元件、设置属性

Header 6X2 元件所在的库为 Miscellaneous Connectors. IntLib，先加载该元件库，再单击"配线"工具栏上的 "放置元件"按钮，在弹出的"放置元件"对话框中，在"库参考"后输入元件名"Header 6X2"，系统将在加载进来的库中查找到该元件，单击确定按钮后，在图纸的合适位置单击放置器件，将器件的编号设置为 JP1。

SN74HC595D 元件所在的库为 TI Logic Register. IntLib，单击元件库面板上的"查找…"，在弹出的"元件库查找"对话框中，在上方的文本框中输入要查找的器件名称 SN74HC595D，然后单击确定按钮。等待几秒钟后，系统会将所有查找到的器件显示在"元件库"面板中，双击查找到的元件名"SN74HC595D"，按 X 键将该元件左右翻转，然后将鼠标移动到图纸的合适位置单击确定该元件在图纸中的位置，修改元件的编号为 U1。

发光二极管 LED 器件所在的库为 Miscellaneous Devices. IntLib，在"元件库"面板中找到该元件库，在其所对应的元件中找到元件 LED1，在图纸中放置 8 个，并分别设置其分别为 L1，L2，L3，…，L8。

放置电阻：在绘制电路的过程中，电阻、电容、非门、或门等元器件的使用频率是非常频繁。在"实用工具"栏中，这些经常使用到的元件以工具组的形式显示在绘图窗口中，从而方便用户快速的绘图。如图 3 – 24 实用工具，放置好的元件及属性电路图如图 3 – 25 所示。

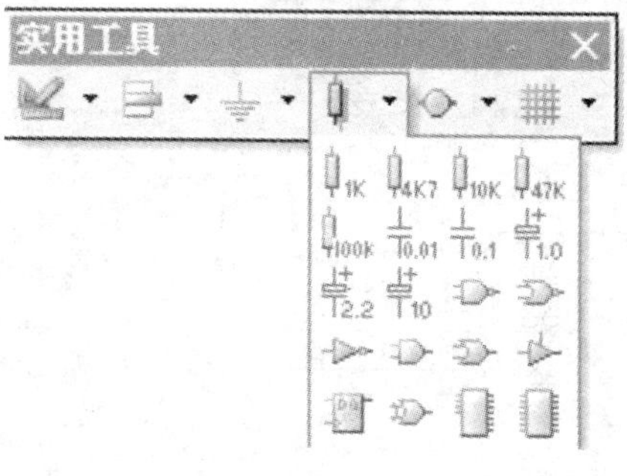

图 3 – 24　实用工具

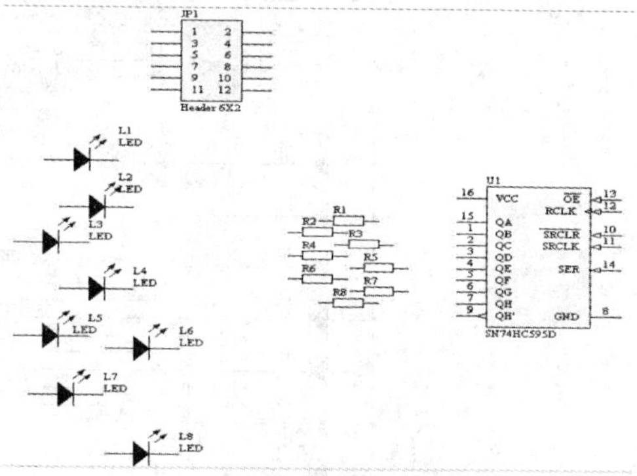

图 3 – 25　放置好的元件及属性电路图

3. 元件的布局

图 3-25 中元件的布局还不完善，比较凌乱，下面讲述如何使用工具按钮对元件进行排列布局。

1）发光二极管的对齐操作：单击选中发光二极管 L1，按住 Shift 键，依次单击 L2，L3，…，L8，将 8 个二极管全部选中，如图 3-27 所示

单击"实用工具"栏上的调整工具组按钮旁的箭头，在弹出的工具组中选中左对齐工具按钮，如图 3-26 所示。左对齐后的效果如图 3-28。此时元件垂直之间的距离还不均匀。再次单击选中调准工具组中的"垂直等距分布"按钮，元件将在垂直方向间距均匀分布。垂直等距分布后的效果如图 3-29。

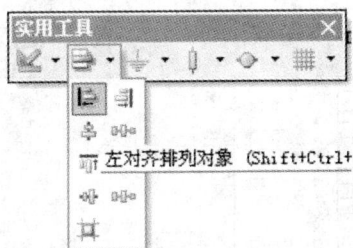

图 3-26　调准工具组

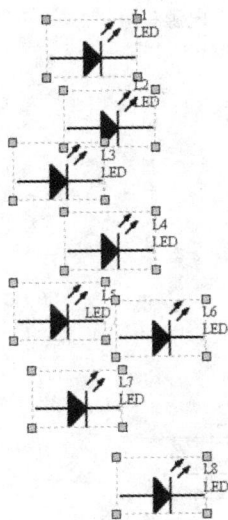

图 3-27

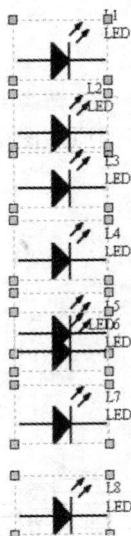

图 3-28

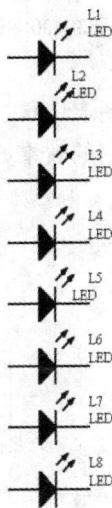

图 3-29

2）电阻的对齐操作：按照以上方法将 8 个电阻对齐并垂直等距排列，并适当调整元件编号的位置。参照图 3-30。

4. 连接导线按照所学导线的使用方法

参照图 3-30，连接图中各元件。

5. 放置电源符号

"实用工具"栏中的"电源"工具组提供了 11 种常用的电源符号供用户使用。如图 3-31。

用户可以根据自己的需要选择其中的电源符号使用。各按钮的功能和"配线"工具上的"电源"工具按钮等价。

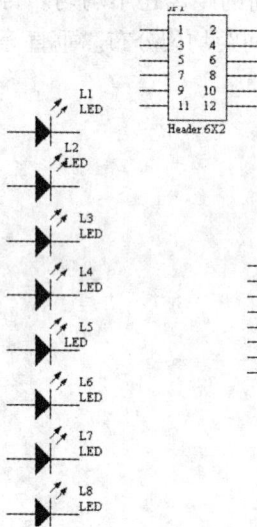

图 3-30　调整好布局的元件

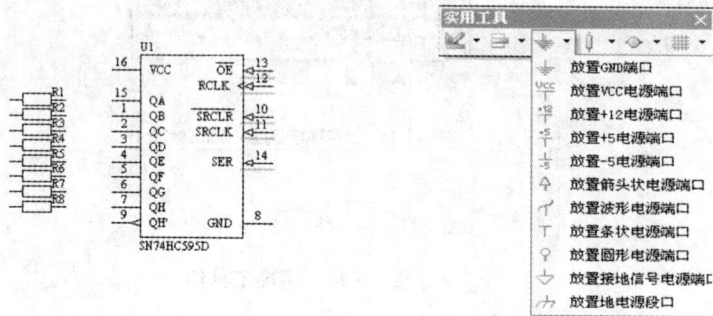

图 3-31　电源符号

参照图 3-30，在前一步骤已经绘制好的原理图中添加电源符号。

绘制完的效果如图 3-32 所示。

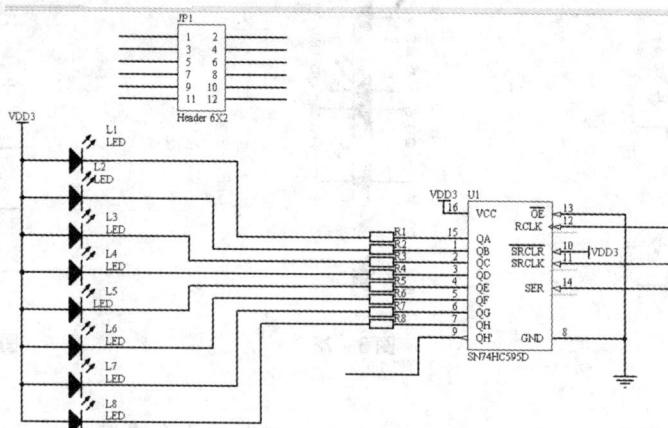

图 3-32　绘制完的效果图

6. 添加文字注释

参照图 3 -22，在图中添加如下文字注释："LED 驱动电路"、"47K × 8"、"本设计中利用带有高速 SPI 接口的 HC595 芯片来驱动 LED，将 HC595 的时钟 SCLK、数据 SI 分别与 LPC9401 的 SPICLK、MOSI 相连，片选信号 RCK 与 P1.7 相连。这样就可以向 HC595 发送数据了。将高位输出与 LPC9401 的 MISO 相连，就可以从 HC595 将数据读出来"。添加注释后的效果如图 3 -33。

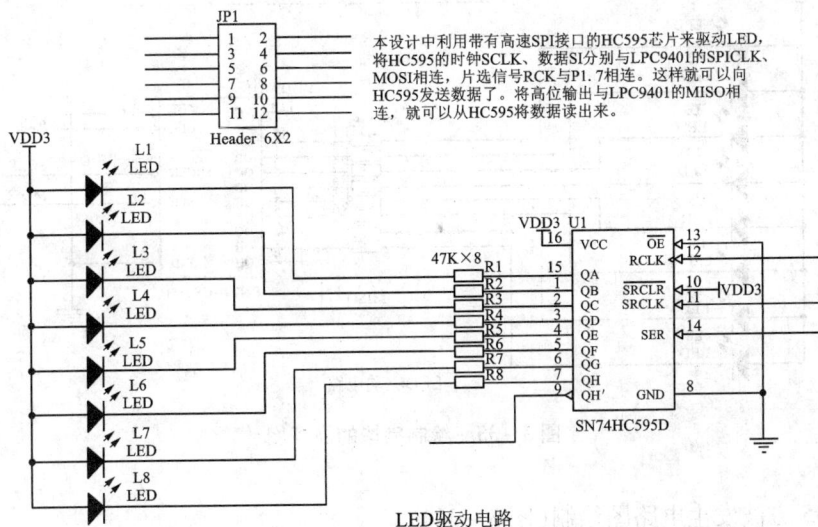

图 3 -33 添加注释后的效果图

7. 添加虚线框

绘制长方形：单击选中"实用工具"组中的"放置直线"工具。在图示 3 -33 中的 1 处单击确定起点，分别在 1、2、3、4 处单击确定虚线框的拐点，最后在 1 处单击确定终点。如图 3 -34 所示。

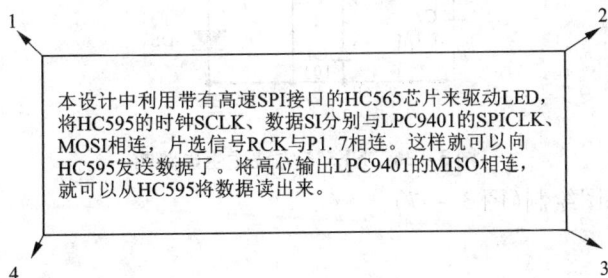

图 3 -34 虚线框示意

直线属性设置：单击绘制好的直线，在弹出的对话框中将"线风格"设置为"Dotted"，即是将导线设置为虚线形式。

8. 添加网络标号

根据前面所学习的方法在绘制好的原理图中添加网络标号。绘制好的图如3-35所示。

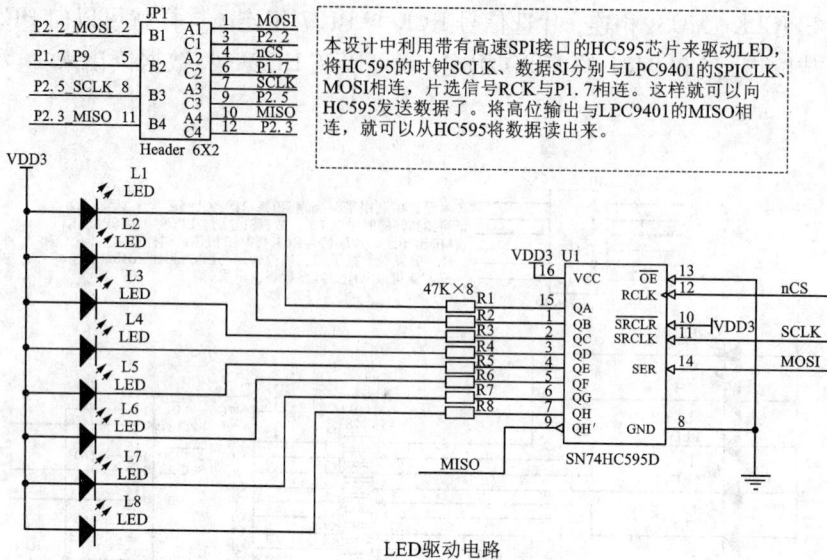

本设计中利用带有高速SPI接口的HC595芯片来驱动LED，将HC595的时钟SCLK、数据SI分别与LPC9401的SPICLK、MOSI相连，片选信号RCK与P1.7相连。这样就可以向HC595发送数据了。将高位输出与LPC9401的MISO相连，就可以从HC595将数据读出来。

图3-35　绘制完毕的原理图

实训：

1. NE555 方波发生电路图绘制(图3-36)。

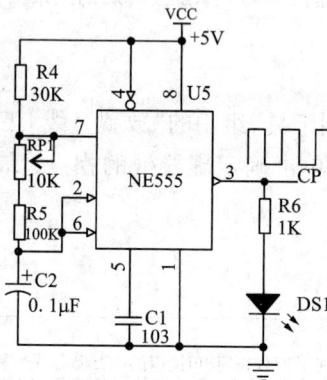

图3-36　NE555 方波发生电路图

2. 秒计数器电路图绘制(图3-37)。

考核评价

使用 Protel DXP 2004 设计如图3-38所示的8路抢答器电路图，要求布局整齐美观，图纸大小为 A4，水平放置，图纸颜色为白色，边框色为黑色，栅格大小为10，捕捉大小为5，电气栅格捕捉的有效范围为5，系统字体为宋体12号黑色，并将文件分别保存为"8路抢答器电路. PrjPCB"和"8路抢答器电路. SchDoc"。

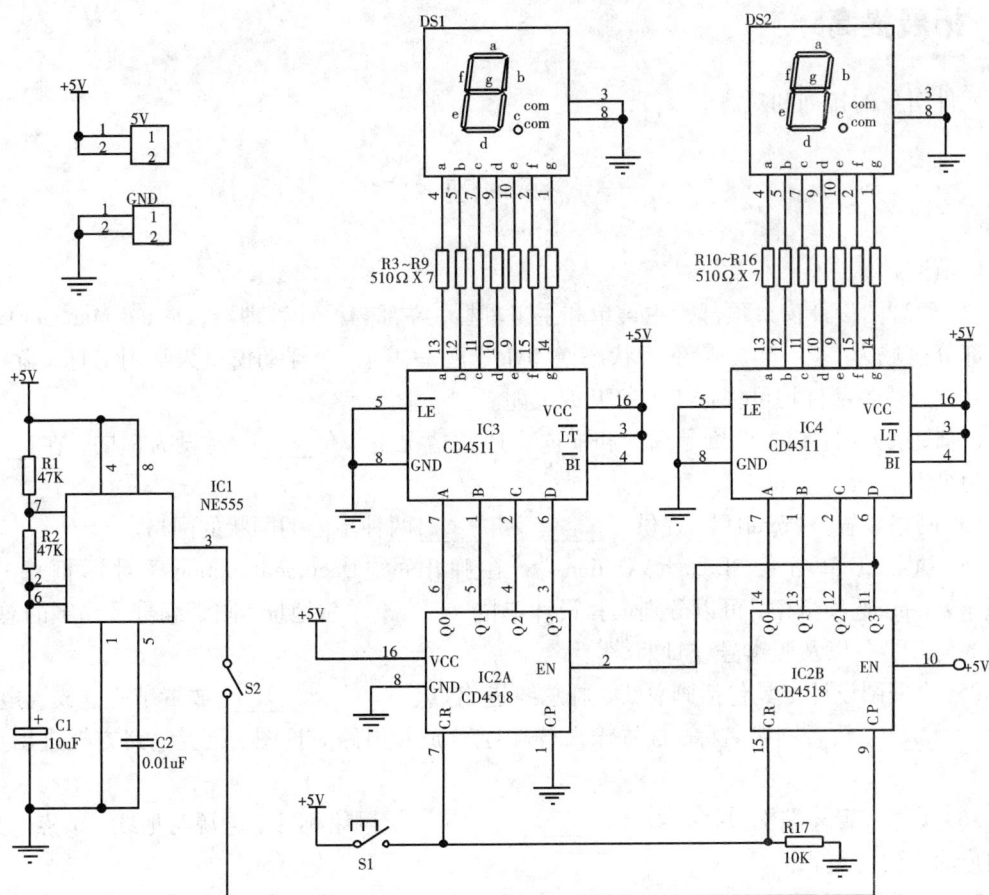

图3-37 秒计数器电路图

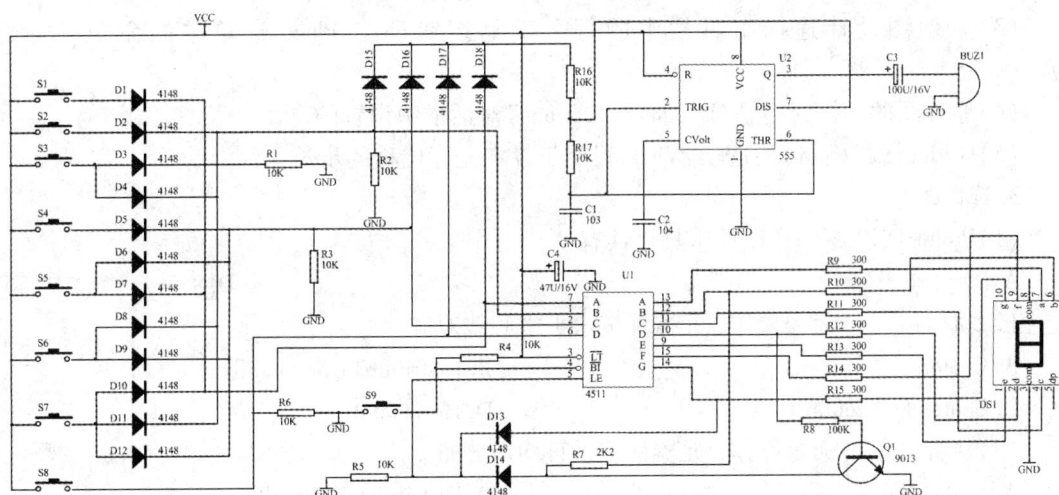

图3-38 8路抢答器电路图

拓展提高

元件对象的排列和对齐。

练习题

1.填空题

(1)原理图设计窗口顶部为主菜单和主工具栏,左部为设计管理器(Design Manager),右边大部分区域为_____,底部为状态栏和命令栏,中间几个浮动窗口为常用工具。除_____外,上述各部件均可根据需要打开或关闭。

(2)图纸方向:设置图纸是纵向和横向。通常情况下,在_____时设为横向,在_____时设为纵向。

(3)网格设置。ProtelDXP 提供了_____和_____两种不同的网状的网格。

(4)执行菜单命令"Design \ Options",在弹出的"Document options"对话框中选择"Organization"选项卡中,可以分别填写设计单位_____,单位地址,图纸编号及图纸的总数,文件的_____以及版本号或日期等。

(5)原理图设计工具包括画总线、画总线进出点、_____、放置节点、放置电源、_____、放置网络名称、放置输入/输出点、放置电路方框图、放置电路方框进出点等内容。

(6)实体放置与编辑包括导线、_____、_____、网络标号、电源与地线、节点、文字与图形的放置与编辑。

2.判断题

(1)原理图文件设计必须先装载元器件库,方可放置元器件。(   )

(2)打开原理图编辑器,就可以在图样上放置元器件。(   )

(3)原理图设计连接工具栏中的每个工具按钮都与 Place 选单中的命令一一对应。(   )

(4)原理图的图样大小是"Document Options"对话框中设置的。(   )

(5)Grids(图样栅格)栏选项"Visible"用于设定光标位移的步长。(   )

3.选择题

(1)Protel DXP 原理图设计工具栏共有(   )个。

A.5   B.6   C.7   D.8

(2)执行(   )命令操作,元器件按水平中心线对齐。

A. Center   B. Distribute Horizontally

C. Center Horizontal   D. Horizontal

(3)执行(   )命令操作,元器件按垂直均匀分布。

A. Vertically   B. Distribute Vertically

C. Center Vertically   D. Distribute

(4)执行(   )命令操作,元器件按顶端对齐。

A. Align Right　　　　　B. Align Top　　　　　C. Align Left　　　　　D. Align Bottom

（5）执行（　　）命令操作，元器件按低端对齐.

A. Align Right　　　　　B. Align Top　　　　　C. Align Left　　　　　D. Align Bottom

（6）执行（　　）命令操作，元器件按左端对齐.

A. Align Right　　　　　B. Align Top　　　　　C. Align Left　　　　　D. Align Bottom 风嗯

（7）执行（　　）命令操作，元气件按右端对齐.

A. Align Right　　　　　B. Align Top　　　　　C. Align Left　　　　　D. Align Bottom

（8）原理图设计时，按下（　　）可使元气件旋转90°。

A. 回车键　　　　　　　B. 空格键　　　　　　C. X 键　　　　　　　D. Y 键

（9）原理图设计时，实现连接导线应选择（　　）命令.

A. Place/Drawing Tools/Line　　　　　　B. Place/Wire

C. Wire　　　　　　　　　　　　　　　D. Line

（10）要打开原理图编辑器，应执行（　　）菜单命令.

A. PCB Project　　　　　　　　　　　B. PCB

C. Schematic　　　　　　　　　　　　D. Schematic Library

项目四　模/数转换电路的绘制

项目描述

通过一个模/数转换电路的绘制来讲解如何设置电路连接导线、总线和总线分支，网络标号的含义及其使用，添加文字注释及虚线框。通过此项目让学生掌握导线的使用及导线属性的设置，掌握总线的使用及总线属性的设置，掌握总线分支的使用及其属性的设置，掌握网络标号的含义及其使用，掌握实用工具组中各工具按钮的使用及其属性的设置。

知识准备

4.1　绘制总线

总线是一组功能相同的导线的集合，用一条粗线来表示几条并行的导线。在进行原理图绘制的过程中，往往会碰到绘制数据线，由于数据线往往有很多条，此时采用总线连接方式，将大大简化原理图的绘制工作，而且使图纸更加简洁明了。

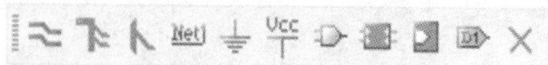

图 4-1　配线工具栏

执行菜单"放置"→"总线"，或单击配线工具栏（如图 4-1 所示）上的"（放置总线）"按钮，进入放置总线状态，将光标移至适当的位置，单击鼠标左键定义总线起始位置，移动光标至另一适当位置，单击鼠标左键定义总线的下一位置，直至该段总线绘制完毕，单击鼠标右键完成该段总线绘制。此时鼠标还是呈现十字状，仍可继续绘制新的总线，或再单击鼠标右键退出放置总线状态。

在放置总线状态时，按下[Tab]键，或双击放置好的总线，弹出如图 4-2 所示的"总线"属性对话框，在此框中可以对总线的线宽和颜色进行相应的设置。

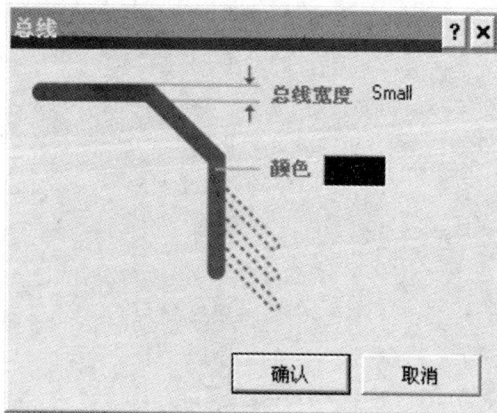

图 4-2　总线属性对话框

4.2　绘制总线分支

在放置总线之前,为了便于放置网络标签,一般会对数据线进行延长,元件数据线的引出延长线与总线的连接是通过总线入口来实现的,总线入口是一条倾斜45度或135度且长度固定的短线段。

执行菜单"放置"→"总线入口",或单击配线工具栏上的" (放置总线入口)"按钮,进入放置总线入口的状态,此时光标上会带着悬浮的总线入口线,将光标移至总线和引脚引出线之间,单击鼠标左键放置总线分支线,在放置过程中可以按空格键使总线入口在45度和135度之间进行切换,单击鼠标右键可退出放置状态。如图4-3所示。

在放置总线入口状态时,按下[Tab]键,弹出如图4-4所示的总线入口属性对话框,在该对话框中可以对该总线分支进行颜色、位置和宽度的设置。

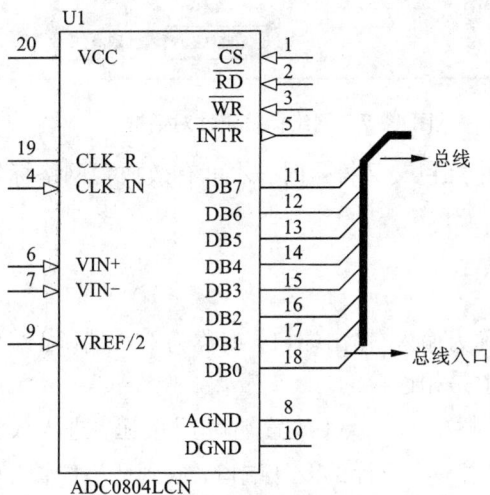

图4-3　总线与总线入口

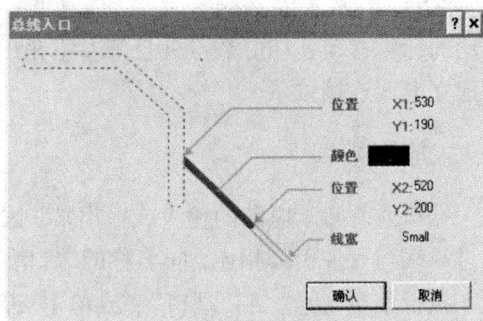

图4-4　总线入口属性对话框

4.3　放置网络标签

绘制原理图时,运用网络连线连接的各网络节点代表了实际的电气连接关系。若原理图较复杂,各网络节点间也可以不运用实际的网络连线来连接。运用放置网络标签的方法也可达到同样的功能,即在两个或多个引脚端口处放置相同名字的网络标签,就可使这些引脚之间具备电气连接关系,如图4-5所示通过网络标签连接与图4-6中具备同样的电气特性。

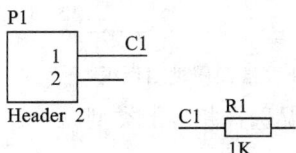

图4-5　网络标签连接

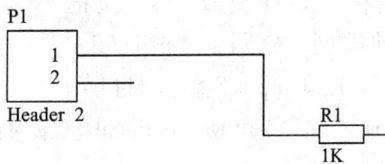

图4-6　导线连接

执行菜单，单击"放置"→"网络标签"，或单击配线工具栏上的"Net（放置网络标签）"按钮，进入放置网络标签状态，此时鼠标处跳出一个浮动的默认名称的网络标签 NetLabel1。按下[Tab]键，弹出如图 4-7 所示的网络标签属性对话框，在此属性对话框中可以对网络标签的颜色、位置和方向进行设置。也可以设置网络标签的内容和字体格式。设置网络标签内容后，如果网络标签的最后符号是数字，则该网络标签将在继续放置的过程中自动递增，比如开始放置网络标签为"D0"，则放置的第 2 个、第 3 个网络标签将自动变为为"D1"和"D2"。

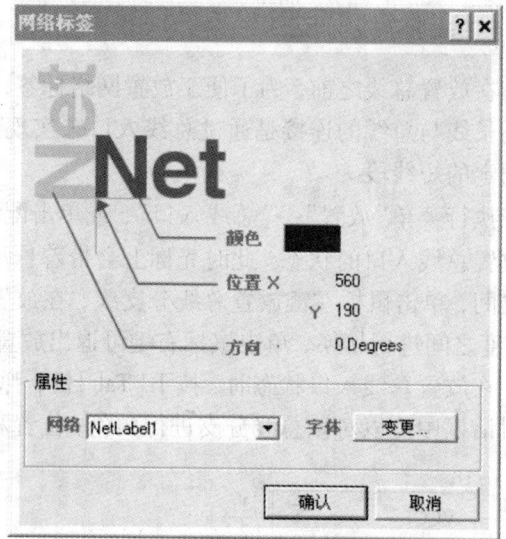

图 4-7　网络标签属性对话框

注意：在放置网络标签时，一定要将浮动的标签移动到相应节点处且等左下角出现一个红色交叉符号时，才可有效放置网络标签并建立电气连接关系。

4.4　放置端口

端口通常表示电路的输入或输出端，因此也称为输入/输出端口，或称为 I/O 端口，端口通过导线与元件引脚相连，同名称的端口在电气上是相连接的。

执行菜单"放置"→"端口"，或单击配线工具栏中的"（放置端口）"按钮，进入放置I/O 端口状态，将光标移动到工作区，光标上黏附着一个悬浮的 I/O 端口，放到适当位置，单击鼠标左键定下端口的起始位置，拖动光标可以改变端口的长度，设置适当大小单击左键完成一个端口的放置，右键退出放置状态。

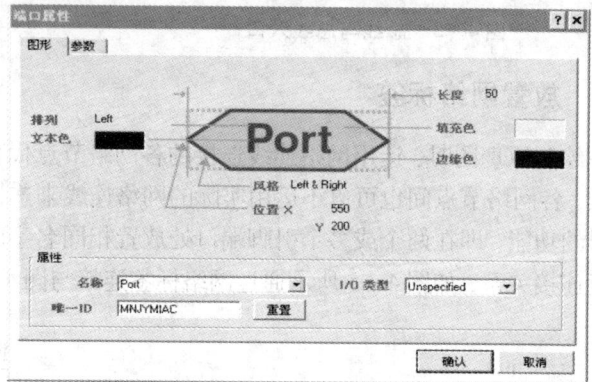

图 4-8　端口属性对话框

在放置的过程中按下[Tab]键，弹出如图 4-8 所示的端口属性对话框，可以对属性进行相应的设置，其中"名称"为该 I/O 端口的名称，"I/O 类型"的下拉框有 4 种类型，分别为 Unspecified（未指明）、Output（输出端口）、Input（输入端口）和 Bidirectional（双向型），可根据实际情况选择相应的类型。

4.5　放置忽略 ERC 检查指示符

在原理图的设计中，往往需要对某部分电路作一些特殊处理，但是可能会引起错误诊断工具将特殊处理的部分认为是错误的。为防止出现这种情况可以在特殊处理部分设置屏蔽错误诊断符号,以阻止错误诊断工具对原理图进行纠错的过程中对这部分电路进行查错处理。

执行菜单"放置"→"指示符"→"忽略 ERC 检查",或单击配线工具栏中的"✕(放置忽略 ERC 检查指志符)"按钮,进入放置忽略 ERC 检查指志符状态,按下[Tab]键,弹出如图4-9 所示的忽略 ERC 检查属性对话框,在该对话框中可以对其颜色、定位等相关属性进行设置。

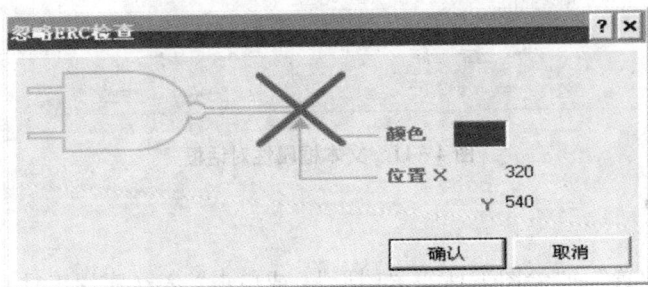

图4-9 忽略 ERC 检查属性对话框

4.6 放置文本字符串

执行菜单"放置"→"文本字符串",或单击"▨ ▾(实用工具)"中的"A(放置文本字符串)"按钮,进入放置文本字符串状态,将光标移动到工作区,光标上黏附着一个文本字符串,按下[Tab]键,弹出如图 4-10 所示的文本字符串属性对话框,在"文本"栏中输入需要放置的文字;在"字体"栏拉下"变更"按钮,可对字体、字形、大小和颜色等属性对行设置,单击"确认"按钮完成文本字符串的属性设置。将光标移动到需要放置文字说明的位置,单击鼠标左键完成文本字符串的放置,右键可退出放置状态。

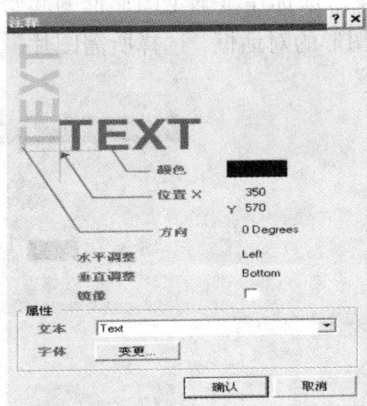

图4-10 文本字符串属性对话框

4.7 放置文本框

由于文本字符串只能放置一行,那么当所用文字较多时,可以采用放置文本框的方式来解决。

执行菜单"放置"→"文本框",或单击"▨ ▾(实用工具)"中的"▦(放置文本框)"按钮,进入放置文本框状态,将光标移动到工作区,光标上黏附着一个文本框,按下[Tab]键,弹出如图 4-11 所示的文本框属性对话框,选择"文本"右边的"变更"按钮,屏幕弹出文本编辑区,在其中输入文字,完成输入后单击"确认"按钮退出,将光标移动到适当的位置,单击鼠标左键定义文本框的起点,移动光标并再次左键定义文本框尺寸并放置文本框,右键退出放置状态。

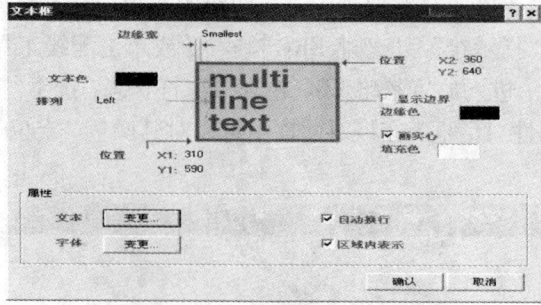

图 4-11　文本框属性对话框

4.8　插入图形

执行菜单中"放置"-"绘图工具"-"图形"，或单击"（实用工具）"中的"（放置图形）"按钮，此时鼠标成为十字，即需要在原理图中设置一个用来放置图形的图形框。按下[Tab]键，弹出如图 4-12 所示的图形属性对话框，在此对话框中可以对图形进行属性的设置，单击鼠标左键确定图形框的起始点，移动鼠标到合适大小再单击左键，此时将弹出用于加载图形的对话框，选择所需图片，点打开即可完成图形的放置。

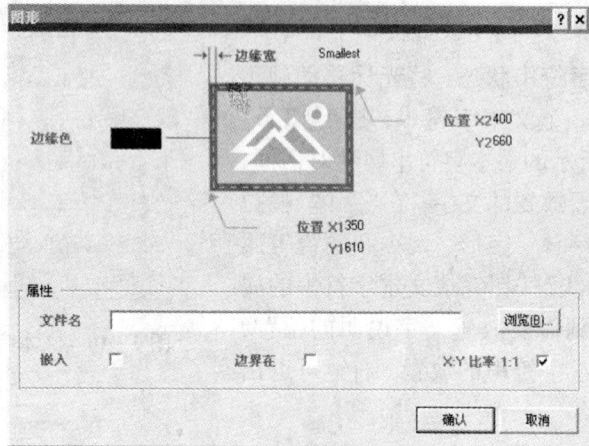

图 4-12　图形属性对话框

任务实现

任务　模/数转换电路的绘制

图 4-13 是模数转换电路的原理图。练习该电路图的绘制，使学生熟悉放置总线、总线入口和网络标签的方法。

步骤 1：创建 PCB 设计项目

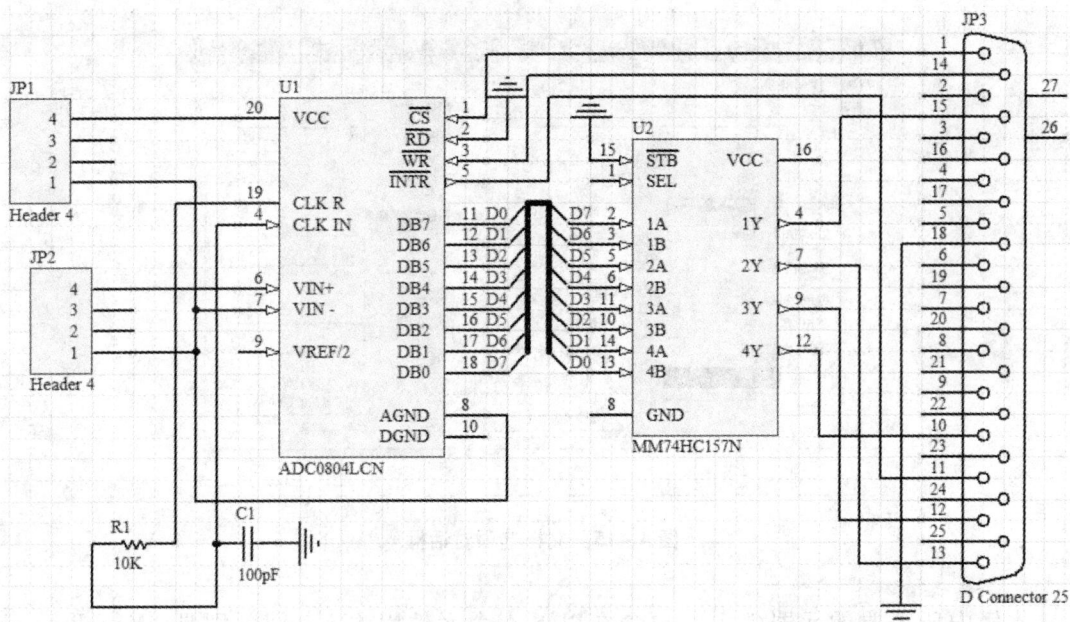

图 4 - 13 模数转换电路

建立一个新的设计项目文件和原理图文件，并将文件保存为"模数转换电路.PRJPCB"和"模数转换电路.SCHDOC"。如图 4 - 14 所示。

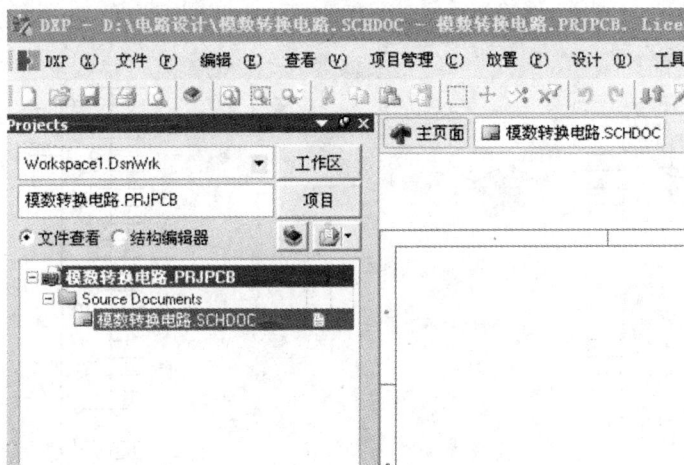

图 4 - 14 创建的 PCB 项目和原理图文件

步骤 2：设置环境参数

执行菜单"设计"→"文档选项"，弹出如图 4 - 15 所示的文档选项对话框。在该对话框中可对图纸的参数进行相应的设置。

步骤 3：放置元件、设置属性

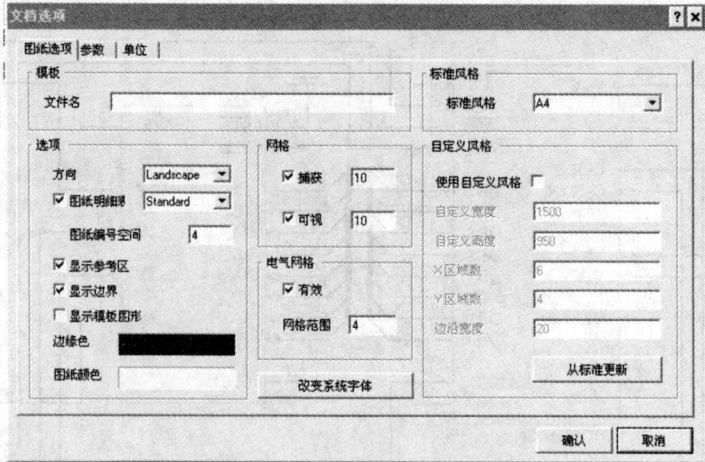

图 4 - 15　文档选项对话框

本例中所需要的元器件主要包含在以下 4 个元件库中，它们分别是：Miscellaneous Devices. IntLib 和 Miscellaneous Connectors. IntLib，NSC Converter Analog to Digital. IntLib、NSC Logic Multiplexer. IntLib。

其中电阻 Res1、电容 Cap、4 针接头 Header 4 和连接器 D Connector 25 这几个器件，分别在通用库 Miscellaneous Devices. IntLib 和 Miscellaneous Connectors. IntLib 中。对相应的元件进行放置并修改参数。放置完毕如下图 4 - 16 所示。

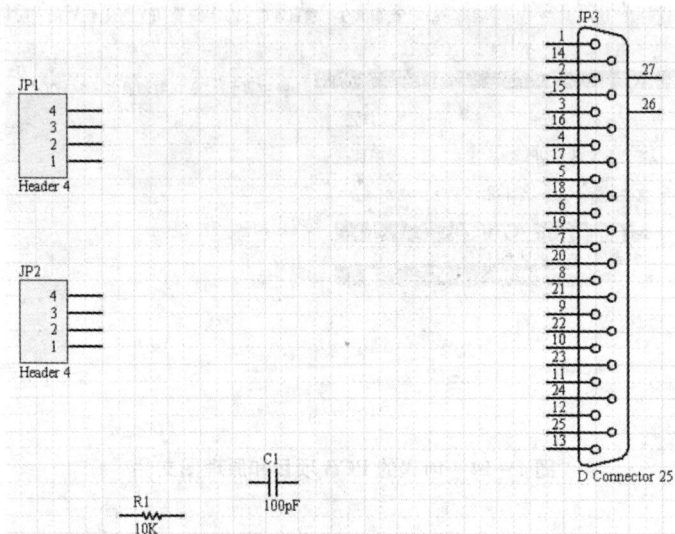

图 4 - 16　放置部分元件后的原理图

其中 A/D 芯片 ADC0804LCN 和芯片 MM74HC157N 这两个器件，分别在 NSC Converter

Analog to Digital. IntLib 和 NSC Logic Multiplexer. IntLib 这两个库中。通过元件搜索的方式,在如图 4 –17 所示的搜索窗口中分别输入"ADC0804LCN"和"MM74HC157N"进行元件查找,找到相应的元器件并放置,放置过程中分别对不同元件进行属性设置和参数修改。放置完毕后电路如图 4 –18 所示。

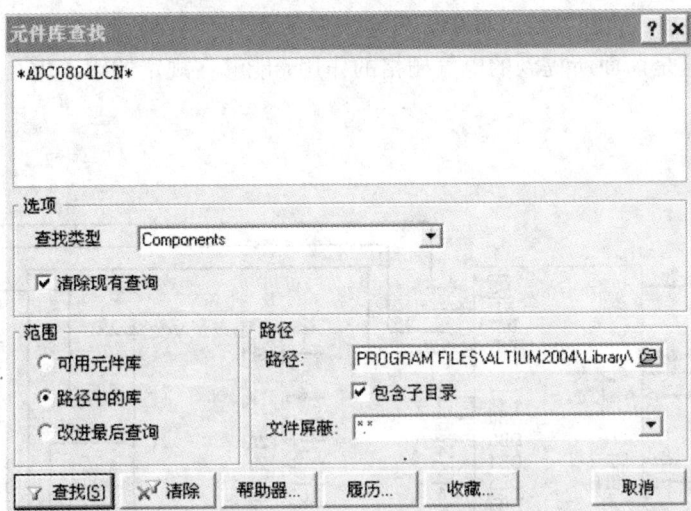

图 4 –17 元件查找对话框

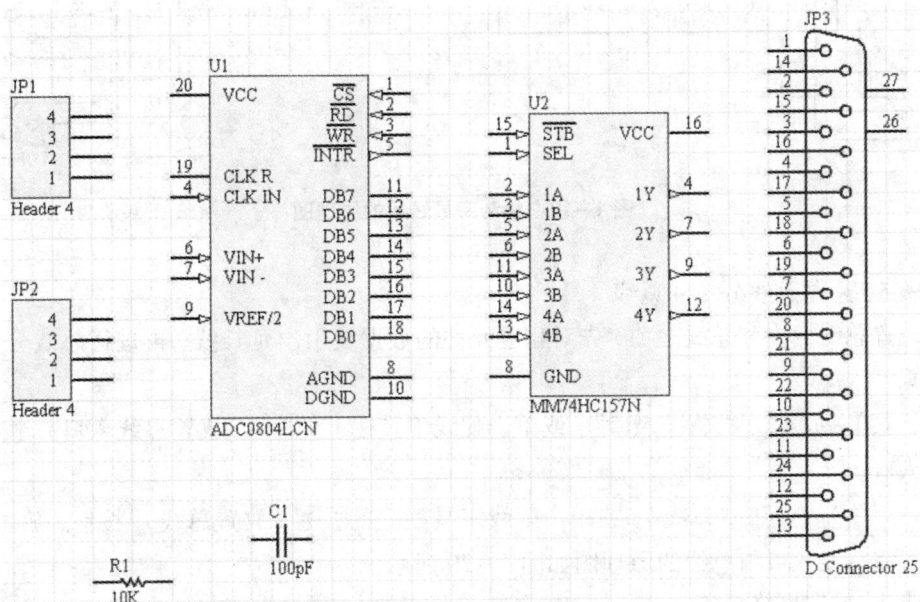

图 4 –18 放置元件后的原理图

步骤 4：绘制导线

执行菜单"放置"→"导线"，或单击配线工具栏上的"≈（放置导线）"按钮，进入放置导线的状态，参考给定的电路图对电路中的导线进行放置。在绘制导线的过程中，按下[Tab]键，弹出导线属性对话框，可对导线的颜色和宽度进行设置。放置完毕后电路如图 4 - 19 所示。

注意： 电气捕捉：绘制导线过程中，当导线移动到某个引脚端点或者导线端点时，将出现红色的"×"，这是前面所提到的电气栅格的作用，能够在规定的距离内自动捕捉到端点而进行连接。

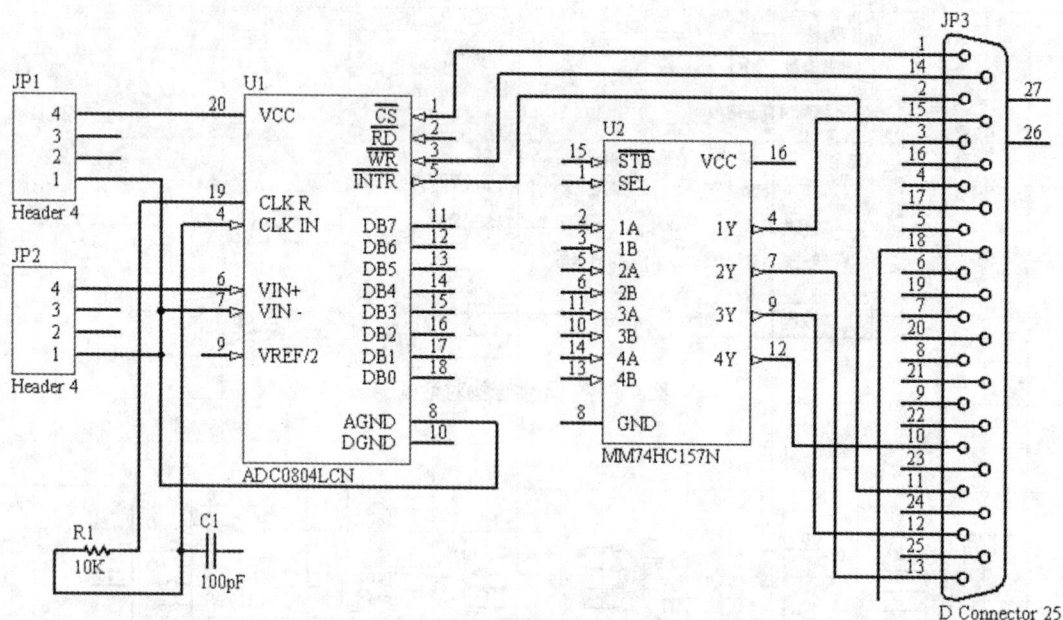

图 4 - 19　绘制完导线后的原理图

步骤 5：绘制总线分支和总线

在放置总线分支和总线之前，先对相应元件的数据线引出延长线，再进行总线分支与总线的放置。

执行菜单"放置"→"总线入口"，或单击配线工具栏上的"↖（放置总线入口）"按钮，放置总线入口。

执行菜单"放置"→"总线"，或单击配线工具栏上的"↗（放置总线）"按钮，放置总线。分别放置完总线入口与总线的原理图如图 4 - 20 所示。

步骤 6：放置网络标签

执行菜单"放置" - "网络标签"，或单击配线工具栏上的"Net（放置网络标签）"按钮，进入放置网络标签的状态，对电路中的网络标签进行放置。放置完毕后电路如图 4 - 21 所示。

步骤 7：放置电源网络

执行菜单"放置"→"电源端口"，或单击"配线"工具栏上的"vcc"和"⏚"按钮，进入放

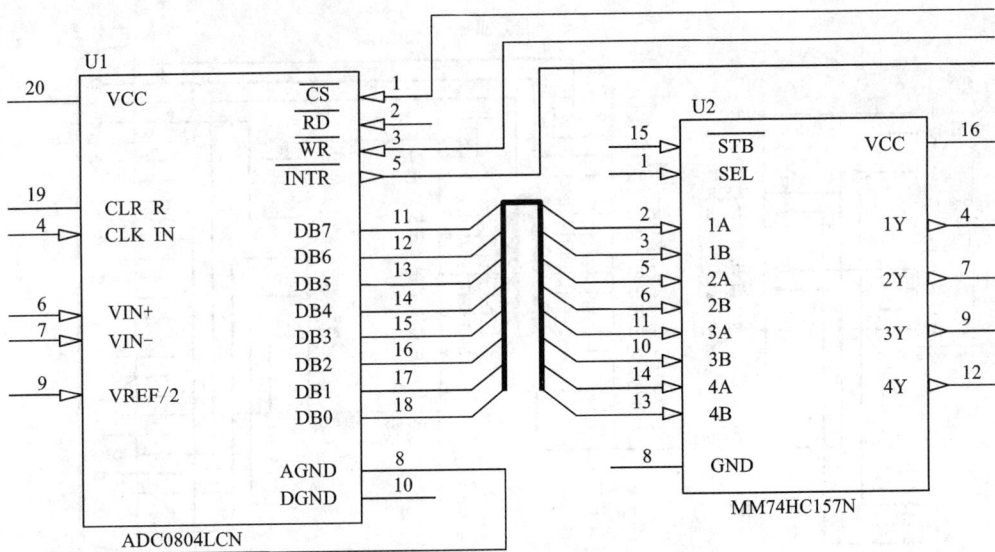

图 4-20 绘制的总线入口与总线

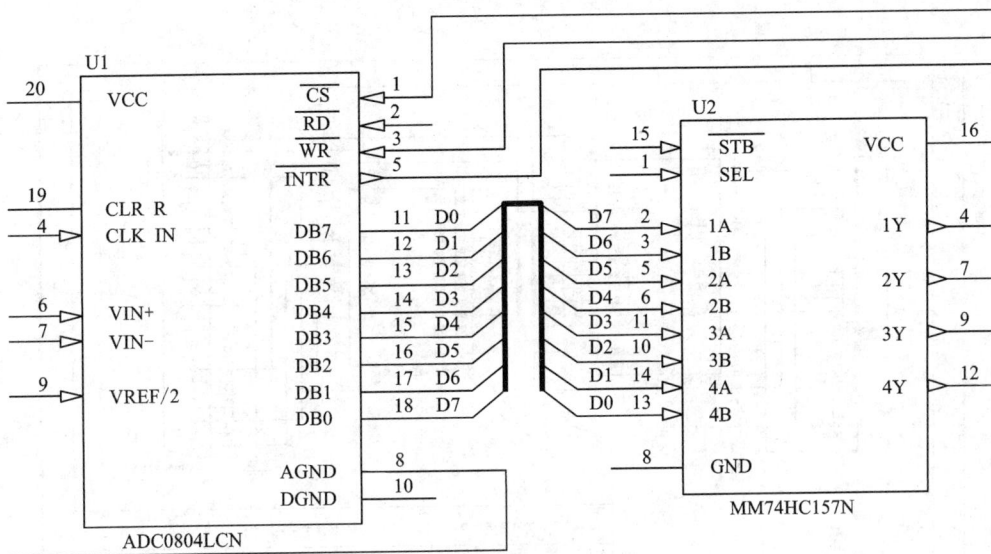

图 4-21 网络标签的放置

置电源端口的状态,分别对电路中的电源与地进行放置。放置完毕后电路如图 4-22 所示。

步骤 8:设置图纸标题栏

通过"文档选项"对话框对原理图图纸进行相关的调整,并设置好图纸标题栏,最终完成原理图的绘制如图 4-23 所示。

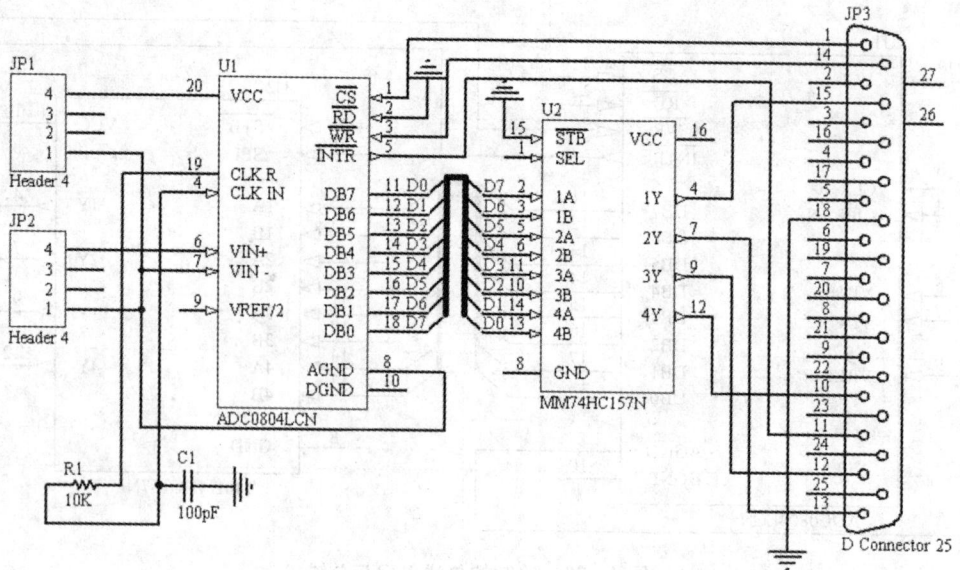

图 4 - 22　放置完电源之后的原理图

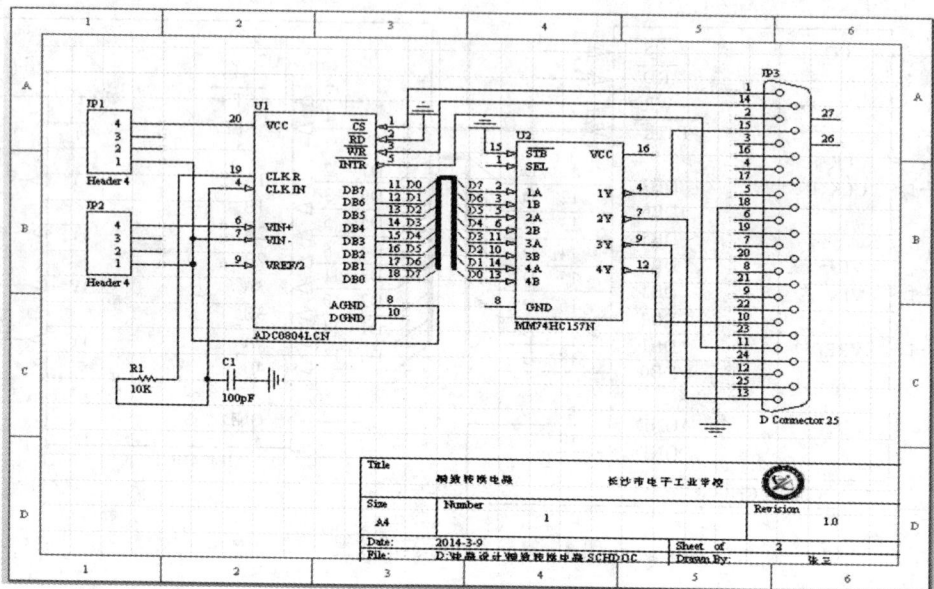

图 4 - 23　最终完成的原理图

实训：

温度显示(控制)器电路绘制(如图 4 - 24)。

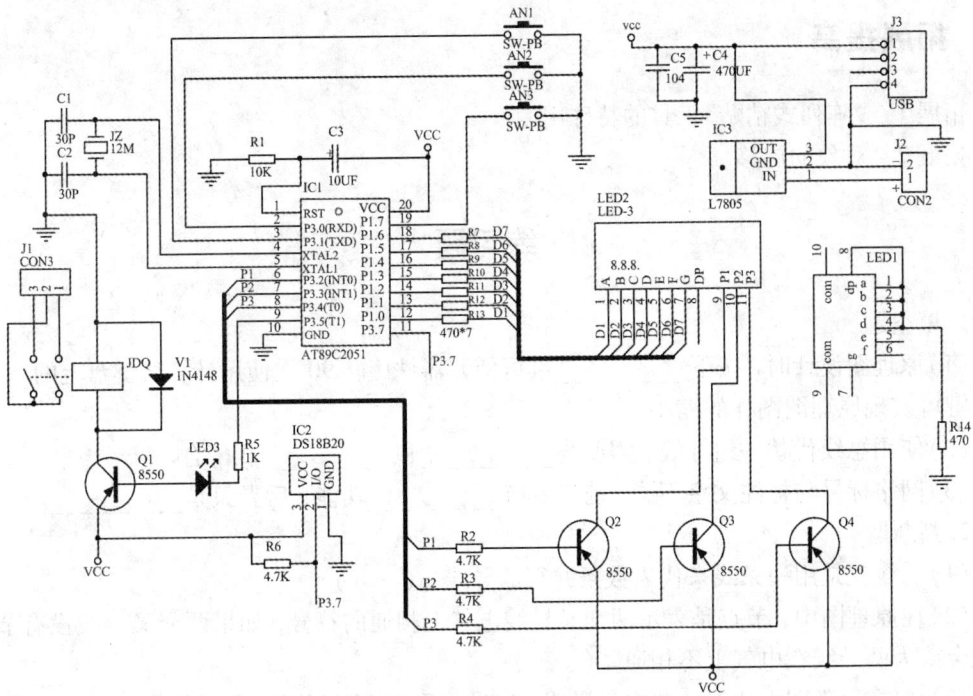

图 4 - 24 温度显示器原理图

考核评价

六位电子时钟套件电路图绘制(如图 4 - 25)。

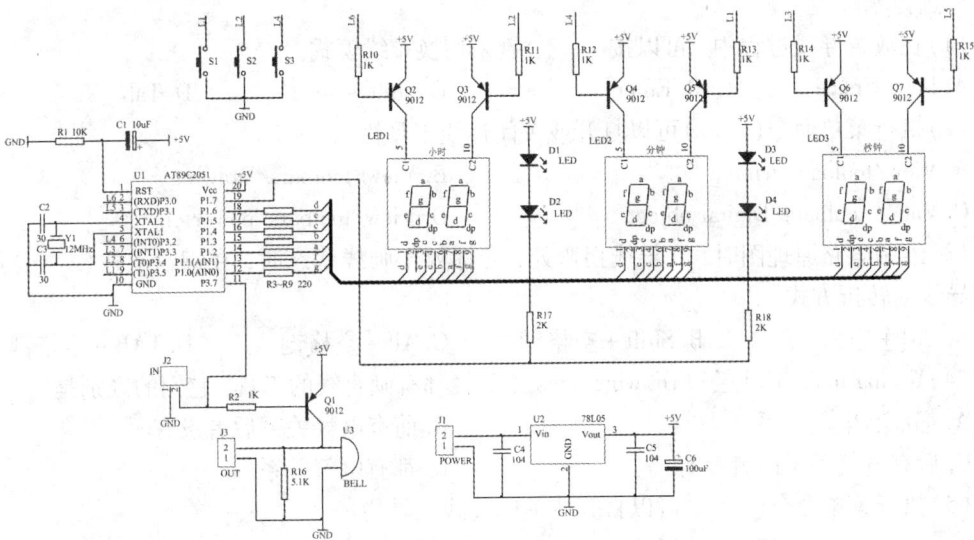

图 4 - 25 六位电子时钟电路图

拓展提高

拓展 1　"阵列式粘贴"工具的特殊用途。
拓展 2　对象的层移。

练习题

1. 填空题

(1)原理图设计时，按下＿＿＿＿＿＿＿键可使元器件旋转 90°。使用计算机键盘上的＿＿＿＿＿＿＿键可实现原理图图样的缩小。

(2)使用总线代替一组导线，需要与＿＿＿＿＿＿＿和＿＿＿＿＿＿＿相配合。

(3)网络标号与标注文字不同，前者具有＿＿＿＿＿＿＿功能，后者只是＿＿＿＿＿＿＿。

2. 判断题

(1)总线就是用一条线来代表数条并行的导线。(　　　)

(2)在原理图中，节点是表示两交叉导线电气上相通的符号，如果两交叉导线没有节点，系统会认为两导线在电气上不相通。(　　　)

(3) 要在原理图上放置一些文字说明、信号波形等，而不影响电路的电气结构，就必须使用画图工具(Drawing)。(　　　)

(4)元件管脚是元件的核心部分，原理图元件的每一个管脚都要和实际元件的管脚相对应。(　　　)

(5)原理图元件管脚序号是必须有的，而且不同的管脚要有不同的序号。(　　　)

(6)原理图元件管脚名称用来提示管脚的功能，管脚名称不能是空的。(　　　)

(7)在连接导线过程中，按下 Shift + Space 键可以改变导线的走线形式。(　　　)

3. 选择题

(1)在放置导线过程中，可以按(　　　)键来切换布线模式。

A. Back Space　　　　　B. Enter　　　　　C. Shift + Space　　　　　D. Tab

(2)执行菜单命令(　　　)可以打开或关闭连线工具栏。

A. View/toolbars/wining　　　　　　　　　B. View/toolbars/Drawing

C. View/ toolbars/Digital objects　　　　　D. View/toolbars/power objects

(3)绘制电路原理图时，在导线拐弯处，光标处于画线状态时，在键盘上按(　　　)可以改变导线的转折方式。

A. Ctrl + 空格　　　　B. Shift + 空格键　　　C. Alt + 空格键　　　D. TAB + 空格键

(4)Wiring tools 工具栏和 Drawing tools 工具栏都有画直线的工具，它们的区别是(　　　)。

A. 都没有电气关系　　　　　　　　　　B. 前有电气关系后者没有

C. 后有电气关系前者没有　　　　　　　D. 都有电气关系

(5)执行菜单命令(　　　)可以打开或关闭连线工具栏。

A. View/Toolbars/Wring　　　　　　　　B. View/Toolbars/Drawing

C. View/Toolbars/DigitalObjects　　　　　D. View/Toolbars/PowerObjects

项目五 74LS 系列、74LS00 元件的创建

项目描述

Protel DXP 2004 的元器件库尽管非常庞大，但由于电子制造业的迅猛发展，新的元器件不断涌现，元器件库无法及时囊括所有元器件符号。本章通过实例介绍如何创建元件库，以及如何在库中创建元件。通过对 74LS47 和 74LS00 的创建来达到如下目标：

(1)熟悉原理图库文件编辑器的环境；

(2)掌握创建库文件和元件的方法；

(3)掌握创建各种原理图符号的方法；

(4)掌握打开元件库文件并向其中添加元件的方法；

(5)掌握创建包含多个子件的元件的方法；

(6)掌握如何设置元件的封装。

知识准备

5.1 新建原理图元件库文件

在 Pretel DXP 2004 中，所有的元件符号都是存储在元件库中，所有有关元件符号的操作都需要通过元件库来执行。本节将介绍如何新建原理图元件库文件。

5.1.1 元件库的创建

启动 Protel DXP 2004，打开文件夹中创建好的"项目 1. PrjPCB"，选择"文件"→"创建"→"库"→"原理图库"选项，如图 5 - 1 所示。或在项目名称上单击鼠标右键，在快捷菜单中选择"追加新文件到项目中"→"Schematic Library"。

此时，在工程面板中增加了一个元件库文件"Schlib1. Schlib（1）"，该文件即为新建的元件符号库，如图 5 - 2 所示。

5.1.2 元件库的保存

执行"文件→保存"命令，弹出图5 - 3所示的对话框，在该对话框中输入元件库

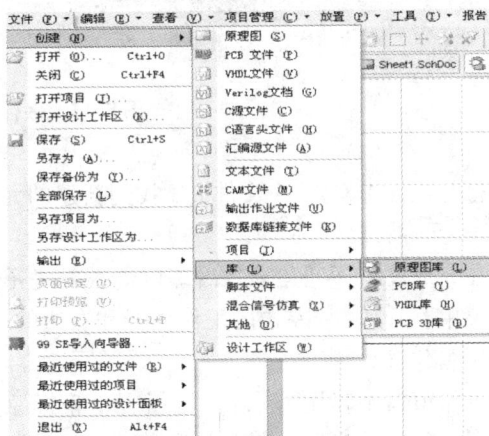

图 5 - 1 新建原理图库

图 5 - 2　新建元件库后的工程面板

的名称，单击"保存"按钮后，新建的元件库即可保存在 Protel DXP 2004 文件夹中。

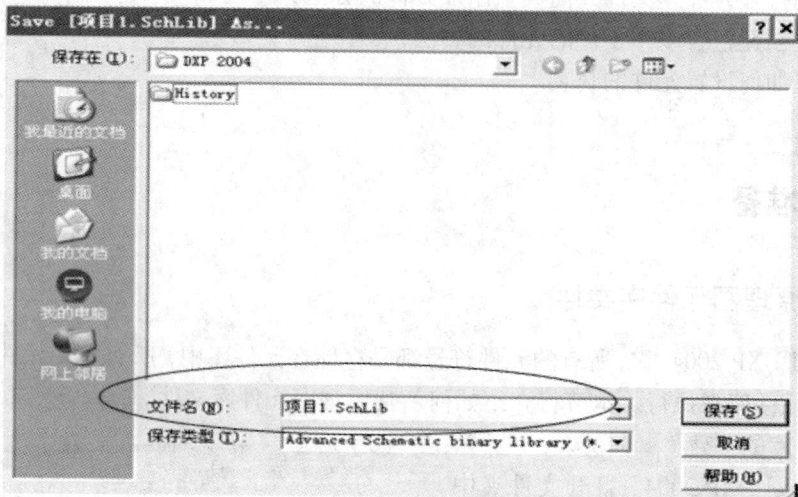

图 5 - 3　保存新建的元件库

　　打开桌面 DXP2004 文件夹，找到新建的元件库，以方便在以后的设计工程中引用。

5.1.3　元件设计界面

　　在完成元件库的建立之后即可进入新建元件符号的界面，如图 5 - 4 所示，该界面由上面的主菜单、工具栏、左边的工作面板和右边的工作窗口组成。

　　1. 工作窗口

　　工作窗口中间显示一个"十"字形，坐标原点在十字中心，该十字将元件编辑区划分为四个象限。象限的定义和数学上是一样的，即右上角为第一象限，左上角为第二象限，左下角为第三象限，右下角为第四象限。一般用户可在第四象限进行元件的编辑工作。

图 5 - 4　元件设计界面

2. 工作面板

执行菜单命令"查看"→"工作区面板"→"SCH"→"SCH Library"可以打开"SCH Library"
面板(或在屏幕右下角用鼠标左键单击"SCH"标签→勾选"SCH Library"),如图 5 - 5 所示。

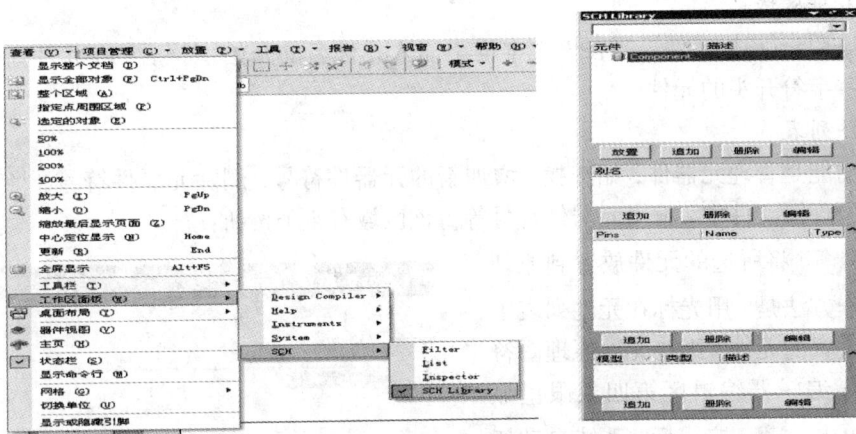

图 5 - 5　调出 SCH Library 面板

3. 画面调整

画面的调整方法与原理图设计界面相同。

5.2　元件库的管理

在介绍如何制作元件之前,为了对制作的新元件和新元件库进行有效的管理,应先熟悉元件库编辑管理器的使用,下面介绍元件库编辑管理器的组成和使用方法。

5.2.1　元件库编辑管理器

如图 5 - 6 所示。

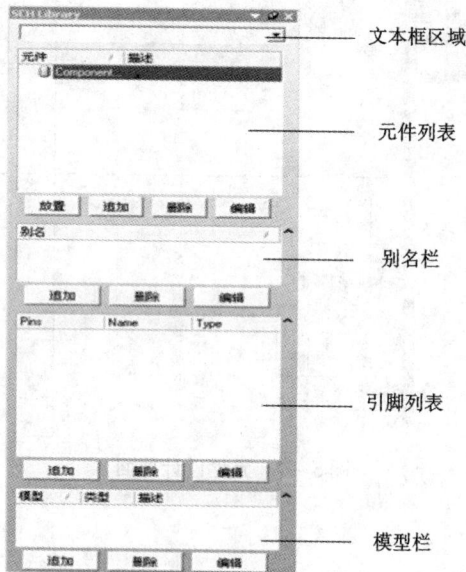

图 5 - 6　"SCH Library"面板(元件库编辑管理)

1. 文本框区域

该区域用于筛选元件。当在该文本框中输入元件名的开始字符后,在元件列表中将会显示以这些字符开头的元件。

2. 元件列表

主要功能是管理元器件,如查找、增加新的元器件符号,删除元器件符号,将元器件符号放置到原理图文件中,编辑元器件符号等。该区域有 4 个按钮:

(1)　放置 将所选的元件放置到原理图上。操作方法是,用光标在元件列表中选定将要放置的元件,则该元件原理图符号在元件库编辑器编辑区第四象限里显示出来;单击 放置 按钮后,系统自动切换到原理图设计界面,处于放置该元件的状态。

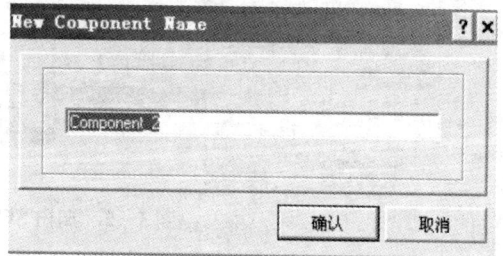

图 5 - 7　添加新元件对话框

(2)　追加 按钮:添加新的元件到该元件库中。单击 追加 按钮后,打开如图 5 - 7 所示的添加新元件对话框,输入指定的元件名称,单击 确认 按钮即可将元件添加到元件组中。

(3)　删除 按钮:从元件库中删除元件。在元件列表选中要删除的元件,单击该按钮即可把指定的元件从元件组中删除。

（4）[编辑]按钮：编辑元件的相关属性。单击该按钮后，打开库元件属性对话框，如图
5－8所示。

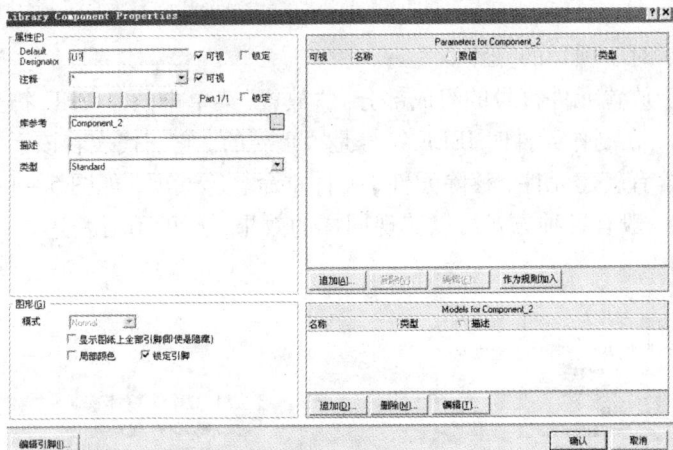

图5－8　库元件属性对话框

库元件属性对话框中主要选项的意义如下：

显示名称(Default Designator)：用于设置元件默认编号。例如电阻器可以为R?，电容器
可以为C?，集成芯片可以为U?，计算机会自动对元件按流水号给"?"赋予标号。

注释：用填写元件注释，一般填写该元件的名称。

3.别名栏

主要功能是设置元器件符号的别名。

4.引脚列表

主要用于显示已经选中的元件引脚名称和电气特性等信息。该区域有[追加]、[删除]
和[编辑]3个按钮，具体功能如下：

（1）[追加]按钮：向选中的元件添加新的引脚。

（2）[删除]按钮：从选中的元件中删除引脚。

（3）[编辑]按钮：编辑选中元件的引脚属性。

5.模型栏

主要功能是指定元器件符号的PCB封装、信号完整性或仿真模式等。

5.2.2　菜单栏和工具栏

在菜单栏中，可以找到所有绘制新元件符号所需要的操作，这些操作分为以下几栏如图
5－9所示：

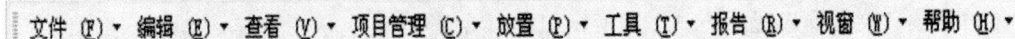

图5－9　绘制元件符号界面中的主菜单

（1）文件：主要用于各种文件操作，包括新建、打开、保存等功能。

（2）编辑：用于完成各种编辑操作，包括撤销/取消撤销、选取/取消选取、复制、粘贴、剪切等功能。

（3）查看：用于视图操作，包括工作窗口的放大/缩小，打开/关闭工具栏和显示栅格等功能。

（4）项目管理：对于项目的操作。

（5）放置：用于放置元件符号的组成部分。"放置"菜单中的"IEEE 符号"选项各项的功能如图 5-10 所示，在制作元件时 IEEE 符号是很重要的，它们代表着该元件的电气特性。

（6）工具：包含有新建元件、移除元件、元件重命名等选项，如图 5-11 所示，这是一些简单的操作，并且一般有各种方式可以实现同样的效果，这里不再赘述。在工具菜单中，有两个选项需要介绍：

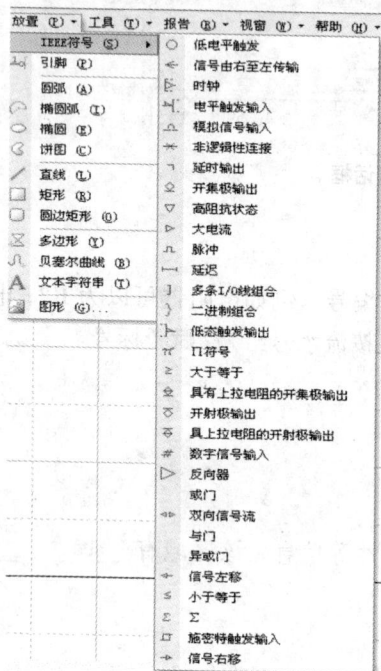

图 5-10　IEEE 符号　　　　　　　　　图 5-11　"工具"菜单

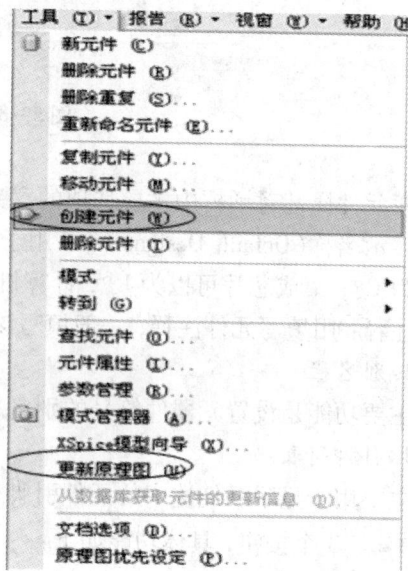

1）创建元件：当创建多组件元件时，该命令用来增加子件，执行该命令后开始绘制元件的新子件。

2）更新原理图：该命令是用来把在元件库中对元件所做的修改，更新到刚打开的原理图中。

（7）报告：产生元件符号的检错报表，提供元件规则检查功能。

（8）视窗：改变窗口显示方式，切换窗口。

（9）帮助：帮助菜单。

工具栏包括 3 栏：标准工具栏、模式工具栏和实用工具栏，如图 5-12 所示。

（1）标准工具栏：其功能和使用方法与原理图编辑环境中的基本一致，在此不再赘述。

（2）模式工具栏：用于控制当前元件的显示模式。

模式· 模式按钮：单击该按钮，可以为当前元件选择一种显示模式，系统默认为"Normal（正常）"。

➕：单击该按钮，可以为当前元件添加一种显示模式。

➖：单击该按钮，可以删除元件当前的显示模式。

⬅：单击该按钮，可以切换到前一种显示模式。

➡：单击该按钮，可以切换到后一种显示模式。

（3）实用工具栏：该工具栏提供了两个重要的工具箱，即 IEEE 符号工具箱和元件绘制工具箱，可用于完成原理图符号的绘制。如图5－10所示。

图 5 － 12　工具栏

5.2.3　元件绘制工具

单击"实用工具栏中的🔧▾按钮，弹出相应的元件符号绘制工具箱，如图5－13所示。其中各个按钮的功能与"放置"菜单中的各个命令具有对应关系。

／：用于绘制直线。〰：用于绘制贝塞尔曲线。⌒：用于绘制椭圆弧线。

▽：用于绘制多边形。A：用于添加说明文字。▯：用于在当前库文件中添加一个元件。➡：用于在当前元件中添加一个元件子功能单元。▭：用于绘制矩形。

▢：用于绘制圆角矩形。⬭：用于绘制椭圆。🖼：用于插入图片。⁛：用于设定粘贴队列。🔧：用于放置引脚。

具体每个按钮的使用方法，在前面项目四已经详细地介绍，在此不再赘述。

5.3　创建一个新元件

下面介绍创建一个新元件的过程，这里以 ISD4003 为例。如图 5 － 14 所示。

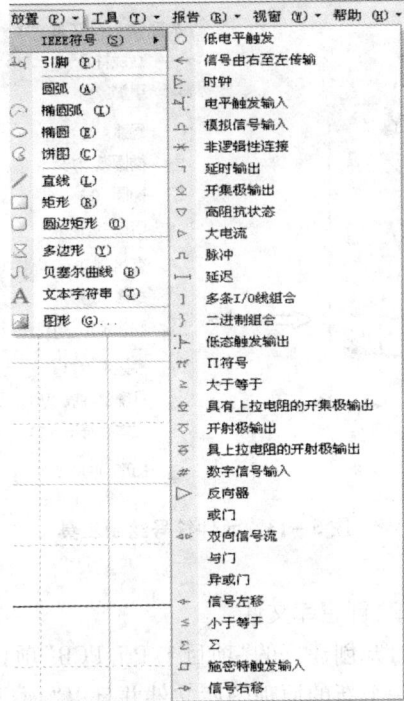

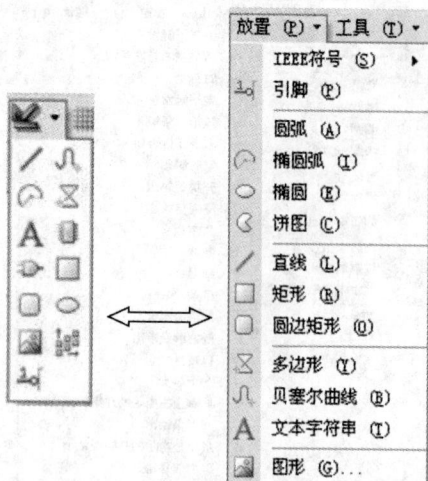

图 5 - 13　元件符号绘制工具

图 5 - 14　ISD4003

5.3.1　创建库文件

打开创建好的"项目 1. Prj. PCB"项目,选择"文件"→"创建"→"库"→"原理图库"选项,创建一个新的原理图库文件并且以"项目 1. SchLib(1)"命名保存,如图 5 - 15 所示。此时系统自动创建了一个元件名为"Componet_1"的元件。选择"工具"→"重新命名元件",将弹出的对话框中的名字改为"ISD4003",点击确认按钮,保存该文件后,开始绘制元件。

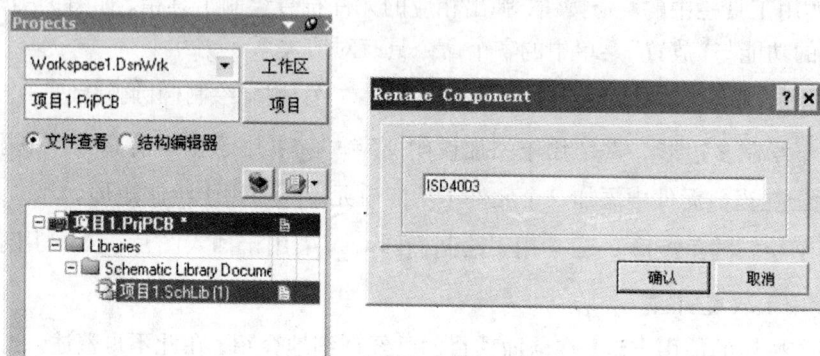

图 5 - 15　新建库文件及 ISD4003

5.3.2　绘制元件外形

单击绘图工具箱里的□按钮,在十字坐标第四象限中心的位置左键单击确定起始位置(快捷键"E"→"J"→"O"3 个键使光标指向图纸的十字中心),拖动鼠标在合适的位置再次单击确定元件外形,如图 5 - 16 所示(尺寸为 12 格 × 15 格)。

双击该矩形,弹出矩形对话框(图 5 - 17 所示),可以对该矩形的填充及边缘线进行设置,这里采用默认值。

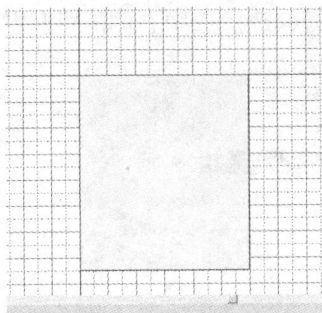

图 5-16 绘制矩形

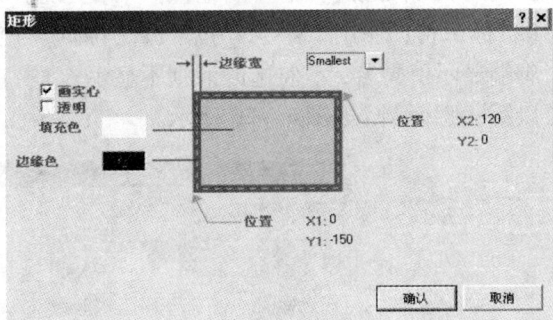

图 5-17 对方块图进行属性设置

5.3.3 绘制引脚

单击绘图工具箱里的 按钮，给矩形添加引脚。此时光标下附有一个大的十字和一个引脚符号，默认引脚序号从"0"开始，每放一次，序号默认按流水号递增一次。按空格键，可以改变引脚的方向，此时一定要注意，要将带电气特性的一端（带十字的一端）置于外端。

将 28 个引脚都放置完毕后，如图 5-18 所示。

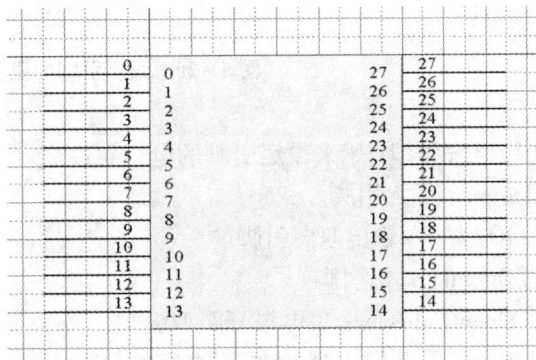

图 5-18 放置完 28 个引脚

添加完引脚后，双击引脚，弹出如图 5-19 所示对话框，对每个引脚进行编辑。

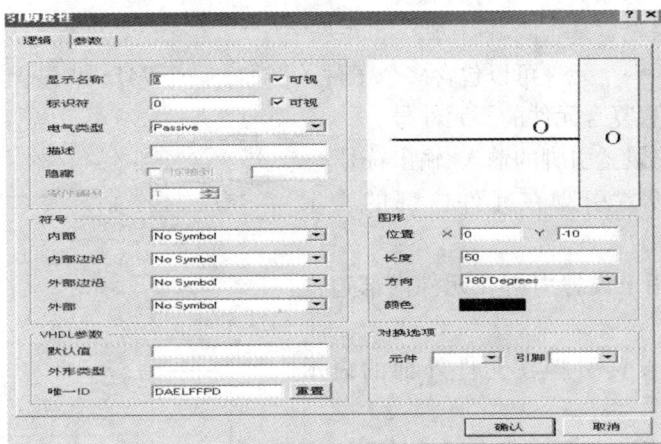

图 5-19 引脚属性设置对话框

对话框中各项的意义如下：

(1)显示名称：用来设置引脚名，用户可以进行修改。注意，当输入在字符上带有一横的字符是时,可以通过在字母后输入"\"来实现。

(2)标识符:即引脚编号,用来设置引脚号,用户可以进行修改。选中右侧的"可视",则在引脚端显示引脚名,不勾选的话则不显示。

以第一脚为例,如图5-20所示。

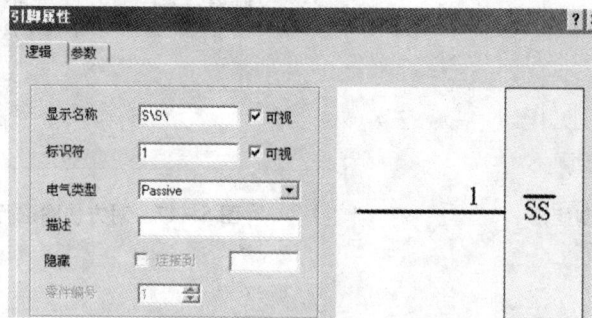

图5-20 编辑引脚的显示名称和标识符

(3)电气类型:用来设定引脚的电气属性。

①Input:输入引脚。

②IO:输入/输出双向引脚。

③Output:输出引脚。

④Open Collector:集电极开路型引脚。

⑤Passive:无源引脚(如电阻电容的引脚)。

⑥HiZ:高阻引脚。

⑦Emitter:射极输出。

⑧Power:电源(如 VCC 和 GND)。

(4)描述:用来设置引脚的属性描述。

(5)隐藏:用来设置是否隐藏引脚。

(6)元件编号:一个元件可以包含多个子件。例如,一个 74LS00 包含了 4 个子元件,在该编辑框中可以设置复合元件的子元件号。

(7)符号:用来设置引脚的输入/输出符号。

Inside:用来设置引脚在元件内部的表示符号;

Inside Edge:用来设置引脚在元件内部边框上的表示符号;

Outside:用来设置引脚在元件外部的表示符号;

Outside Edge:用来设置引脚在元件外部边框上的表示符号。

图5-21 设置后的28个引脚属性

(8)图形:

位置:X、Y 确定引脚的位置。

长度：引脚长度，修改长度的值，可以改变引脚长度。

方向：是一个下拉列表选择框，为引脚方向选项。

颜色：用来设置引脚的颜色。

依次对 28 个引脚进行属性设置完毕后，如图 5 - 21 所示。

5.3.4 设置元件说明信息

单击"SCH Library"面板元件列表下的"编辑"按钮，弹出如图 5 - 22 所示对话框。

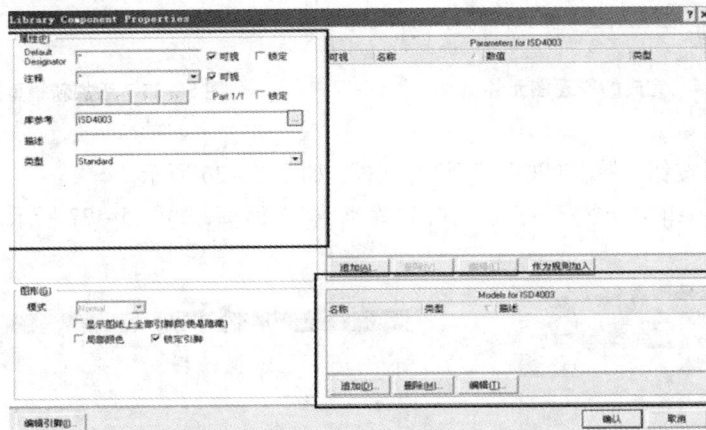

图 5 - 22 编辑元件属性对话框

在对话框的左上区域对元件的属性进行设置如图 5 - 23 所示。

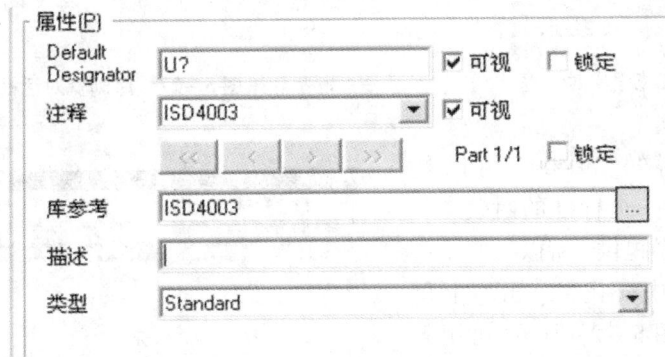

图 5 - 23 元件属性设置

按确认按钮关闭对话框后，单击选中"SCH Library"面板上的"ISD4003"，再单击元件列表下的"放置"按钮，切换到原理图设计界面，即可放置该元件，如图 5 - 24 所示，可以发现，"显示名称"一项的设置决定了元件的起始符号，而"注释"则决定了元件的参数或名称。

5.3.5 添加 PCB 封装

在图 5 - 23 的右下角区域，单击"追加"按钮，弹出图 5 - 25 的对话框。在该对话框中选择 Footprint 模型。

图 5 – 24   完成的原理图元件

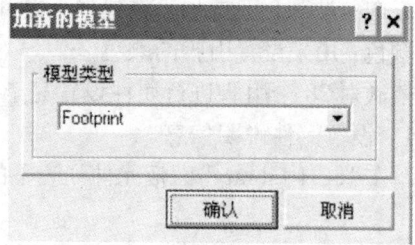

图 5 – 25   添加新模型对话框

单击"确认"按钮,弹出"PCB 模型"对话框,如图 5 – 26 所示。

在该对话框中单击"浏览"按钮,弹出"库浏览"对话框,如图 5 – 27 所示。

图 5 – 26   "PCB 模型"对话框

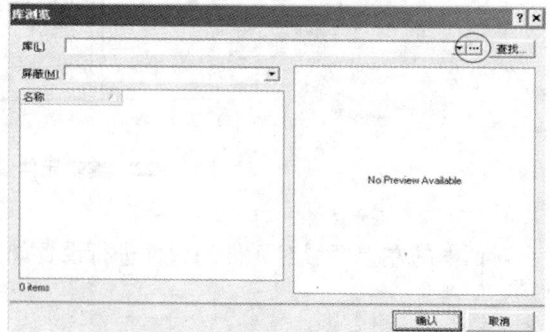

图 5 – 27   库浏览对话框

经查资料得知 ISD4003 可以是 DIP28 封装,这是一个标准的封装,所以 DXP2004 应该会提供,所以我们在系统自带的 PCB 库中去找。点击右上角的 ⋯ 按钮,弹出图 5 – 28 所示"可用元件库"对话框。

点击"安装"按钮,弹开了安装路径对话框,依次打开 ALTIUM2004 → Library→Pcb 文件夹,选中 Dual-In-Line Package. Pcb Lib,点击打开,如图5 – 29 所示。弹出图 5 – 30 所示对话框,可以看出 Dual-In-Line Package. Pcb Lib 已经安装进来了。

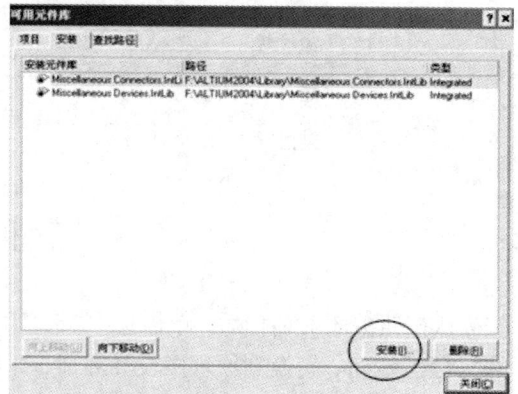

图 5 – 28   可用元件库对话框

图 5 – 29　安装路径对话框

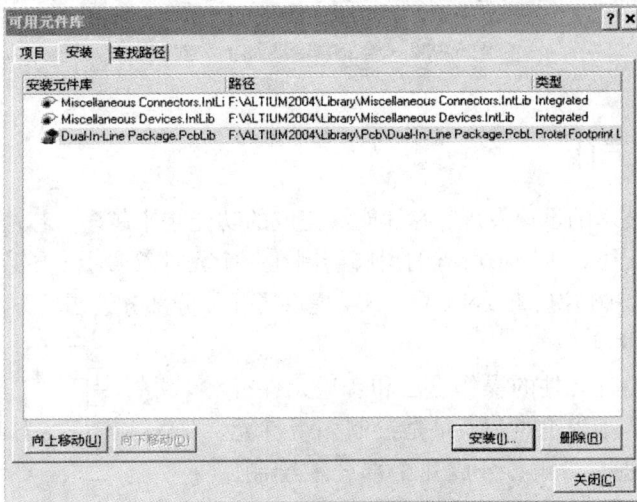

图 5 – 30　可用元件库

　　点击"关闭"按钮，关闭可用元件库对话框，在库浏览对话框中选中"DIP28"封装（如图 5 – 31）所示点击"确认"。

　　我们再回过头来查看 ISD4003 的元件属性，可以发现在右下角的模型区域显示已经给他添加以一个名为"DIP – 28"的封装，如图 5 – 32 所示。

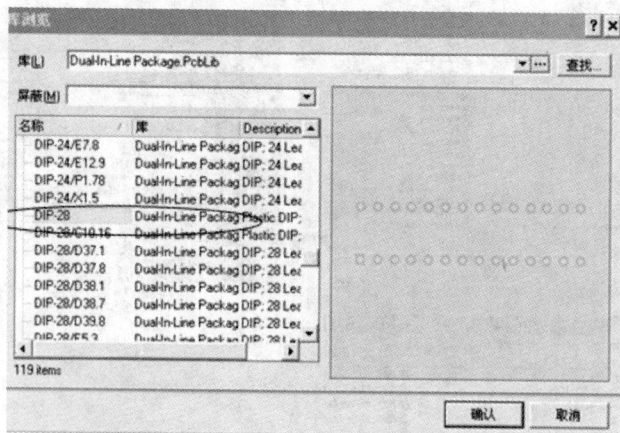

图 5-31   库浏览

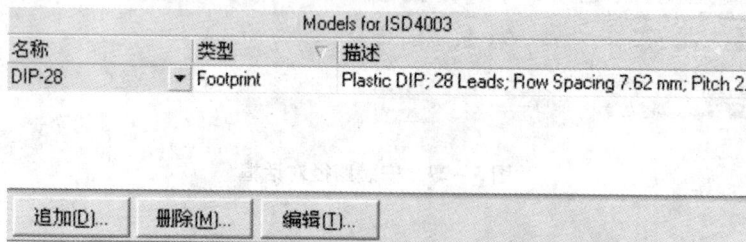

图 5-32   给 ISD4003 加上了封装

5.4   创建多组件元件

随着芯片集成技术的迅速发展，芯片能够完成的功能越来越多，芯片上的引脚数目也越来越多。在这种情况下，如果将所有的引脚绘制在一个元件符号上，导致原理图上的连线混乱，不美观。针对这种情况，Protel DXP 2004 提供了元件分部分绘制的方法来绘制复杂元件。

5.4.1   多组件元件外形

分部分绘制多组件元件的操作方法和普通元件符号的绘制大体相同，流程也类似，只是绘制多组件元件符号需要对元件进行分解，分成几个部分地绘制，这些符号彼此独立，但都从属一个元件。以 LM324 为例，该芯片共 14 个引脚，单片集成了 4 个运算放大器。如图5-33所示是它的外形及引脚图。

5.4.2   绘制多组件元件步骤

绘制多组件元件的步骤如下：

(1)新建一个元件符号，并命名保存。

(2)对芯片的引脚进行分组。

(3)绘制元件符号的第一个部分。

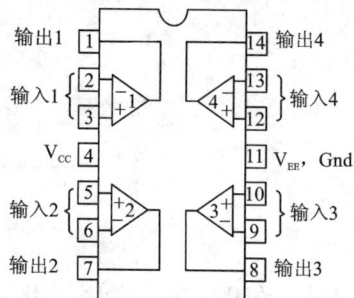

图 5-33   LM324 的外形引脚图

（4）在元件符号中新建剩下的几个部分。

（5）设置元件符号的属性。

下面以 LM324 为例，按照以上 5 个步骤进行绘制。

步骤 1：新建元件符号，并命名保存

在上次新建的"项目 1. SchLib（1）"的元件库中，点击"SCH Library"面板元件列表下的"追加"按钮新建一个元件符号，并且以"LM324"命名保存，如图 5 - 34 所示。

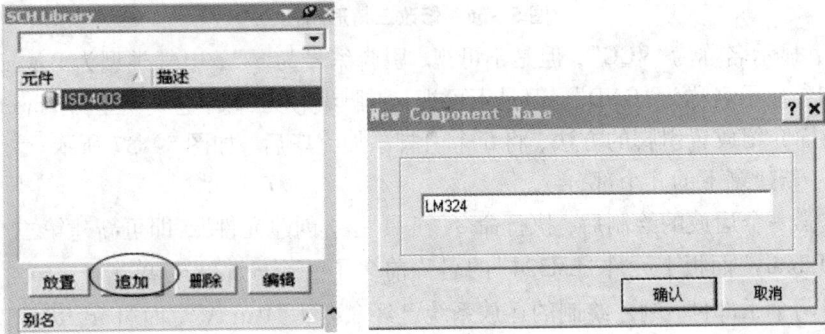

图 5 - 34　新建 LM324

步骤 2：引脚分组

LM324 元件可以分成 4 个部分绘制。

部分 1：1、2、3、4 和 11，即第一个运算放大器。

部分 2：5、6、7，即第二个运算放大器。

部分 3：8、9、10，即第三个运算放大器。

部分 4：12、13、14，即第四个运算放大器。

步骤 3：绘制第一个运算放大器

运算放大器的绘制过程包括绘制三角形边框和添加引脚。绘制步骤如下：

（1）绘制三角形边框，单击绘图工具箱里的 ⊠ 按钮，绘制 3 条线段，组合为一个三角形，如图 5 - 35 所示。

值得注意的是，图 5 - 35 所绘制的边框是红色的实心三角形，双击该三角形，打开多边形属性对话框，修改它的属性（边缘色改为黑色，边缘宽改为 Small，选中"透明"使三角形不填充颜色），修改后的效果如图 5 - 36所示。

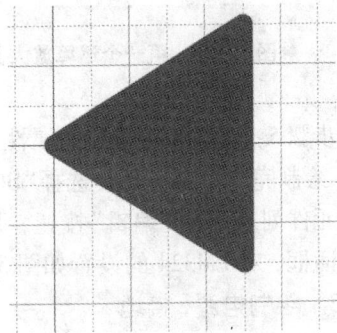

图 5 - 35　三角形边框绘制

（2）添加引脚，第一个运算放大器包含 5 个引脚，它们的引脚属性设置如下：

引脚 1：显示名称不可视，引脚编号为"1"，电气类型为 Output。

引脚 2：显示名称为" - "，引脚编号为"2"，电气类型为 Input。

引脚 3：显示名称为" + "，引脚编号为"3"，电气类型为 Input。

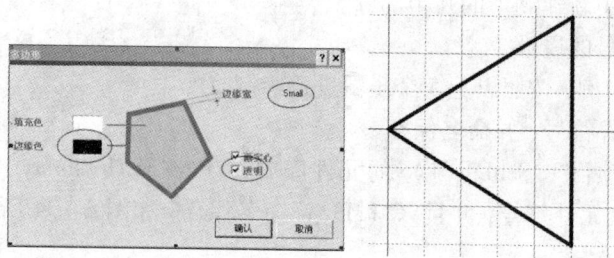

图 5 - 36　修改三角形属性

引脚 4：显示名称为"VCC"，但是不可视，引脚编号为"4"，电气类型为 Power。

引脚 11：显示名称为"GND"，但是不可视，引脚编号为"11"电气类型为 Power。

按照前面介绍放置引脚的方法，将 5 个引脚添加完毕后，如图 5 - 37 所示。

步骤 4：新建剩下的几个部分

在完成第一个运放的绘制后，执行命令"工具"→"创建元件"，即可新建第二个运放，此时在"SCH Library"面板上元件"LM324"的名称前多了一个 ➕ 符号，单击 ➕ 符号，可以看到该元件中有两个子部件，刚才绘制的运放系统已经命名为"Part A"，而"Part B"是现在新建的第二个部分。由于剩下的 3 部分符号和第一部分非常相似，只有引脚编号的区别，所以在此不再赘述。图 5 - 38 为绘制的第二个运放，采用同样的方法可以画出第 3 和 4 部分。

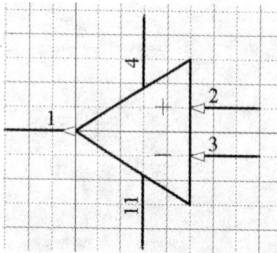

图 5 - 37　第一个运算放大器

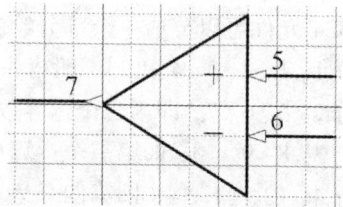

图 5 - 38　LM324 的第 2 个部分

步骤 5：设置元件符号的属性

绘制完 4 个部分后，选择"SCH Library"面板元件列表下的"编辑"按钮，弹出元件属性对话框，对 LM324 的设置如图 5 - 39 所示。

5.4.3　绘制电源，接地

值得注意的是第 1 个运放中的电源引脚要支持所有的部件，所以只要将它们当作 0 部件设置一次就可以了，当元件放置到原理图中时，该部件中的这类引脚会被加到其他部件中。如图 5 - 40 所示，在电源引脚 VCC(4 脚)

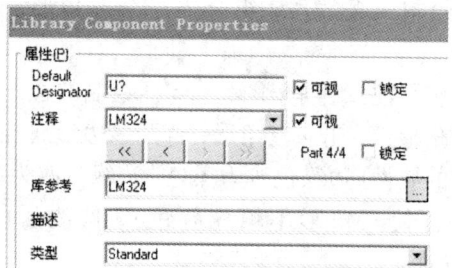

图 5 - 39　元件属性对话框

的设置中，必须保证 Part Number 编号栏中设置为 0，选中"Hide"，在"连接到"后的文本框中输入 VCC。同理，在 11 脚的"连接到"后的文本框中输入 GND。到此，LM324 的绘制也就完成了。

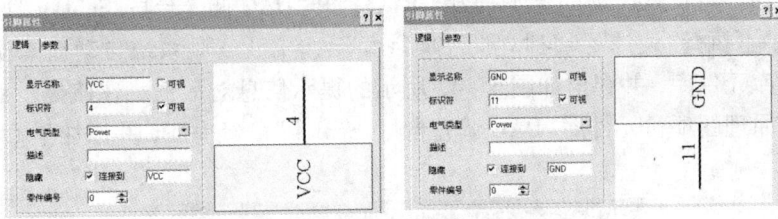

图 5 - 40　电源、接地脚的设置

5.5　建立元件库

5.5.1　生成项目元件库

在大多数情况下，在同一个项目的电路原理图中，所用到的元件由于性能、类型等诸多因素的不同，可能来自于很多不同的库文件。这些库文件中，有系统提供的若干个集成库文件，也有用户自己建立的原理图库文件，非常不便于管理，更不便于用户之间的交流。

基于这一点，我们可以使用原理图元件库编辑器，为自己的项目创建一个独有的原理图元件库，把本项目电路原理图中所用到的元件原理图符号都汇总到该元件库中，脱离其他的库文件而独立存在，这样，就为本项目的统一管理提供了方便。

下面我们以设计项目"DAC 调光台灯. PrjPCB"为例为该项目创建自己的原理图元件库。（图 5 - 41 所示为 DAC 调光台灯的电路原理图）

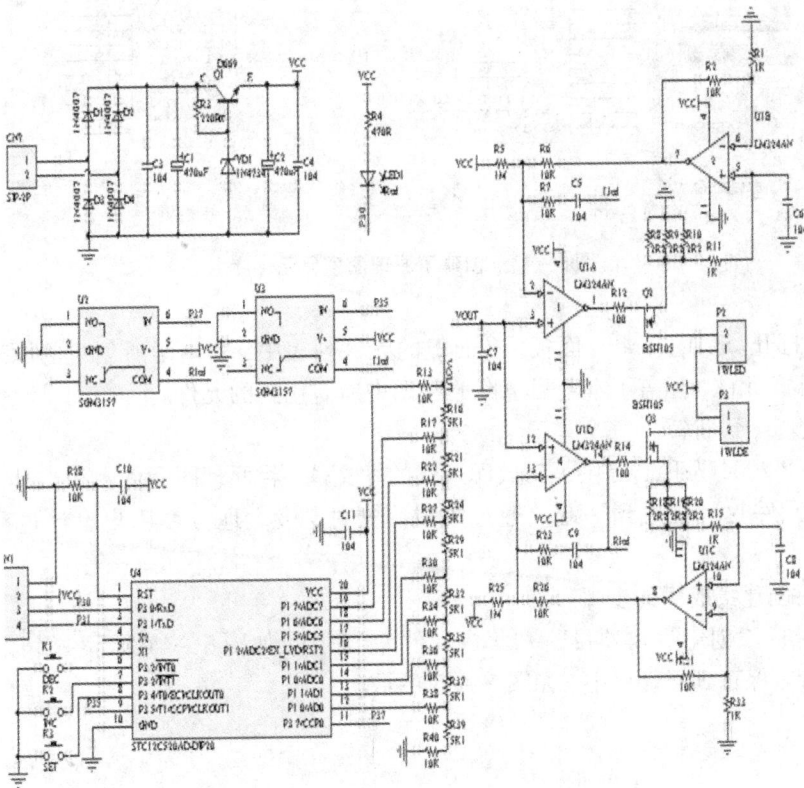

图 5 - 41　DAC 调光台灯

步骤 1：打开项目"DAC 调光台灯. PrjPCB"，打开"DAC 调光台灯. SchDoc"原理图文件。

步骤 2：单击执行"设计"→"建立设计项目库"菜单命令，则系统自动在本项目中生成了相应的原理图库元件库，并弹出如图 5－42 所示的提示信息对话框。在该提示框中，告诉用户当前项目的原理图项目元件库"DAC 调光台灯. SchLib"已经完成，并添加了 14 个库元件。

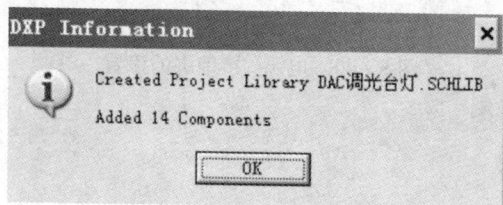

图 5－42　提示信息框

步骤 3：单击 OK 按钮，确认关闭对话框，系统自动切换到原理图元件编辑环境中，如图 5－43 所示。

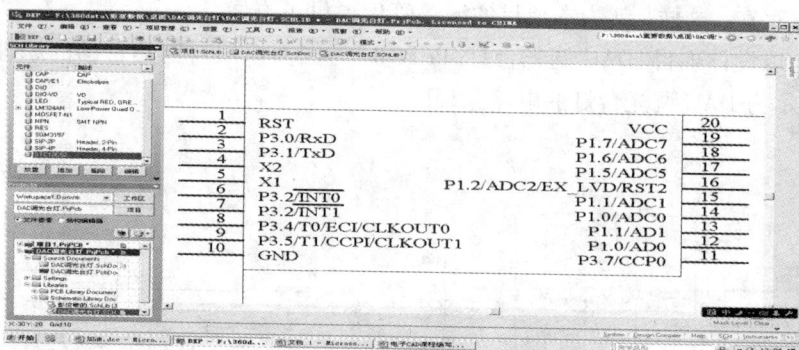

图 5－43　创建了原理图项目元件库

步骤 4：打开"SCH Library"面板，在面板的元件列表中，列出了所创建的原理图项目文件库中的全部库元件，涵盖了本项目电路原理图中所有用到的元件。

5.5.2　生成集成元件库

Protel DXP 2004 为我们提供了集成库形式的库文件，将原理图元件库和与其对应的模型文件如 PCB 元件封装集成到一起。通过集成库文件，极大地方便用户设计过程中的各种操作。

下面介绍创建集成库的步骤。

步骤 1：执行"创建"→"项目"→"集成元件库"命令，如图 5－44 所示。并以"集成元件库. LibPkg"命名保存到文件夹中，如图 5－45 所示。

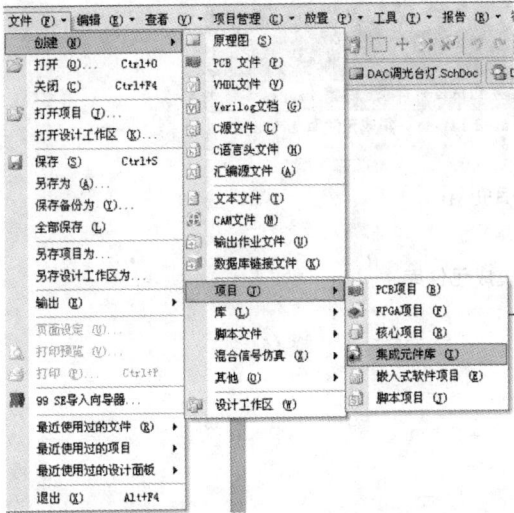

图 5 - 44　创建集成库

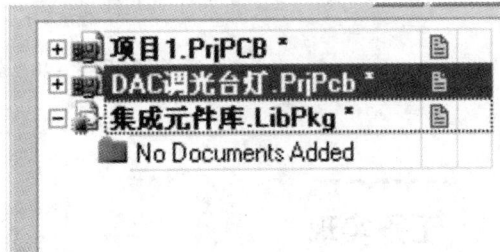

图 5 - 45　命名保存

步骤 2：向"集成元件库. LibPkg"中添加原理图元件库和 PCB 封装库。在文件名上右击，单击"追加新文件到项目中"分别添加 Schematic Library 和 PCB Library，添加方法如图5 - 46 所示。但必须注意的是添加的 Schematic Library 和 PCB Library 后要及时保存，并且命名要一致（如图 5 - 47 所示）。当然，也可以点击添加已创建好的文件，方法类似，在此不再赘述。

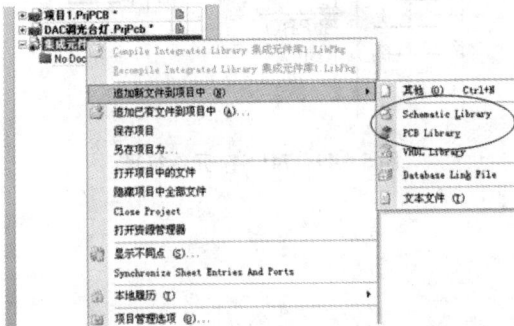

图 5 - 46　添加元件库和 PCB 封装库

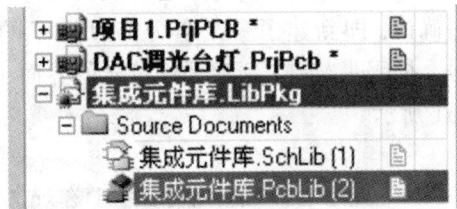

图 5 - 47　命名保存两个库

步骤 3：此时右击元件集成库进行编译（如图 5 - 48）。编译完成后可以在保存元件库的文件夹里看到一个"Project Outputs for 集成元件库"的输出文件夹，里面包含了文件"集成元件库 IntLib"文件。

此时，就可以直接在 DXP 中直接调用这个元件库了，效果和系统的集成元件库一样。需要注意的是，如果你对元件库进行修改了，要记得重新编译一下，否则调不到最新增的元件库。

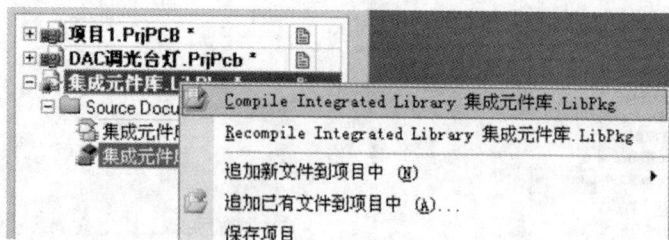

图 5 - 48　编译集成元件库

任务实现

任务一　74LS47 系列一个元件的创建

74LS47 共 16 个引脚, 如图 5 - 49 所示。在该图中有一些特殊的引脚(如上划线、引脚符号), 这些引脚在绘制时要引起注意。同时要注意的是: 8 脚和 16 脚是隐藏的。后面介绍如何将其显示出来。

步骤 1: 新建元件符号 74LS47

在"SCH Library"面板的元件列表下, 单击"追加"按钮, 弹出对话框如图 5 - 50 所示, 将新建元件的默认名"Component_1"改为"74LS47", 单击确认, 即新建了一个名为"74LS47"的元件符号, 并且进入到了新建元件符号的界面, 如图 5 - 51 所示。

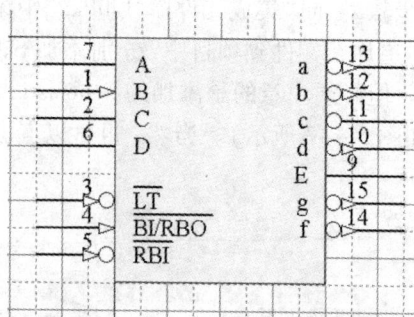

图 5 - 49　74LS47 元件符号

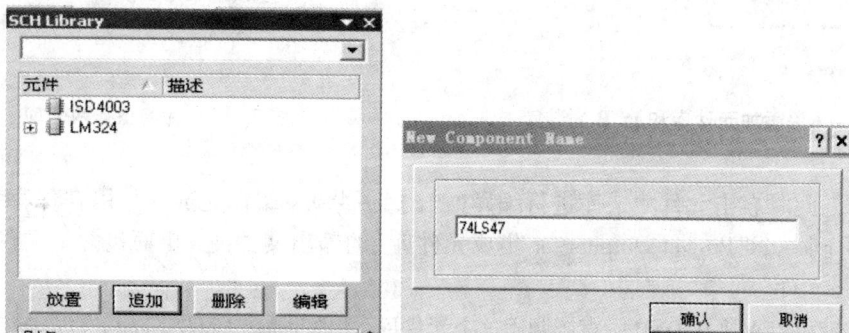

图 5 - 50　新建元件符号 74LS47

步骤 2: 绘制边框

(1)单击绘图工具箱里的□按钮, 鼠标指针将变成十字形并附有一个矩形框。

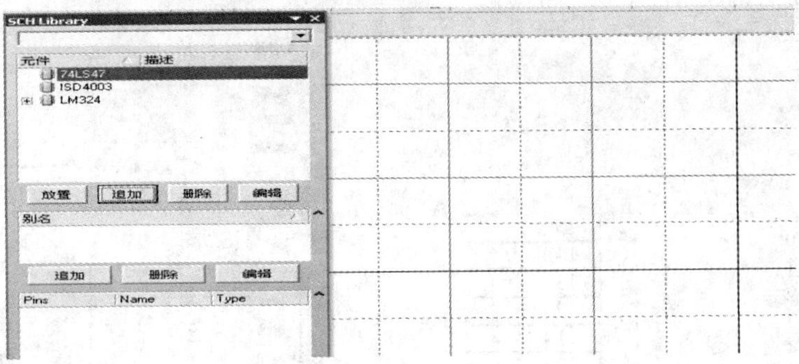

图 5 - 51　新建元件符号 74LS47

(2)移动鼠标到编辑界面的十字中心(快捷键"E"→"J"→"O")并且单击,这样就确定了矩形框的左上顶点,继续移动鼠标,在合适的位置(尺寸为 8 格 ×9 格)后再次单击,确定元件矩形的大小。

(3)双击矩形弹出矩形对话框,可以对矩形的属性进行设置。如图 5 - 52 所示。

在这个对话框中,你可以修改所画的矩形是透明还是实心,可以修改矩形的填充色和边缘线的颜色,还可以修改边缘线的线宽,边缘线宽有四种尺寸:Smallest(最细)、Small(细)、Medium(中等)、Large(最大)。设置完毕后的边框如图 5 - 53 所示。

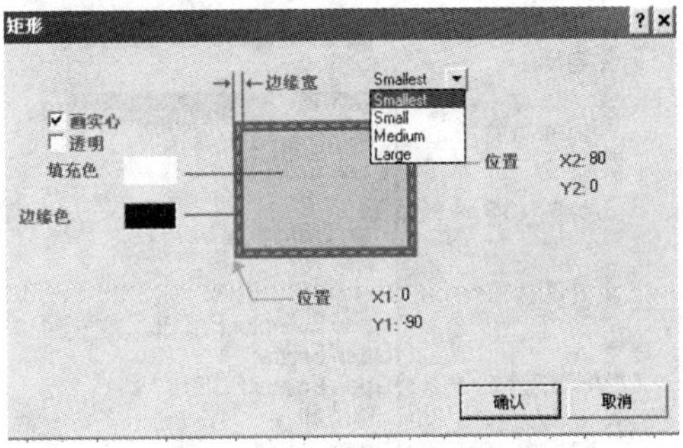

图 5 - 52　矩形对话框

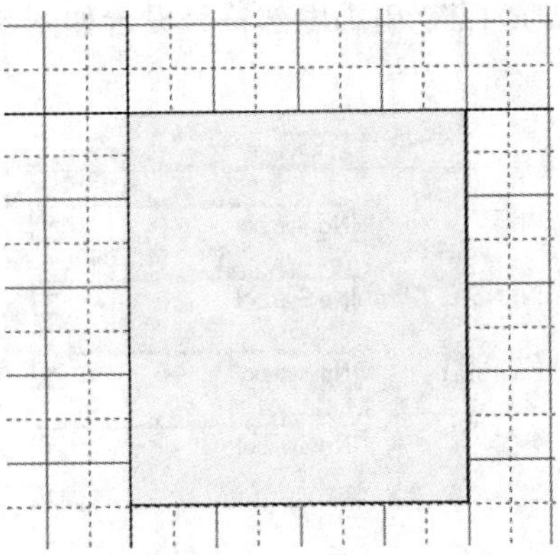

图 5 - 53　边框放置完成

步骤 3:放置引脚

单击 按钮,鼠标指针变成十字形并附有一个引脚符号,移动鼠标在矩形两边的合适位置放置引脚(按 Space 键可完成对引脚的旋转),注意,引脚符号的其中一端附有一个十字,是有电气特性的一端,必须放置在远离矩形的一端。

放置引脚后,如图 5 - 54 所示。双击引脚(或者在单击放置引脚前按 Tab 键),即可弹出"引脚属性对话框",如图 5 - 55 所示。

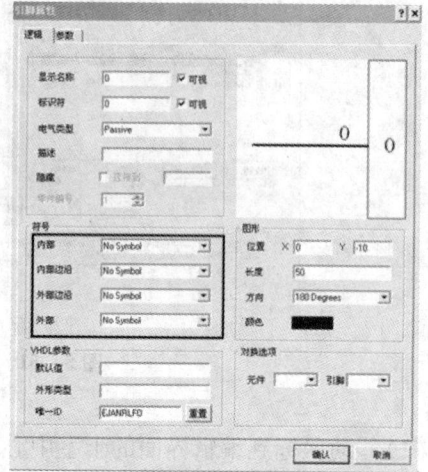

图 5 – 54　添加全部的引脚　　　　　　　　图 5 – 55　引脚属性对话框

　　74LS47 有些引脚设置了一些符号标志，在这里，我们对引脚符号设置栏进行详细讲解。如图 5 – 56 所示，符号设置栏包括 4 项参数，各参数的默认设置均为 NO Symbol，表示引脚符号没有特殊设置。

　　各项中的特殊设置包括有：

　　(1)内部：引脚内部符号设置如图 5 – 57 所示。

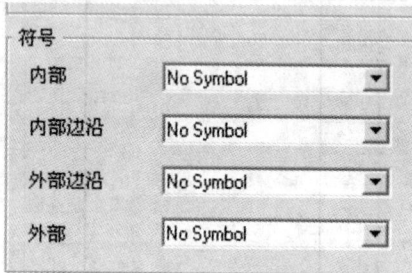

图 5 – 56　引脚符号栏设置

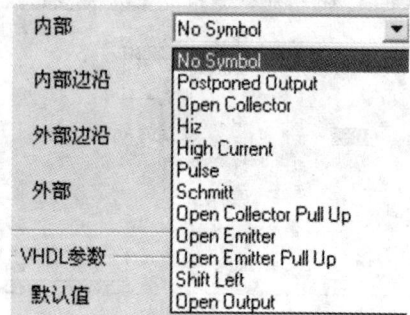

图 5 – 57　内部符号

　　下拉列表中各项的含义如下：

Postponed Output:暂缓性输出符号。　　　　Open Collector：集电极开路符号。

Hiz：高阻抗符号。　　　　　　　　　　　　High Current：高电流符号。

Pulse：脉冲符号。　　　　　　　　　　　　Open Collector Pull Up：集电极开路上拉符号。

Open Emitter：发射极开路上拉符号。　　　　Shift Left：移位输出符号。

Open Output：开路输出符号。

　　(2)内部边沿：引脚内部边缘符号设置。该下拉列表框只有唯一的一种符号 Clock，表示该引脚为参考时钟。

（3）外部边沿：引脚外部边缘符号的设置。该下拉列表框如图 5-58 所示。

Dot：圆点符号引脚，用于负逻辑工作场合。

Active Low Input：低电平有效输入。

Active Low Output：低电平有效输出。

（4）外部：引脚外部边缘符号设置，该下拉列表框如图 5-59 所示。

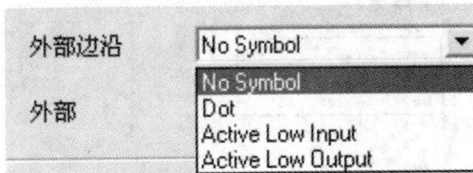

图 5-58　外部边沿下拉列表框

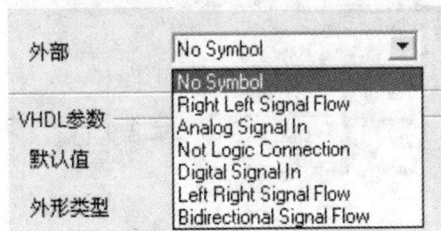

图 5-59　外部下拉列表

下拉列表中各项的含义如下：

Right Left Signal Flow：从右到左的信号流向符号。

Analog Signal in：模拟信号输入符号。

Not Logic Connection：无逻辑连接符号。

Digital Signal In：数字信号输入符号。

Left Right Signal Flow：从左到右的信号流向符号。

Bidirectional Signal Flow：双向的信号流向方向。

学习完符号栏的各个参数的设置方法后，我们开始设置各个引脚的属性。

第 1 脚：1 脚的设置结果如图 5-60 所示，选择电气类型为 Input。

第 4 脚：第四脚的设置方法和第一脚一样，值得注意的是在输入引脚的显示名称 "$\overline{BI/RBO}$" 时，会发现字母的上方有一根上划线，可以通过在这几个字母的后面分别加上 "\"（即输入：B\I\/\R\B\O\）来实现。设置的结果如图 5-61 所示。

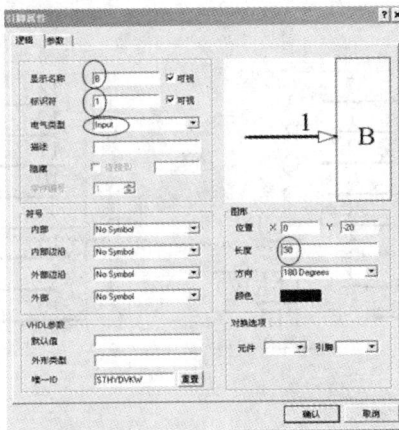

图 5-60　第 1 引脚设置结果

图 5-61　第 4 引脚设置结果

第 5 脚：使用相同的方法设置第 5 引脚，对于引脚符号小圆圈的放置要注意将外部边沿设置为 Dot。设置的结果如图 5－62 所示。

第 16 脚 VCC：在放置 16 脚 VCC 时，电气类型要选择 Power，同时选择隐藏管脚，并且在"连接到"后面的方框里输入 VCC，设置结果如图 5－63 所示。

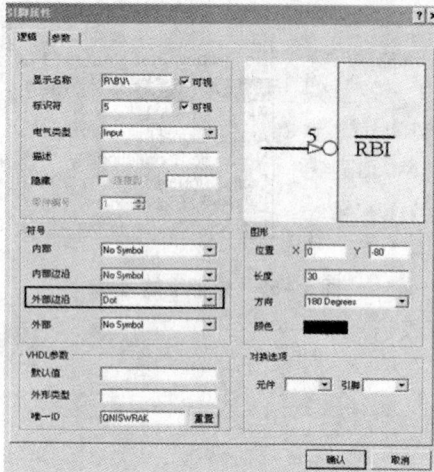

图 5－62　第 5 脚设置结果

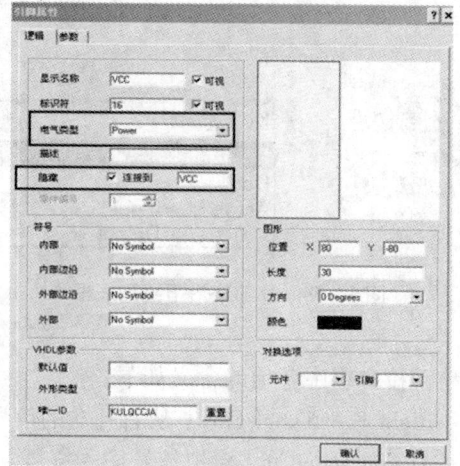

图 5－63　放置 16 脚 VCC

放置 8 脚 GND：电气类型要选择 Power，同样选择隐藏管脚，在"连接到"后面的方框内输入 GND。如图 5－64 所示。

按照同样的方法把剩下的引脚属性设置好。所有的引脚放置完后，可执行主菜单的"查看→显示或隐藏引脚"命令，将元件隐藏的管脚显示出来，此时整个元件的效果如图 5－65 所示。

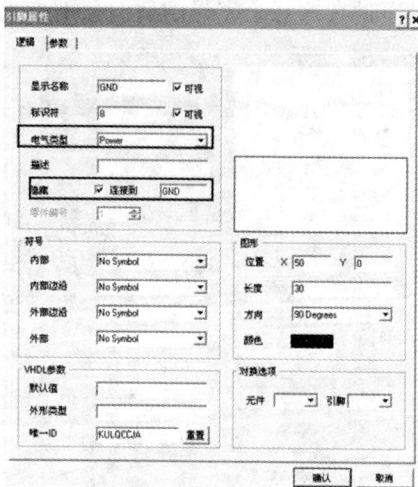

图 5－64　放置 8 脚 GND

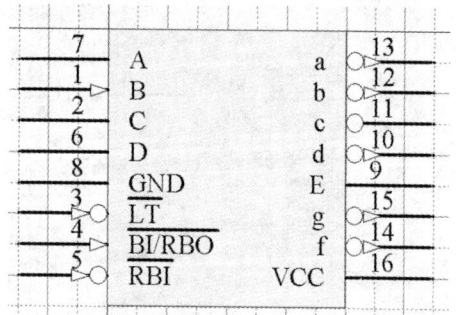

图 5－65　显示隐藏引脚后元件效果

步骤 4：设置元件属性

选择"SCH Library"面板元件列表下的"编辑"按钮，弹出元件属性对话框，对 74LS47 的设置如图 5－66 所示。

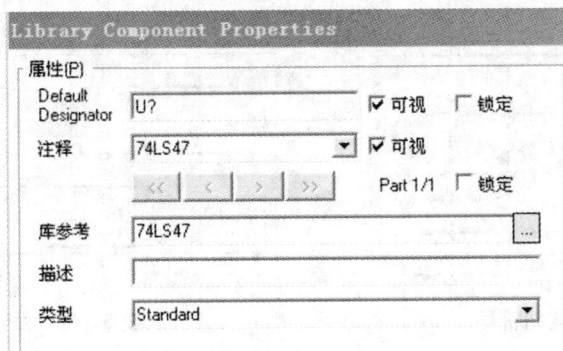

图 5－66　74LS47 的属性设置

任务二　74LS00 多组件元件创建

74LS00 集成了 4 个与非门，以下介绍如何采用分部分绘制的方法来创建 74LS00。

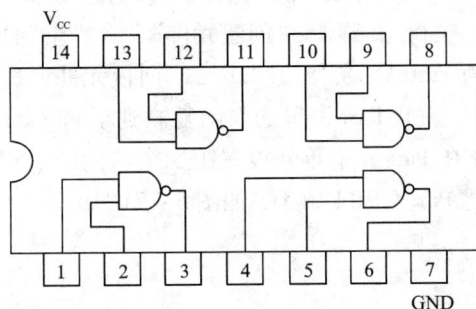

步骤 1：新建元件符号 74LS00

点击"SCH Library"面板元件列表下的"追加"按钮新建一个元件符号，并且以"74LS00"命名保存，如图 5－67 所示。

步骤 2：对芯片的引脚进行分组

74LS00 可以分成 4 个部分绘制。

部分 1：1、2、3、7 和 14，即第一个与门。

部分 2：4、5、6，即第二个与门。

部分 3：8、9、10，即第三个与门。

部分 4：11、12、13，即第四个与门。

步骤 3：绘制元件符号的第一个部分

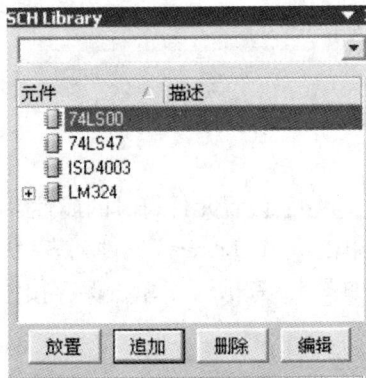

图 5－67　新建 74LS00

在"放置"→"IEEE 符号"的列表中找到"与门"，将其放置到元件符号的编辑界面，双击该符号，对该符号进行修改，改变其线宽为"Large"，如图 5–68 所示。

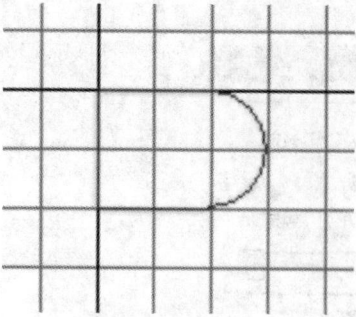

图 5–68 放置与门符号

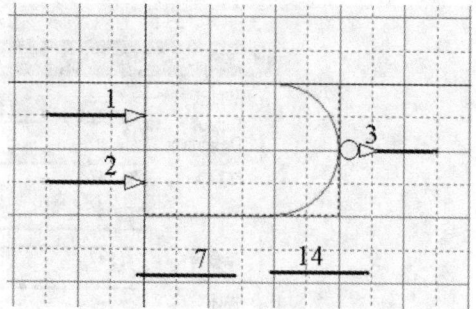

图 5–69 添加引脚

使用前面介绍的放置引脚方法，为其添加 5 个引脚，如图 5–69 所示。引脚 1 和 2 的电气类型为"Input"，引脚 3 的电气类型为"Output"，同时其符号类型为"Dot"。电源引脚（14脚）和接地脚（7 脚）都设置为隐藏的，在"连接到"后分别输入 VCC 和 GND（绘制完所有的子件后，在它们的 Part Number 编号栏中设置为 0）。

步骤 3：在元件符号中新建剩下的几个部分

执行"编辑"→"选择"→"全部对象"菜单命令，再执行"编辑"→"复制"命令，将刚绘制好的与门复制到粘贴板中。执行"新建"→"创建元件"命令，在 74LS00 下新建了一个 Part B，刚建的那个与门则被命名为 Part A，在"SCH Library"面板元件列表栏中选中 Part B，执行"编辑"→"粘贴"命令，此时我们就将 Part A 里的与门复制到了 Part B，由于 Part B 与 Part A 的与门只有引脚序号的区别，故在 Part B 中重新设置第二个与门的引脚序号即可，如图 5–70 所示。按照上述步骤分别创建 Part C 和 Part D，如图 5–71 所示。

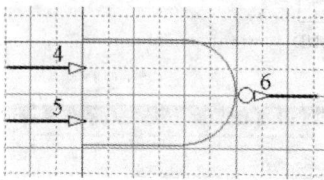

图 5–70 复制符号到 Part B

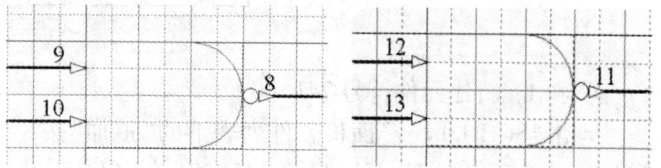

图 5–71 创建 Part C 和 Part D

步骤 4：设置元件符号的属性

单击"SCH Library"元件列表栏中选中 74LS00，单击"编辑"按钮，在元件属性对话框中设置如图 5–72 所示，单击保存按钮，保存创建的器件。

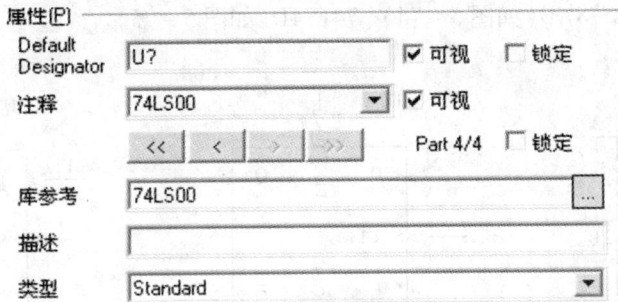

图 5 - 72　设置元件符号的属性

任务三　新创建的元件及元件库的管理

1. 新建元件符号

在元件列表栏目中，单击 ADD 按钮可以新增元件符号。

2. 删除元件符号

在元件列表栏中选择元件符号或者元件符号的某个部分后，单击 Delete 键可将选择的元件符号或部分删除。需要注意的是，删除元件符号没有提示，并且删除后不可恢复。

3. 编辑元件符号属性

在元件列表栏中选择元件或者元件符号的某个部分后，单击 Edit 按钮即可编辑该元件符号的属性。

4. 编辑元件符号的引脚

在元件列表栏中选中元件，在面板中将显示该元件符号的引脚(图 5 - 73 所示为 74LS00 的引脚)。在引脚列表中双击引脚即可弹出引脚属性编辑对话框，也可以通过单击"编辑"按钮打开该对话框。

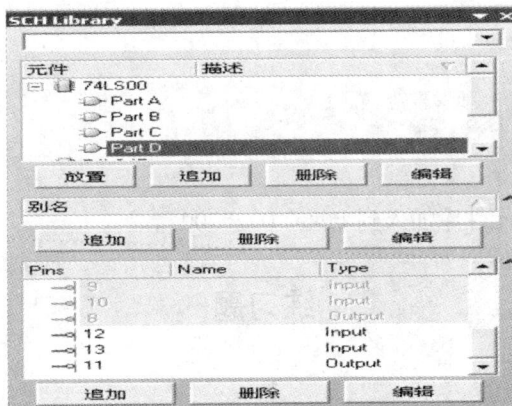

图 5 - 73　元件符号引脚

实训：

创建元件 SN74LS78AD(如图 5 – 74)、74F74D(如图 5 – 75)。

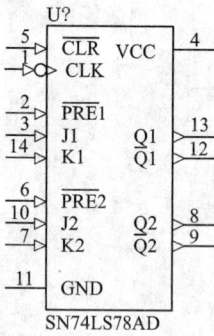

图 5 – 74　SN74LS78AD 元件

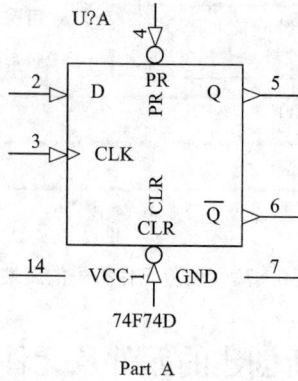

图 5 – 75　74F74D 元件

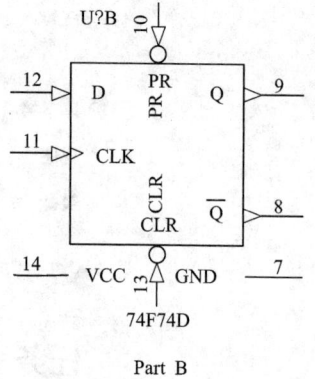

考核评价

74LS00 系列元件的设计(如图 5 – 76)：

1、2、4、5、9、10、12、13 引脚为输入；3、6、8、11 引脚是输出，另外有一个电源引脚 VCC，编号为 14；一个接地引脚 GND，编号为 7。

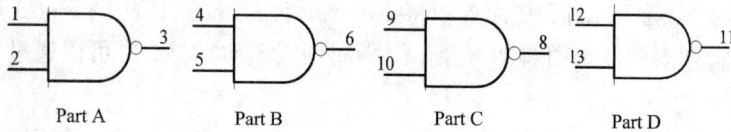

图 5 – 76　74LS00 元件

拓展提高

如何将 Protel 99 SE 元件库加入到 Protel DXP 2004。

练习题

1. 填空题

(1)新建原理图元件必须在_____编辑器中进行。

(2)启动元件库编辑器有两种方法，一种方法是_____，另一种方法是

_____。

（3）原理图元件库编辑器工作区的中心有一个十字坐标轴，将工作区划分为 4 个象限，一般在第_____象限绘制原理图元件。

（4）原理图元件由两部分组成：_____和_____。

（5）管脚只有一端具有电气特性，与光标相连的一端_____电气特性，将其与元件外形相连，使_____电气特性的一端离开元件外形。

（6）通过原理图元件库编辑器的制作工具来_____和_____一个元件图形。

（7）原理图元件库编辑器界面主要由元件管理器、主工具栏、菜单、常用工具栏、编辑区组成。编辑区内有一个_____，用户一般在_____象限进行元件的编辑工作。

2.判断题

（1）原理图元件外形的形状、大小会影响原理图的正确性。（   ）

（2）元件管脚是元件的核心部分，原理图元件的每一个管脚都要和实际元件的管脚相对应。（   ）

（3）原理图元件管脚序号是必须有的，而且不同的管脚要有不同的序号。（   ）

（4）原理图元件管脚名称用来提示管脚的功能，管脚名称不能是空的。（   ）

3.选择题

（1）执行 File/New/ Schematic Library 可以生成（   ）文件。

A. 原理图   B. 元件封装库   C. 原理图元件库   D. 项目

（2）原理图元件库文件名的后缀为（   ）。

A. Schlib   B. SchDoc   C. PcbDoc   D. PcbLib

（3）Protel DXP 集成元件库后缀为（   ）。

A. Lib   B. SchLib   C. PcbLib   D. IntLib

（4）在原理图元件库编辑器，按 Library Editor 面板上的（   ）按钮，可将元件放置到原理图编辑器。

A. Place   B. Add   C. Delete   D. Edit

（5）在原理图元件库编辑器要修改元件属性，按 Library Editor 面板上的（   ）按钮。

A. Place   B. Add   C. Delete   D. Edit

项目六　红外遥控信号转发器电路的设计

项目描述

通过一个红外遥控信号转发器电路的电路图绘制来达到如下目标：
（1）理解层次原理图的概念。
（2）掌握层次原理图的设计方法。
（3）掌握层次原理图的创建和保存方法
（4）掌握层次原理图之间的切换方法。
（5）掌握端口、图形端口、方块图在层次原理图中的使用。

知识准备

6.1　层次原理图概述

在设计电路原理图的过程中，有时会遇到电路比较复杂的情况，用一张电路原理图来绘制显得比较困难，此时可以采用层次电路来简化电路图。层次电路就是将一个较为复杂的电路原理图分成若干个模块，而且每个模块还可以再分成几个基本模块，各个基本模块可以由工作组成员分工完成，这样就能够大大的提高设计的效率。层次电路图可以采取自上而下或自下而上的设计方法。

6.2　自上而下层次原理图设计

自上而下层次原理图设计方法是指首先绘制一张系统总图（也称上层原理图），用方块电路代表它下一层的子系统，再分别绘制每个方块图对应的子原理图。
设计流程：
（1）新建 PCB 项目文件；
（2）新建原理图文件；
（3）绘制上层原理图；
（4）绘制子原理图；
（5）保存文件。
设计步骤：
（1）根据前面章节介绍的方法，新建项目文件和原理图文件。
（2）绘制上层原理图。

1)在原理图编辑视窗下，单击配线工具栏上的 ▨ 或者执行菜单命令【放置】/【图纸符号】，光标变为十字形，并且在光标右下角有一个方块电路随着光标一起移动。如图6－1所示。

2)单击鼠标左键，确定方块电路的左上角，接着移动光标来调整方块电路的大小，并单击鼠标左键来确定方块电路的右下角。放置好的方块电路如图6－2所示。

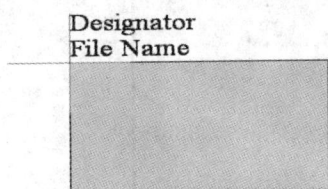

图6－1 光标上的方块电路

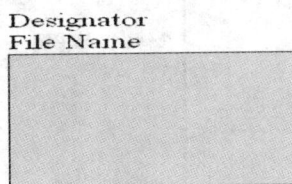

图6－2 放置好的方块电路

3)双击方块电路弹出如图6－3所示的对话框。

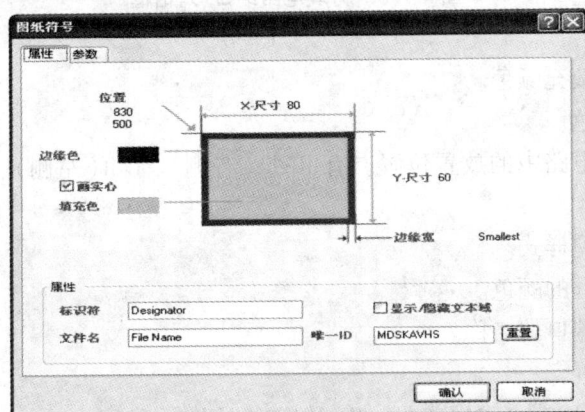

图6－3 "图纸符号"对话框

位置：方块电路的位置。

X\Y尺寸：方块电路的大小。

边缘色：方块电路边框的颜色。

边缘宽：方块电路边框的线宽。

填充色：方块电路的填充颜色。

画实心：显示或隐藏填充颜色。

标识符：方块电路的名称。

文件名：方块电路所代表的的子原理图的名称。

唯一ID：系统的区别码，一般不需要用户修改。

4)放置方块电路端口：单击配线工具栏上的 ▨ 或者执行菜单命令【放置】/【加图纸入口】，光标变成十字形，将光标移入方块电路中并单击鼠标左键，光标上会粘贴一个图纸入口符号，如图6－4所示。

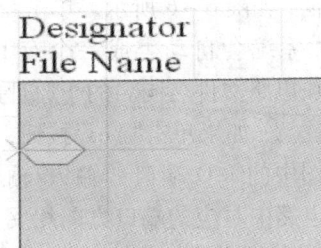

图6－4 方块电路端口

移动光标,将方块电路端口移到合适位置单击鼠标左键即可。

双击方块电路端口,可以单出其对话框,如图6-5所示。

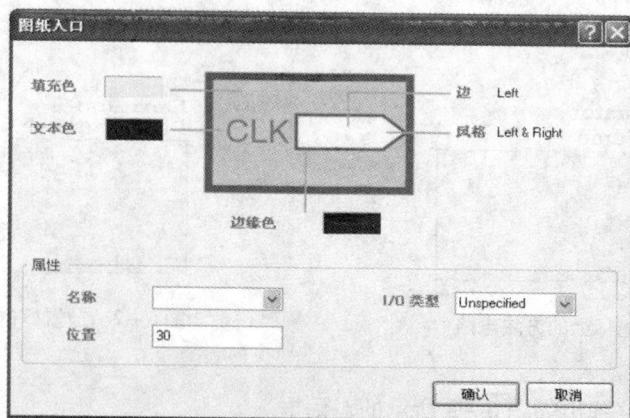

图6-5 "方块电路端口"对话框

填充色:端口的填充颜色。

文本色:文字颜色。

边:端口在方块电路中的放置位置。有 Right(右侧)、Left(左侧)、Top(顶部)、Bottom(底部)4 种选择。

风格:端口的外观样式。

边缘色:端口边框的颜色。

名称:方块电路端口的名称。

位置:端口的位置。

I/O 类型:端口的输入/输出类型。有 Unspecified(不确定)、Input(输入)、Output(输出)、Bidirectional(双向)4 种选择。

(3)绘制子原理图。

1)执行菜单命令【设计】/【根据符号创建图纸】,光标变为十字形。将光标移至方块电路上,单击鼠标左键,系统将弹出一个对话框,如图6-6所示。单击"Yes"或"No"按钮,系统会自动生成一个有 I/O 端口的、与方块电路文件名同名的子原理图文件。

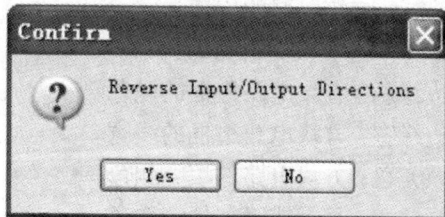

图6-6 "根据符号创建图纸"对话框

注意:如果单击"Yes"按钮,则生成的子原理图中的 I/O 端口的输入/输出方向将与方块电路中对应的端口方向相反;如果单击"No"按钮,则生成的子原理图中的 I/O 端口的输入/输出方向将与方块电路中对应的端口方向相同。

2)在系统自动生成的子原理图中绘制好电路原理图。

3)用同样的方法可以绘制多个方块电路所对应的子原理图。

6.3　自下而上层次原理图设计

自下而上层次原理图设计方法是指首先绘制子原理图，然后由这些子原理图产生对应的方块电路图，从而产生上层原理图。

设计流程：

(1)新建 PCB 项目文件；

(2)新建原理图文件；

(3)绘制子原理图；

(4)绘制上层原理图；

(5)保存文件。

设计步骤：

(1)根据前面章节介绍的方法，新建项目文件和原理图文件。

图 6-7　电路 I/O 端口

(2)绘制好子原理图，把需要与其他子原理图相连的端口用电路 I/O 端口的形式表示出来。如图 6-7 所示。

(3)在项目中新建一个原理图文件，作为上层原理图。

(4)执行菜单命令【设计】/【根据图纸建立图纸符号】，打开如图 6-8 所示对话框。在该对话框中选择子原理图的名称后，单击"确认"按钮，系统将自动产生与子原理图相对应的方块电路并且粘贴在光标上，移动光标至合适位置，单击鼠标左键，即可将方块电路放置在上层原理图中。如图 6-9 所示。

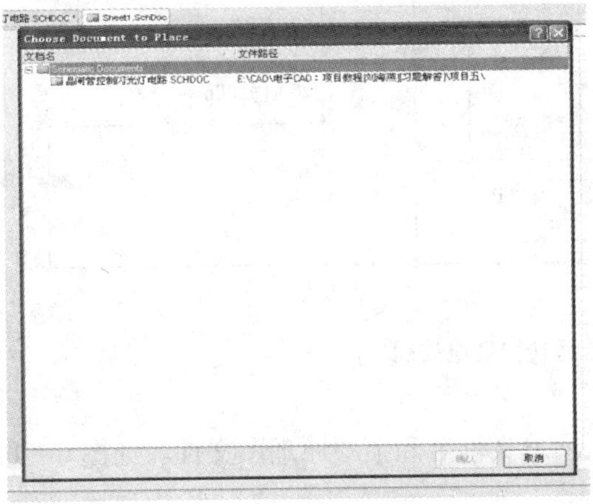

图 6-8　文档选择对话框

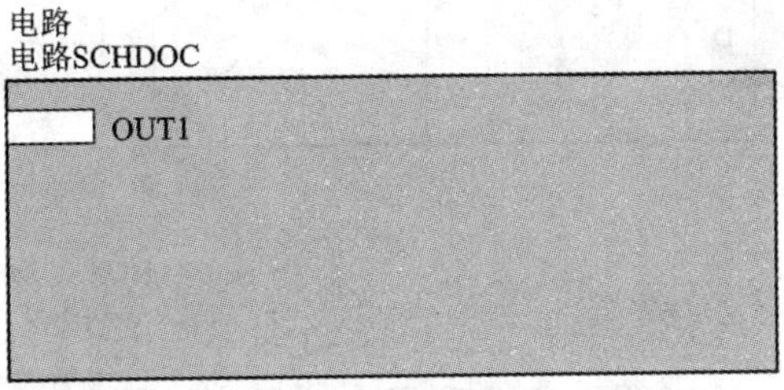

图 6-9　由子原理图产生的方块电路

(5)用同样的方法可以产生多个子原理图对应的方块电路。

6.4　各层电路图间的切换

层次原理图的切换是指从母原理图切换到方块电路所对应的子原理图上，或者从子原理图切换到对应的母原理图上。

1. 从上层原理图切换到子原理图

执行菜单命令【工具】/【改变设计层次】，或者单击工具栏上的 🠗🠕，光标变成十字形，单击某个方块电路即可切换到对应的子原理图。

2. 从子原理图切换到上层原理图

执行菜单命令【工具】/【改变设计层次】，或者单击工具栏上的 🠗🠕，光标变成十字形，单击子原理图中某一个 I/O 端口即可切换到对应的方块电路端口上。

任务实现

任务一　自上而下设计红外遥控信号转发器电路图

图 6-10 是红外遥控信号转发器电路图，要求采用自上而下和自下而上两种设计方法来完成此图的绘制。具体如下：

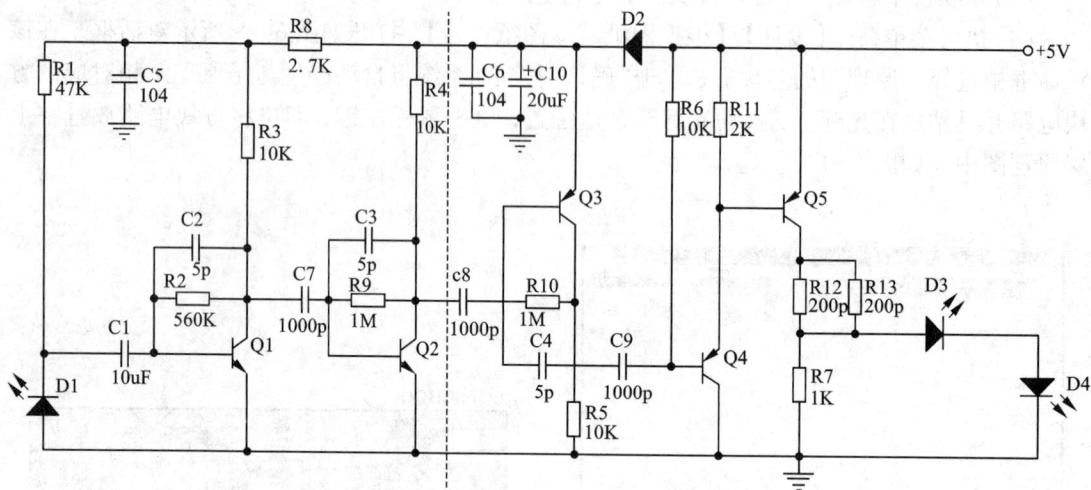

图 6-10　红外遥控信号转发器电路图

（1）新建 PCB 项目文件和上层原理图文件。项目文件名和上层原理图文件名如图 6-11 所示。

（2）绘制上层原理图。

1）在原理图编辑视窗下，单击配线工具栏上的 ▨ 或者执行菜单命令【放置】/【图纸符号】来放置方块电路。

2）双击方块电路，打开对话框，设置其属性。如图 6-12 所示。

图 6-11　新建 PCB 项目文件和上层原理图文件

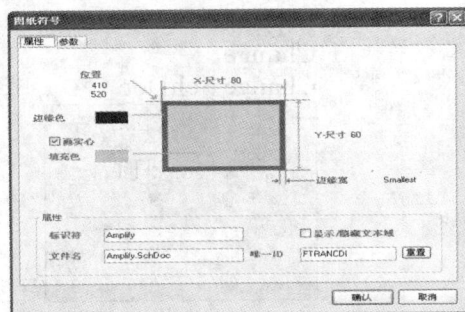

图 6-12　方块电路属性设置

3）放置好的方块电路如图 6-13 所示。

4）单击配线工具栏上的▷或者执行菜单命令【放置】/【加图纸入口】来放置图纸入口。

5）双击图纸入口，打开对话框，设置其属性。如图 6-14 所示。

6）放置好的图纸入口如图 6-15 所示。

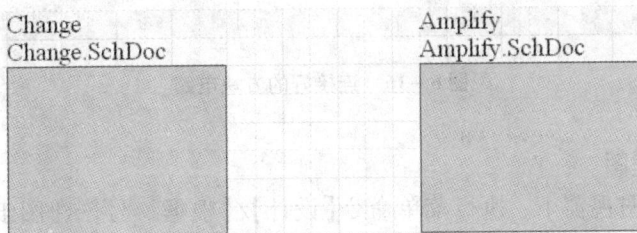

图 6-13　放置好的方块电路

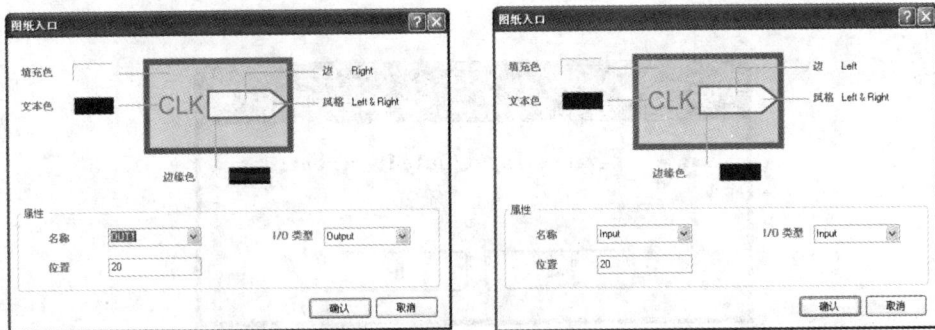

图 6-14　图纸入口属性设置

7）将具有电气连接关系的方块电路端口用导线连接起来，上层原理图绘制完毕。如图 6-16所示。

Change
Change.SchDoc

OUT1

Amplify
Amplify.SchDoc

Input

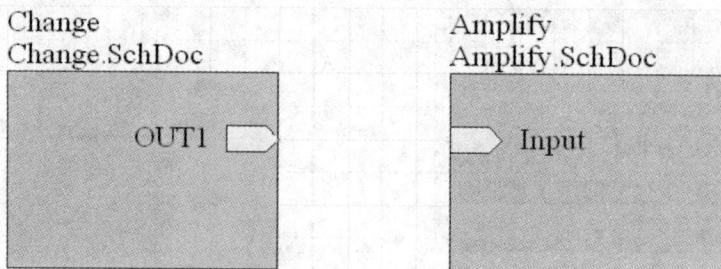

图 6 – 15   放置好的图纸入口

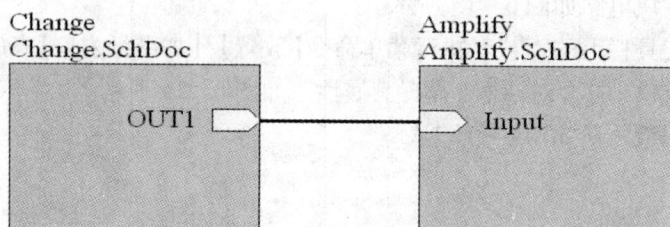

Change
Change.SchDoc

OUT1

Amplify
Amplify.SchDoc

Input

图 6 – 16   连接好的方块电路

(3)绘制子原理图。

1)在上层原理图视窗下，执行菜单命令【设计】/【根据符号创建图纸】，光标变为十字形。将光标移至方块电路上，单击鼠标左键，系统将弹出一个对话框，如图 6 – 17 所示。单击"No"按钮，系统会自动生成一个有 I/O 端口的、与方块电路文件名同名的子原理图文件。如图 6 – 18 所示。

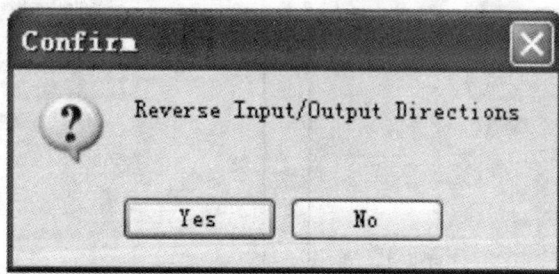

Confirm   ✕

❓   Reverse Input/Output Directions

Yes   No

图 6 – 17   "根据符号创建图纸"对话框

2)在系统自动生成的子原理图中分别绘制好对应的电路原理图。如图 6 – 19 和图6 – 20所示。

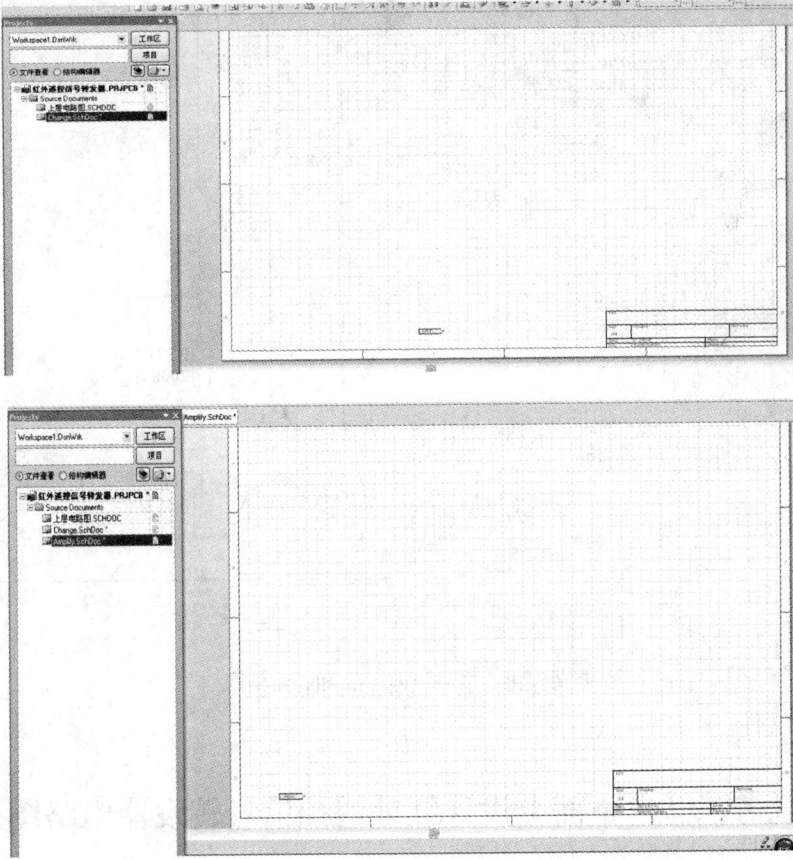

图 6 – 18　自动生成的包含 I/O 端口的子原理图

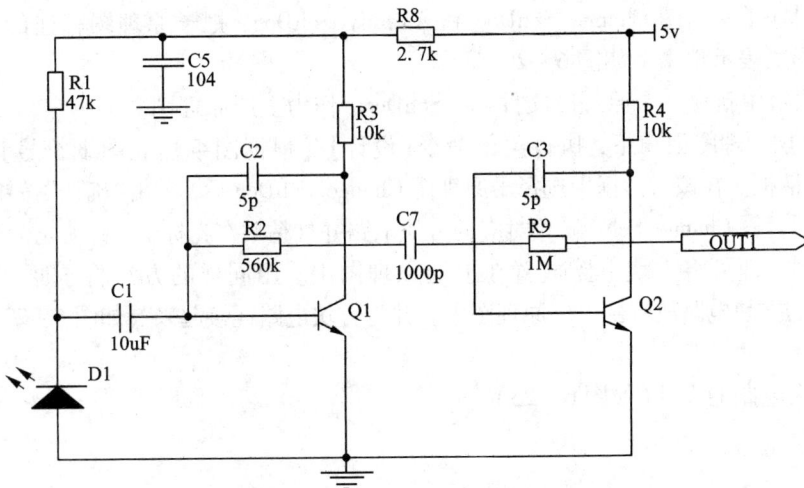

图 6 – 19　子原理图 Change. SchDoc

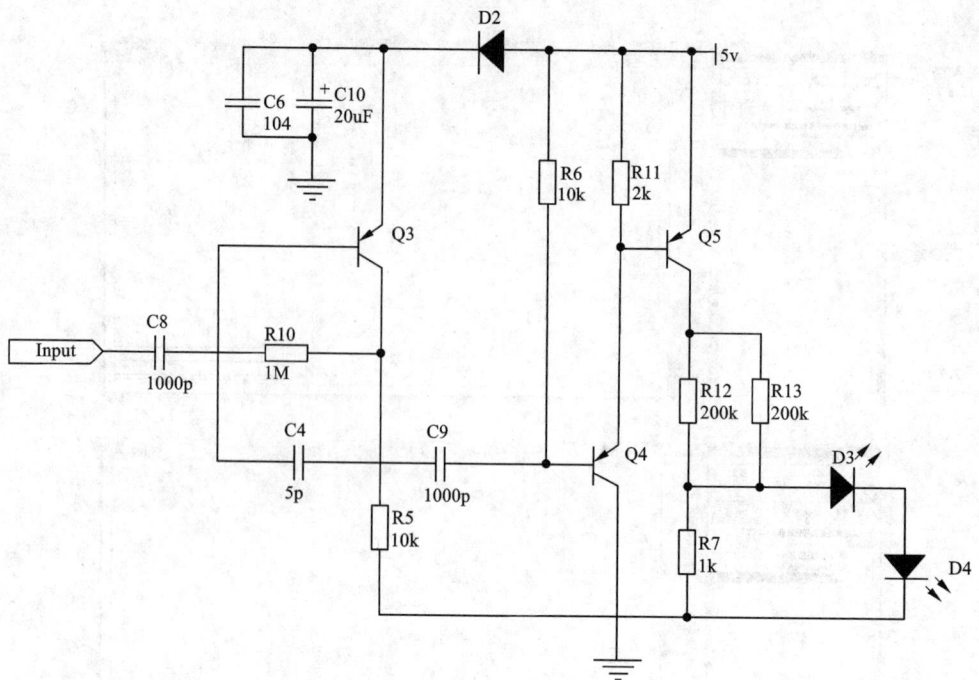

图 6 – 20　子原理图 Amplify. SchDoc

（4）保存文件。

任务二　自下而上设计红外遥控信号转发器电路图

具体操作如下：

（1）新建项目文件和原理图文件。

（2）绘制好子原理图 Change. SchDoc 和 Amplify. SchDoc，把子原理图相连的端口用电路 I/O 端口的形式表示出来。如图 6 – 20 所示。

（3）在项目中新建一个原理图文件 top. SchDoc，作为上层原理图。

（4）在上层原理图视窗下，执行菜单命令【设计】/【根据图纸建立图纸符号】，打开如图 6 – 21 所示对话框。在该对话框中选择子原理图 Change. SchDoc 后，单击"确认"按钮，系统将自动产生与子原理图 Change. SchDoc 相对应的方块电路并且粘贴在光标上，移动光标至合适位置，单击鼠标左键，即可将方块电路放置在上层原理图中。用同样的方法将子原理图 Amplify. SchDoc 对应的方块电路放置到上层原理图中。并将方块电路连接起来。如图 6 – 22 所示。

实训

差动放大电路的设计（如图 6 – 23）。

考核评价

使用 Protel DXP 2004 设计如图 6 – 23 所示的差动放大电路，要求：

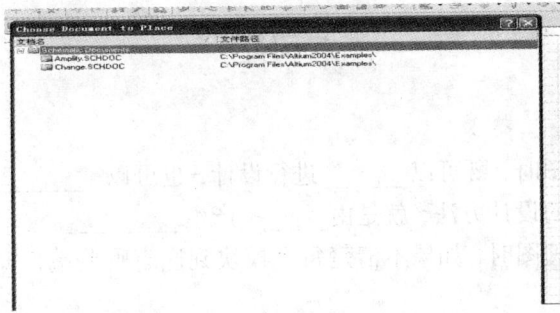

图 6 – 21　文档选择对话框

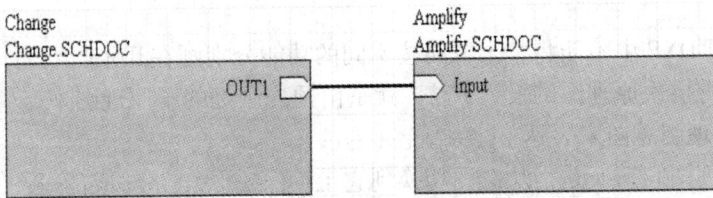

图 6 – 22　连接好的方块电路

(1) 采用自上而下的层次图设计方法。

(2) 项目中上层原理图的名称为"差动放大"，子原理图的名称分别为"First"和"Second"。

(3) 上层原理图中图纸入口的名称分别为"IN"和"OUT"。

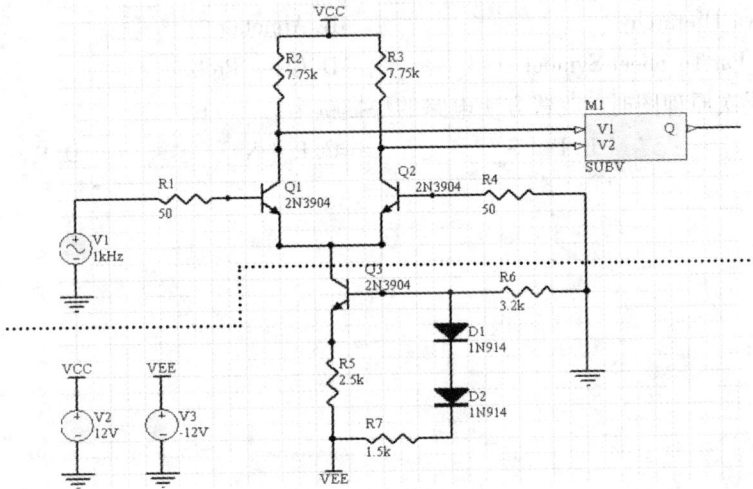

图 6 – 23　差动放大电路

拓展提高

重复性层次式电路图的设计。

练习题

1. 填空题

(1)设计层次原理图时,既可以_____进行设计,也可以_____进行设计。

(2)所谓自上而下的设计方法,就是由_____产生_____。

(3)在设计层次原理图时,如果不清楚每个模块到底有哪些端口,就可以采用_____的设计方法。

(4)编辑方块电路属性时,可以通过____击该方块电路,或通过用鼠标____键按住方块电路的同时按_____键进行编辑。

2. 判断题

(1)在 Protel DXP 中不能将整个电路按不同的功能分别画在几张图纸上。(   )

(2)自下而上层次原理图的设计方法,就是由预先画好的子原理图来产生方块电路符号,从而产生层次原理图总图来表达整个系统。(   )

(3)层次原理图间切换是指从总图切换到它上面某方块电路对应的子图上,或者从某一层次原理图切换到它的上层原理图中。(   )

3. 选择题

(1)绘制层次原理图时,放置方块电路输入/输出端口的工具为 Place 菜单下的(   )命令。

A. Port   B. Part   C. Add Sheet Entry   D. Sheet Symbol

(2)层次原理图之间的切换,可使用菜单 Tools 下的(   )命令。

A. Up/Down Hierarchy   B. Annotate

C. Convert PartTo Sheet Symbol   D. Cross Probe

(3)绘制层次原理图时,放置方块电路的快捷键为(   )。

A. P / U   B. P / S   C. P / N   D. P / A

项目七　实用门铃电路的编译及报表的生成

项目描述

电路原理图不是简单电路的拼凑连接，而是具有实际意义的电子元件之间按照一定规则来组织连接的。因此，设计者需要在原理图完成后对其进行检查，以便查出人为的错误。Protel DXP 2004 提供了原理图编译功能，能够根据用户的设置，对整个工程进行检查，又称为 ERC(电气规则检查)。

电气规则检查(ERC)可以按照用户设计的规则进行，在执行检查后自动生成各种可能存在错误的报表，并且在原理图中以特殊的符号标明，以示提醒。用户可以根据提示进行修改。

在绘制复杂电路的过程中，通常会由于元件太多，编号产生混乱，如果手工逐个修改，容易出错，而且很浪费时间。Protel DXP 2004 提供了元件编号管理功能，可以实现自动重新编号。如果是系统自动编号，则不会出现元件编号重复的情况。

在原理图设计完毕后，为了方便查找数据，经常需要打印原理图或输出相关报表。Protel DXP 2004 提供了图纸打印和报表输出功能。

以实用门铃电路为例，讲解电气规则检查、设置元件编号、打印设置以及各种报表的生成。达到学生理解电气规则检查的含义，掌握电气规则检查和排除错误的方法，掌握如何对原理图中元件重新编号，掌握设置打印属性，掌握生成原理图的各式报表(网络表、元件清单、工程层次结构表)。

知识准备

7.1　电气规则检查

电气规格检查的主要目的是检查原理图中的电气连接情况，找到原理图设计过程中存在的一些潜在的错误，检查原理图的设计是否合理，为下一步的 PCB 设计奠定基础。

7.1.1　电气规则检查的设置

电气规则检查的设置时在项目选项中设置完成的，执行【项目管理】/【项目管理选项】，单击打开【项目管理选项】对话框，并单击【Error Reporting】选项卡，如下图 7 - 1 所示。

该选项卡【违规类型描述】主要包含以下内容：

(1) Violations Associated with Buses(与总线有关的选项)。该选项包含了与总线有关的检测规则的内容。对于每一项具体的检查规则，用户可以设置它们的检查规则。例如：对于"Bus indices out of range"选项，移动光标到右边【报告模式】一栏的报告模式上，单击鼠标左

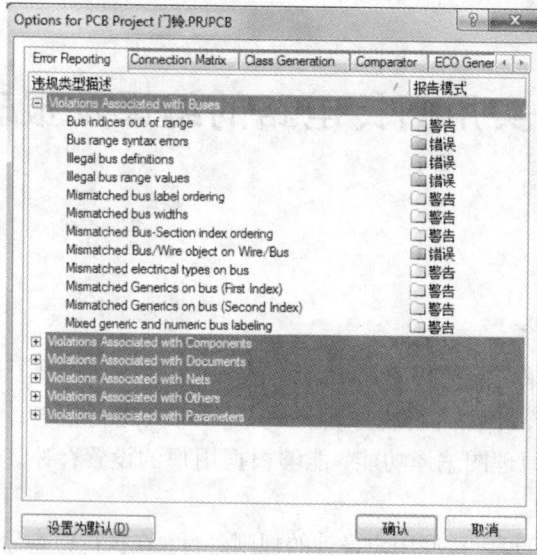

图 7 - 1 【项目管理选项】对话框的【Error Reporting】下选项卡

键，即可在下拉的报告模式中选择一种与之相应的报告级别，如图 7 - 2 所示。报告的级别有"无报告""警告""错误""致命错误"4 种。

（2）Violations Associated with Components（与元器件有关的选项）。该选项包含了设置元器件规则检查的设置，包含了引脚的复用、元器件的重复引用、元器件标志的重复，以及子图入口重复等众多选项，具体选项内容如图 7 - 3 所示。

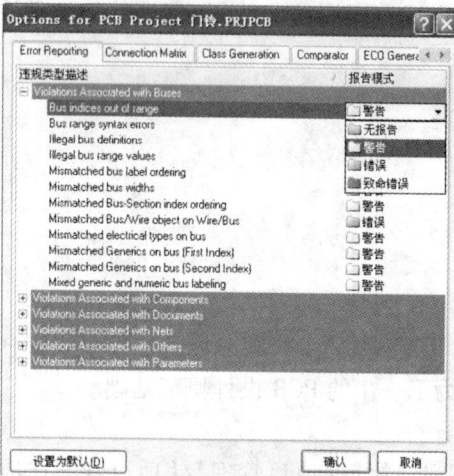

图 7 - 2 报告模式级别的设置

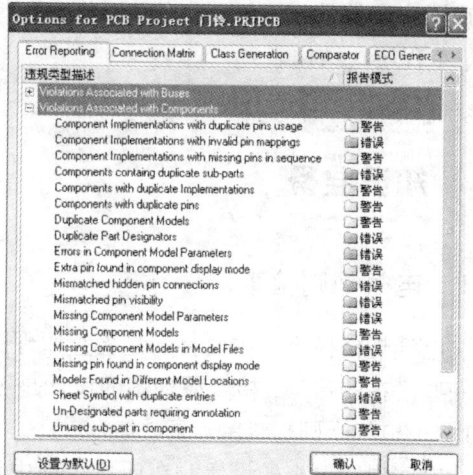

图 7 - 3 与元器件有关的选项

单击【项目管理器选项】对话框的【Connection Matrix】选项卡，打开电气连接矩阵，如图 7 - 4 所示。

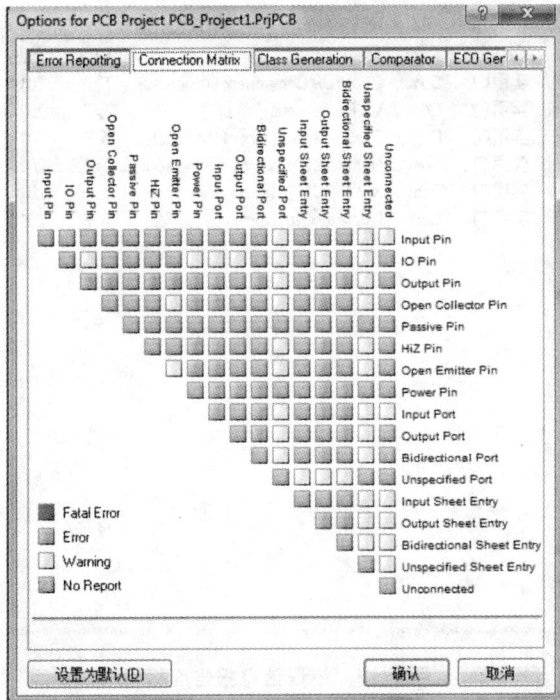

图 7 - 4　【Connection Matrix】选项卡

在该选项卡中可以查看各种电气连接信息。如果要改变某电气连接的检查报告信息,可以在矩阵图中用鼠标左键单击相应的方块,则相应的报告类型(方块颜色)将随之改变,每单击一次左键,报告的类型就改变一次,共有4种报告类型可供选择。

7.1.2　编译项目及查看系统信息,修改错误

在设置好电气规则检查之后,就可对工程进行编译,执行【项目管理】/【Compile PCB Project 实用门铃. PRJPCB 】命令,查看检查结果,如果电路的绘制正确,则检查结果输出【Messages】面板是空白的,反之,如果电路的绘制不正确,则在【Messages】面板上会显示如图7-5相应的提示。

在错误信息报告面板【Messages】中,详细地列出了各种违规信息,重要的信息如下:

【Class】:违规等级,如"Warning"、"Error"等。

【Messages】:错误类型,如"Duplicate Component Designators"等。

按照违规的等级,可以利用错误信息报告面板的信息修改错误,如双击图7-5中违规等级【Class】为"Error"选项,弹出如图7-6所示的编译错误面板【Compile Errors】。

在编译错误面板中,列出了违反电气规格和违规的具体对象,如图7-6所示表示违反了"Duplicate Component Designators"规则,即图纸中的元件编号重复,违规对象为电容 C1,即有两个电容编号为 C1。此时,可以将编译错误面板和错误信息报告面板移到图纸边缘,继续双击如图7-5所示编译错误面板中的电容 C1,图纸将自动跳到以错误对象 C1 为中心的区域,而且其他元件被蒙板遮盖,以便于用户专注于错误元件的修改,如图7-7所示。经过查看和信息提示,原来是把 C2 写成了 C1,双击该电容,在弹出的属性对话框内修改过来即可。

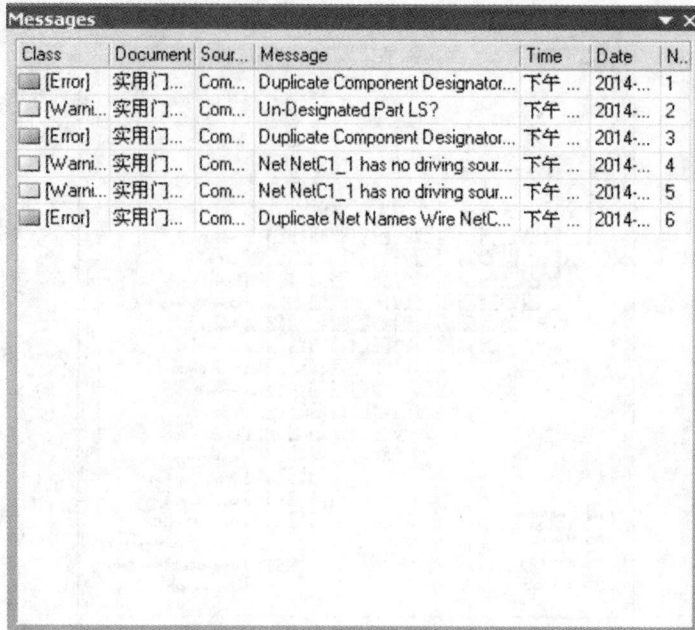

图 7 - 5　错误信息报告面板

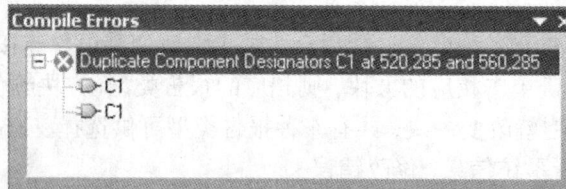

图 7 - 6　编译错误面板

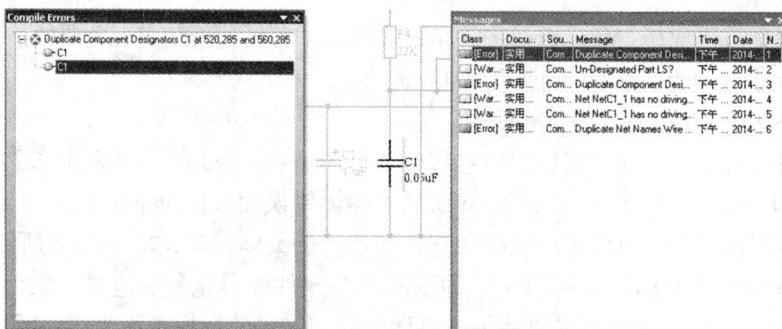

图 7 - 7　找到的错误元件

　　修改完后,可以再次运行工程编译,直到错误已经完全排除。完成后可以单击如图 7 - 8 所示的【清除】按钮,清除蒙板。

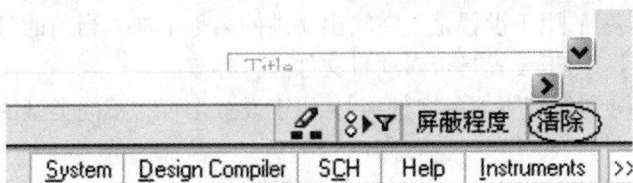

图 7 - 8　清除蒙板

7.2　网络表

　　在由原理图所产生的各种报表中,网络表是最为重要的。网络表是电路原理图的另一种表现形式。一个电路可以看成是由若干个网络组成的。网络表中包含了电路原理图中所有元器件的信息和网络信息。在由原理图产生的网络表时,使用的是逻辑的连通性原则,是通过网络标签进行连接的,而不需要用导线将网络端口实际连接在一起。

7.2.1　网络表的生成

1. 设置网络表选项

　　用户可以由原理图文档生成网络表,也可以由项目生成网络表。在由项目生成网络表的时候,需要对项目对话框的“Options”选项进行设置。执行菜单命令【项目管理】/【项目管理选项】打开【项目管理选项】对话框,单击【Options】选项卡,如图 7 - 9 所示。

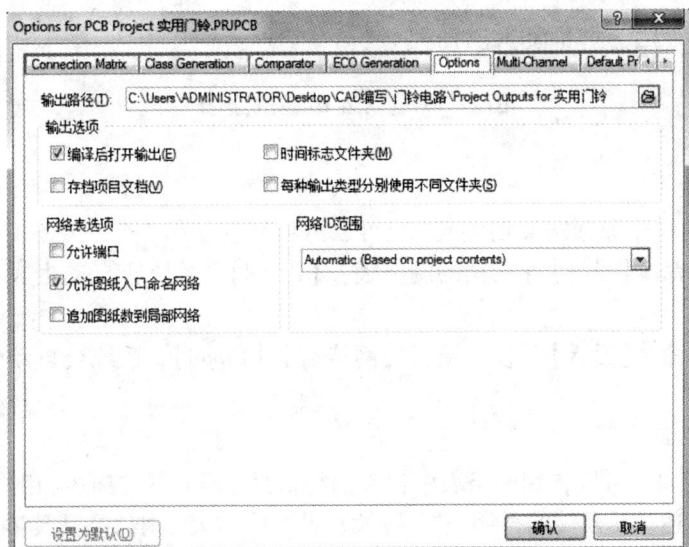

图 7 - 9　【项目管理选项】的【Options】选项卡

　　通过该选项卡可以设置文件的输出路径、输出选项和网络表选项等内容。

（1）输出路径：用于设置输出文件的路径。

（2）输出路径：用于设置文件的输出选项。

【编译后打开输出】：用于设置是否在项目编译后打开输出文件。

【时间标志文件夹】：用于设置是否在输出文件的名称中加入当前的日期和时间。

【存档项目文档】：用于设置是否对项目文件进行存盘。

【每种输出类型分别使用不同的文件夹】：用于设置是否将不同类型的输出文件放到不同的文件夹中。

（3）网络表选项：该选项用于设置网络表选项。

【允许端口】：如果选择此项，系统将采用输入/输出端口的名称来命名与其相连的网络，而不采用系统产生的网络名称。

【允许图纸入口命令网络】：如果选择此项，系统将采用图纸入口名称来命名与其相连的网络，而不采用系统产生的网络名称。

【追加图纸数到局部网络】：如果选择此项，系统将在当地网络名称后面添加一个图纸编号后缀，这样可以根据网络名称的后缀知道该网络位于哪张图纸上。

（4）网络 ID 范围：用于设置网络的辨识范围。用鼠标左键单击下拉按钮，弹出下拉菜单如图 7 – 10 所示。用户可以从 4 种网络的辨识范围中选择一种。一般情况下，均采用默认值"Automatic"。

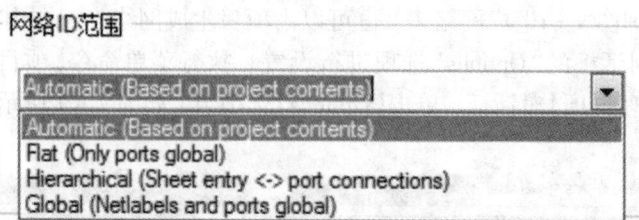

图 7 – 10 【网络 ID 范围】选择

2. 创建网络表

网络表可以由单个原理图文档生成，也可以由项目生成。

（1）执行菜单命令【设计】/【文档的网络表】/【Protel】，系统会自动生成当前文档的一个网络表。

（2）执行菜单命令【设计】/【设计项目的网络表】/【Protel】，系统会自动生成当前项目的网络表。

3. 网络表的格式

打开网络表文件，可以看到网络表中包含两种信息，即元器件描述和网络连接描述。

（1）元器件描述。元器件的声明以"［"开始，以"］"结束，内部是其具体内容。对于网络经过的每一个元器件，在网络表中都会有声明。下面以生成的网络表中的一个电容元件的描述为例，介绍元器件的描述，格式如下：

[	元器件声明开始
C1	元器件序号
RB7.6 – 15	元器件封装
Cap Pol2	元器件注释
	系统保留行
	系统保留行
	系统保留行
]	元器件声明结束

(2)网络连接描述。网络定义以"("开始,以")"结束,内部是其具体内容。下面以生成的网络表中的一个网络端口"NetC1_1"的连接为例,介绍网络连接的描述格式,网络连接描述格式如下:

(	网络定义开始
NetC1_1	网络名称标志
C1 – 1	第一个网络节点,元器件标志 – 引脚标号
D1 – 2	第二个网络节点,元器件标志 – 引脚标号
R1 – 2	第二个网络节点,元器件标志 – 引脚标号
)	网络定义结束

7.2.2 单张原理图网络表的生成

对于单个原理图文档,生成网络表的步骤如下:

(1)打开原理图文档或者绘制原理图。

(2)执行【设计】/【文档的网络表】/【Protel】,系统会自动生成当前文档的一个网络表。

7.2.3 层次原理图网络表的生成

对于层次原理图网络表的生成方法与单个文档网络表的生成方法类似。步骤如下:

(1)打开原理图文档或者绘制原理图。

(2)执行【设计】/【设计项目的网络表】/【Protel】,系统会自动生成当前项目的一个网络表。

7.3 生成/输出各种报表和文件

绘制完成原理图文档后,为了方便元器件的采购与管理,一般还需要生成一个元器件列表,其中主要包括元器件的名称、标注、封装等内容。

7.3.1 报告菜单

绘制完成原理图文档后,执行【报告】/【Bill of Materials】菜单命令,弹出如图7 – 11所示的元器件列表对话框。

默认情况下,元件列表将项目中的所有元件的【Dessignator】(元件序号)、【LibRef】(原理图元件名称)、【Description】(元件描述)、【Footprint】(封装名称)、【Comment】(元件参数或型号)几项按顺利列出。用户可以在【其他列】中选择报表中的内容,选中后会在列表对话框中添加该列。

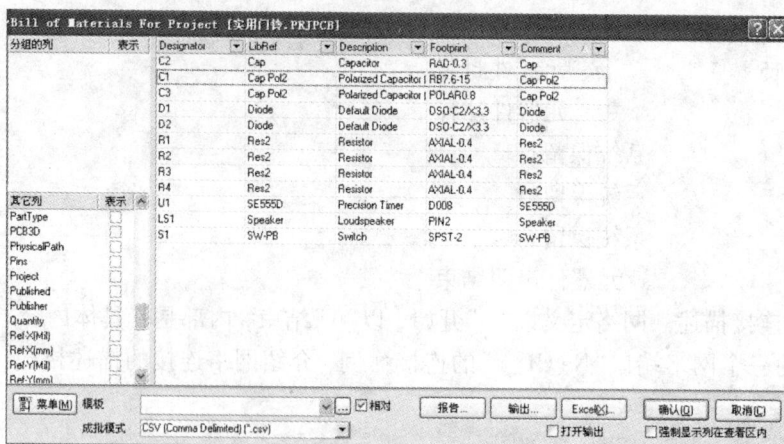

图 7 - 11　元件列表对话框

7.3.2　元件报表

单击元器件列表对话框中的【报告】按钮，可以弹出如图 7 - 12 所示的【报告预览】对话框。

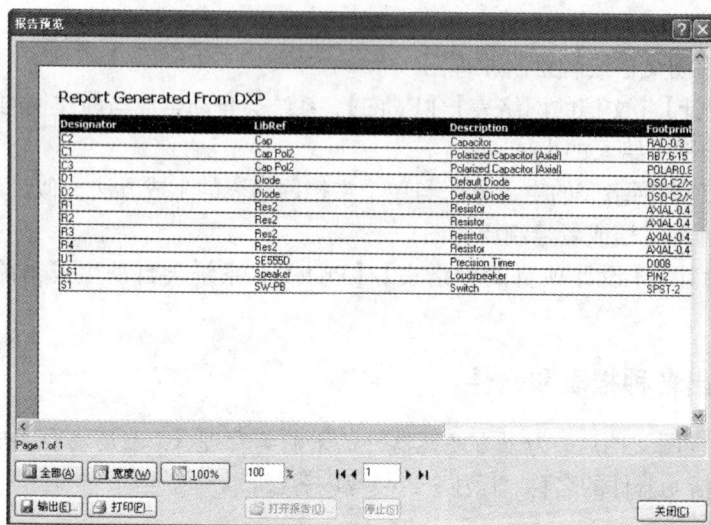

图 7 - 12　【报告预览】对话框

7.3.3　元件交叉参考报表

元器件交叉参考表用于列出各个元器件的名称、编号、所在原理图的信息等。下面介绍生成元器件交叉参考表的方法：

（1）打开原理图文件或绘制原理图文件。

（2）执行菜单命令【报告】/【Component Cross Reference】，生成元器件交叉参考表，如图 7 - 13 所示。

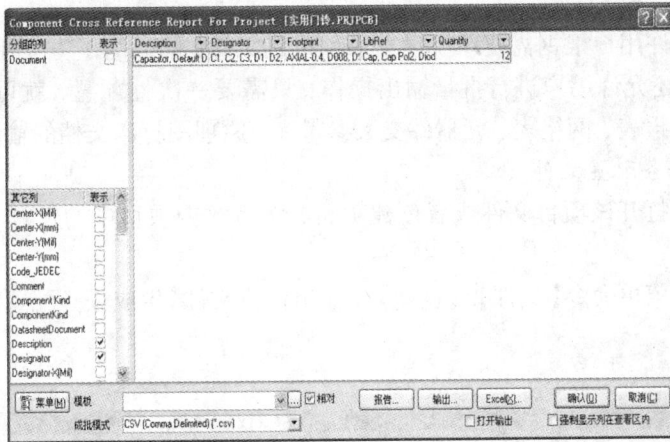

图 7 – 13 元器件交叉参考表

（3）该对话框与元器件列表对话框类似，这里不再赘述。

7.3.4 层次报表

层次报表记录了一个层次原理图的层次结构数据，其输出文件格式为 ASCII 文件，文件的后缀名为【.REP】。生成层次报表步骤为：

（1）打开层次原理图文件或绘制层次原理图。

（2）执行菜单命令【项目管理】/【Compile PCB Project】，对项目进行编译。

（3）执行菜单命令【报告】/【Report Project Hierarchy】，系统将生成该原理图的层次关系文件。

（4）在工作区面板中找到该文件，如图 7 – 14 所示。

（5）打开该报表文件，如图 7 – 15 所示，从该文件中可以清晰地看到原理图的层次关系。

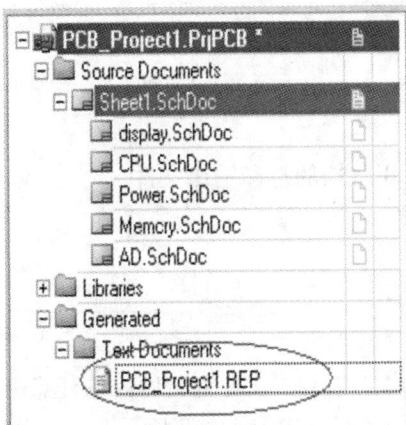

图 7 – 14 生成的报表文件

图 7 – 15 层次报表文件

7.3.5 输出任务配置文件

Protel DXP 允许用户根据需要单个输出各种报表文件,同时为了方便用户的报表输出和打印,Protel DXP 还允许用户进行批量输出操作,只需要一次性配置,就可以完成所有的输出任务,包括材料报表、网络表、元器件交叉参考表、原理图打印文档的输出等。

1. 创建输出任务配置文件

第一步:首先打开该项目文件或者创建项目,然后双击项目中的任意一个电路原理图,打开原理图文档。

第二步:执行菜单命令【文件】/【创建】/【输出作业文件】生成任务配置文件,如图 7 - 16 所示:

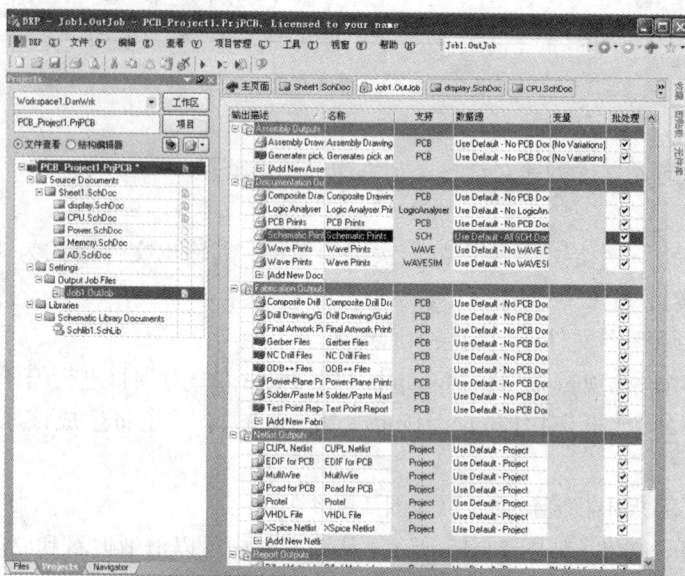

图 7 - 16 任务配置文件

从该文件的输出描述中可以看到,按照输出数据类型可以分为以下五种:

(1) Assembly Outputs: PCB 汇编输出文件

(2) Documentations Outputs: 原理图文档及 PCB 文档的打印输出文件

(3) Fabrications Outputs: 电路板生产输出文件

(4) Netlist Outputs: 各种网络表输出文件

(5) Report Outputs: 各种报表文档文件

2. 输出配置

在创建了一个任务配置文件之后,就可以配置输出任务了。在配置文件内的任意一个文件名上单击鼠标右键,都可以弹出输出配置文件的快捷菜单,如图 7 - 17 所示。

3. 数据输出

设置好批处理任务后,在任何一个输出任务上单击鼠标右键,然后选择快捷菜单中的【执行批处理】命令,弹出【Batch Output】(批处理任务输出确认)对话框,如图 7 - 18 所示。

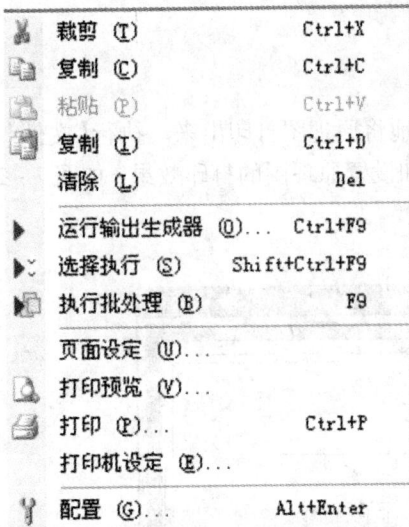

图 7-17 输出配置文件快捷菜单

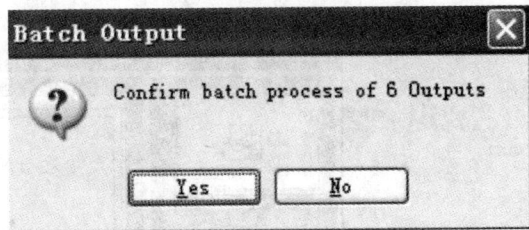

图 7-18 【Batch Output】对话框

如果不再需要重新更改设置，单击 Yes 按钮予以确认，则系统将根据设置一次性生成选中的输出任务。从工作区面板中，用户可以查看输出的文件，如图 7-19 所示。

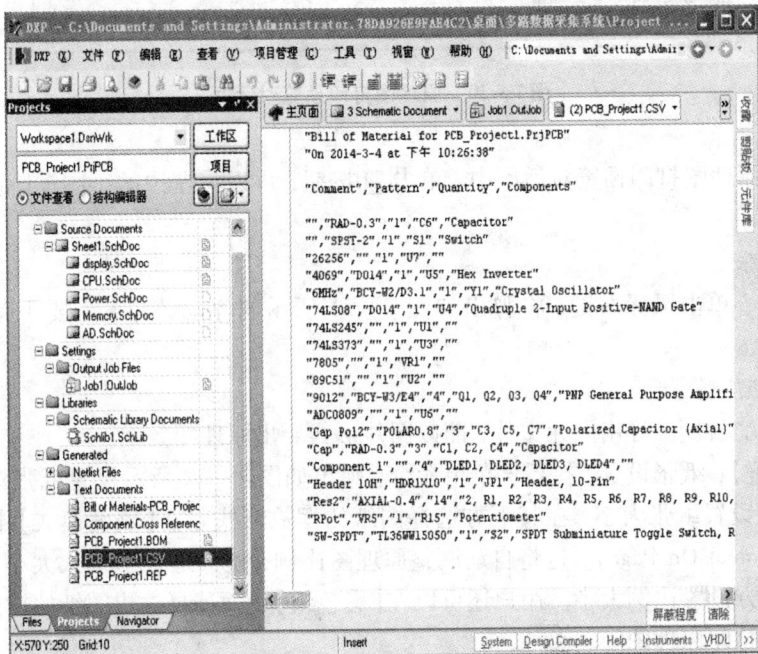

图 7-19 输出文件的查看

7.4　原理图输出

1. 打印预览

当原理图文件设计完成后，Protel DXP 可以方便地将原理图打印出来。执行【文件】/【打印预览】菜单命令，弹出打印预览对话框，可以预览和设置原理图的打印效果，如图 7 - 20 所示。

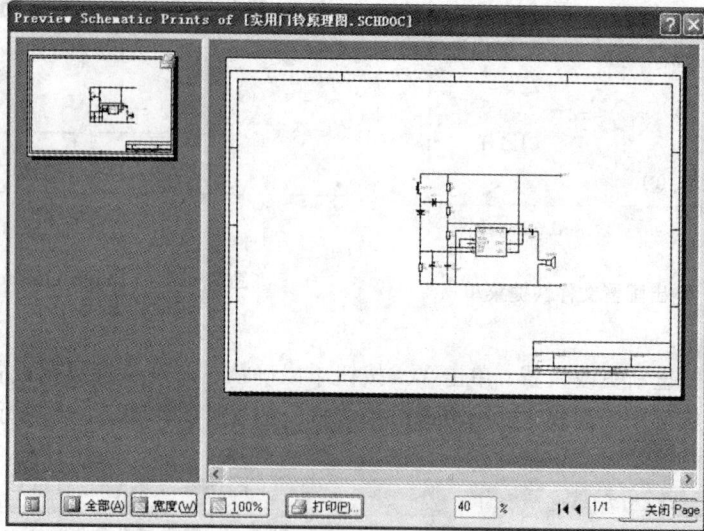

图 7 - 20　原理图打印预览对话框

注意：在原理图打印预览对话框中，单击▣按钮，可以将左边的小图框隐藏，更方便图纸的预览。

2. 设置纸张

在图纸中心单击鼠标右键，将弹出如图 7 - 21 所示的浮动菜单，主要子菜单项的含义如下：

【复制】：复制图纸。

【输出图元文件】：导出图元文件，即以图片形式导出原理图。

【页面设置】：纸张设置，执行该菜单命令，弹出如图 7 - 22 所示设置纸张对话框。可以在【尺寸】栏中设置纸张大小，在其下方选择图纸的摆放形式。在【刻度模式】中最好采用默认项【Fit Document On Page】，这将自动调整原理图比例，使其适合于纸张大小，否则，用户还需要在其下方设置比例大小。用户还可以在【彩色组】里面选择输出图纸的输出模式。

【打印】：打印原理图。

【打印设定】：设置打印机。

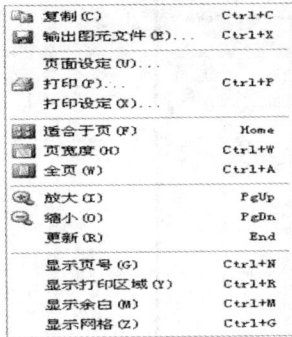

图7-21 鼠标右键菜单

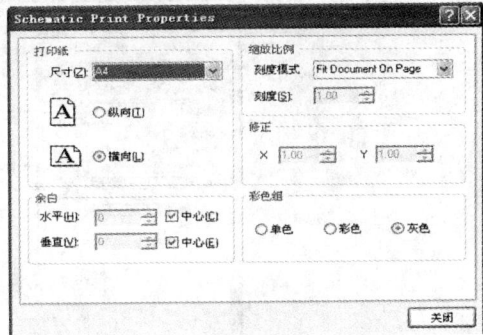

图7-22 设置纸张对话框

3.设置打印机和打印

单击【打印】按钮，弹出如图7-23所示的打印设置对话框，可以进一步设置打印参数，设置好后单击【OK】按钮开始打印。

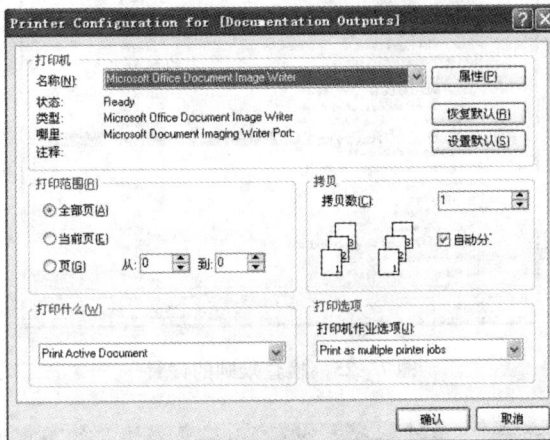

图7-23 设置打印参数

任务实现

任务一 实用门铃电路图电气规则检查及修改

步骤一：执行菜单命令【文件】/【打开项目】，打开该工程文件，如图7-24所示。

步骤二：执行菜单命令【项目管理】/【项目管理选项】，打开项目管理选项对话框。如图7-25所示，根据实际情况设置检查规则。

步骤三：执行菜单命令【项目管理】/【Compile PCB Project 实用门铃.PRJPCB】，对项目经行编译，弹出【Messages】对话框，如图7-26所示。

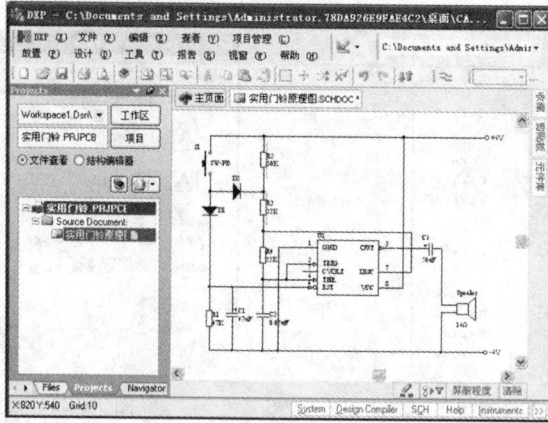

图 7 - 24　工程文件的打开

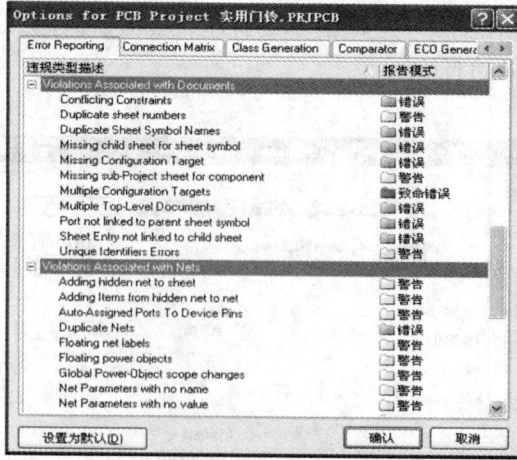

图 7 - 25　检查规则的设置

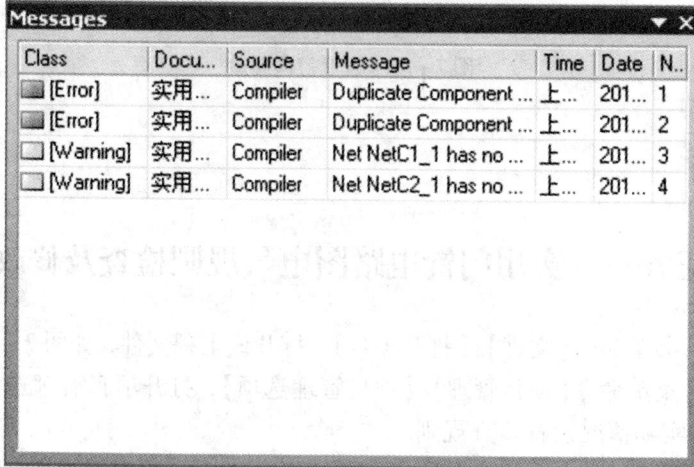

图 7 - 26　【Messages】对话框

步骤四：在【Messages】对话框中，单击"Error"或"Warning"，则原理图中与之相对应的信息变为浏览状态，其他部分则变得灰暗，以单击一个"Error"为例，结果如图 7-27 所示。

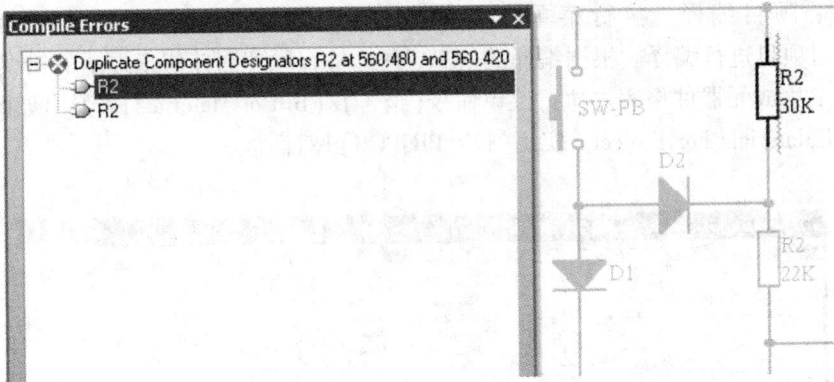

图 7-27 规格检查结果的查看

步骤五：对相应的错误和警告进行修改并保存，重复以上步骤，检查电路图无误后保存，完成检测。

任务二 实用门铃电路图网络表的生成

执行菜单命令【设计】/【文档的网络表】/【Protel】，系统会自动生成当前文档的一个网络表，并将其命名为"实用门铃. NET"，如图 7-28 所示。

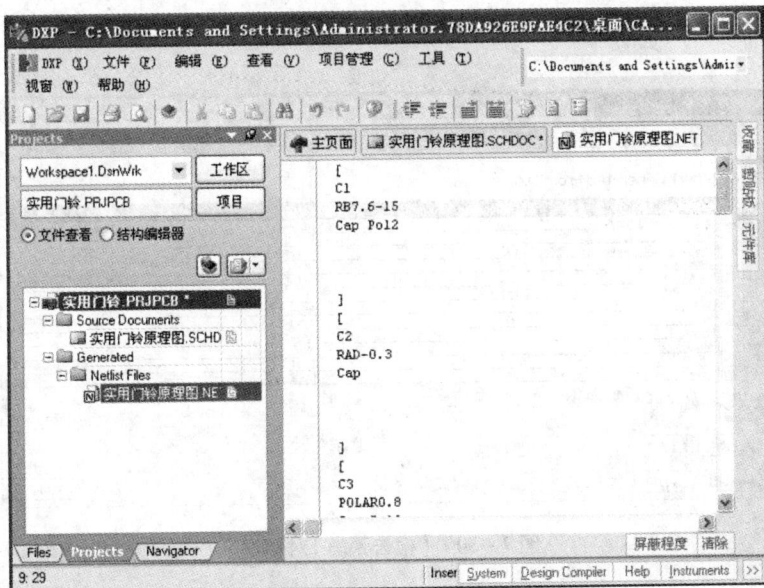

图 7-28 自动生成的网络表文件

任务三　实用门铃电路图元件清单报表、工程结构图

步骤一：项目编译。执行菜单命令【项目管理】/【Compile PCB Project 实用门铃.PRJPCB】，对项目进行编译。根据编译的信息，仔细检查原理图并修正提示的错误信息。

步骤二：生成元器件报表。执行菜单命令【报告】/【Bill of Materials】，弹出如图 7-29 所示的【Bill of Materials For Project［实用门铃.PRJPCB］】对话框。

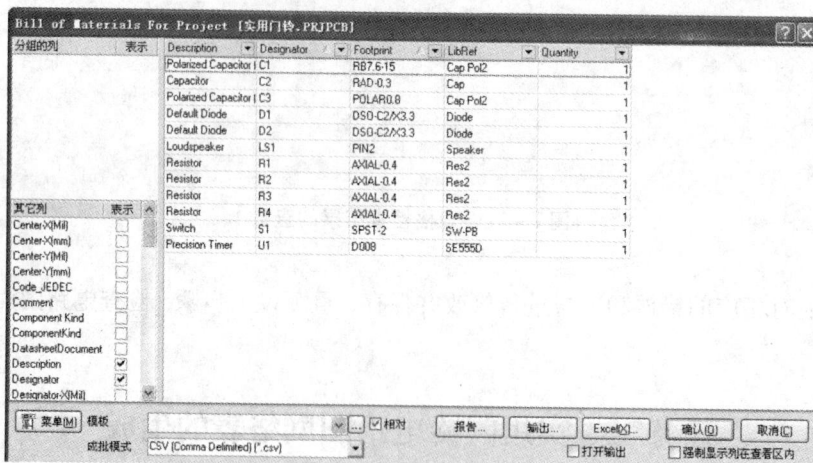

图 7-29　【Bill of Materials For Project［实用门铃.PRJPCB］】对话框

步骤三：单击报告按钮，弹出【报告预览】对话框，如图 7-30 所示。用户可以打印该报表，也可以输出报表。

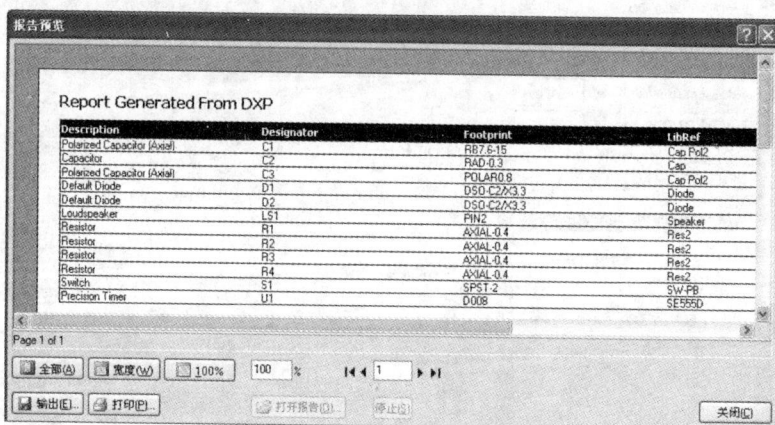

图 7-30　【报告预览】对话框

步骤四：生成元器件交叉参考表。执行菜单命令【报告】/【Component Cross Reference】，弹出【Component Cross Reference For Project［实用门铃.PRJPCB］】对话框，如图 7-31 所示。

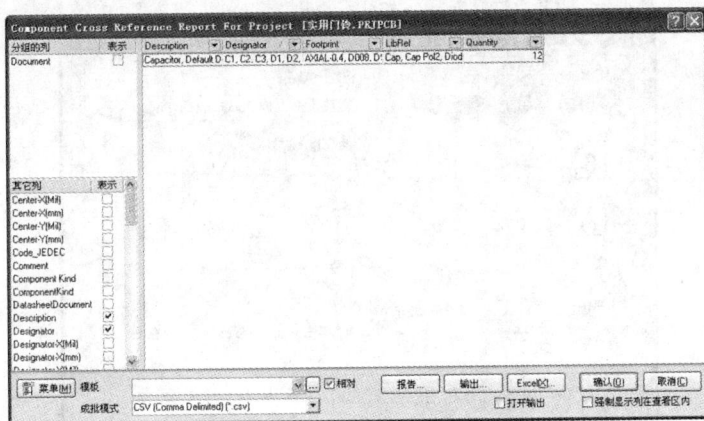

图 7 – 31　元器件交叉参考表

任务四　实用门铃电路图打印输出

步骤一：打印预览。执行【文件】/【打印预览】菜单命令，弹出打印预览对话框，可以预览和设置原理图的打印效果，如图 7 – 32 所示。

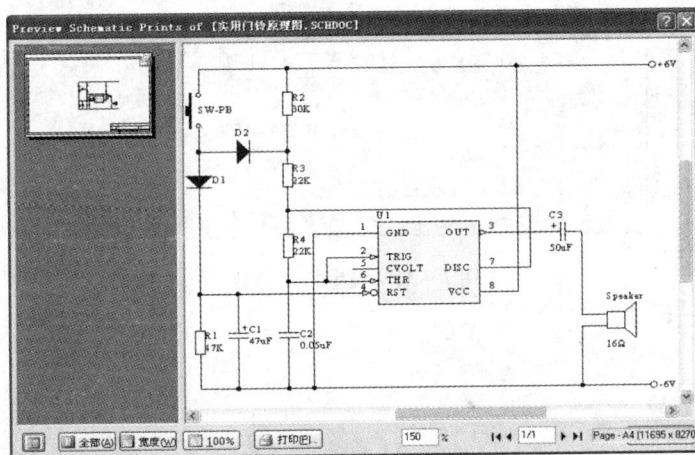

图 7 – 32　原理图打印预览对话框

步骤二：设置纸张。在图纸中心单击鼠标右键，选择【页面设置】对图纸进行设置。如图 7 – 33 所示。

步骤三：设置打印机和打印。单击【打印】按钮，弹出如图 7 – 34 所示的打印设置对话框，可以进一步设置打印参数，设置好后单击【OK】按钮开始打印。

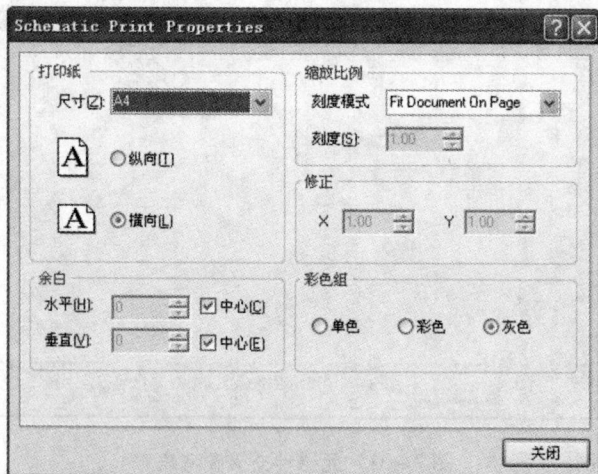

图 7 - 33　设置图纸对话框

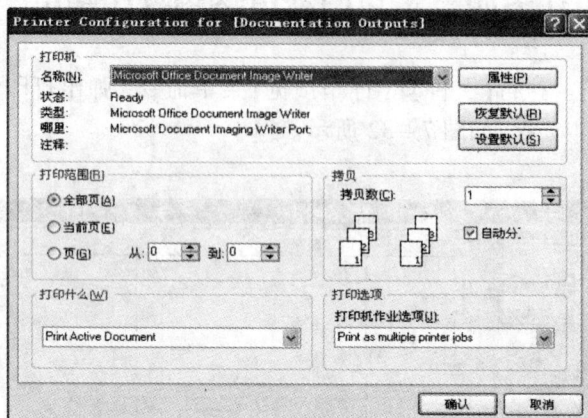

图 7 - 34　设置打印参数

考核评价

任务：完成如图 7 - 35 所示的 8 路抢答器电路的编译及报表的生成。

要求：

(1)对原理图进行电气检查，如有错误，进行更正。

(2)创建网络表。

(3)生成元器件列表。

(4)生成元器件交叉参考表。

(5)输出任务配置文件。

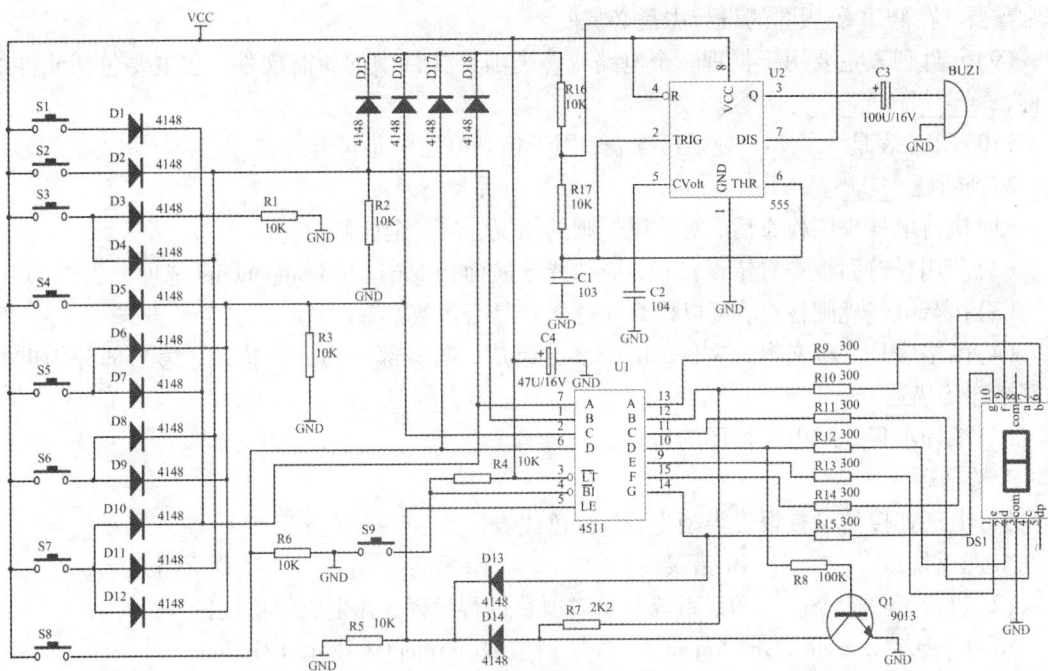

图 7-35 8 路抢答器原理图

拓展提高

原理图隐含引脚的显示。

练习题

1. 填空题

(1)对于层次原理图来说，编译的过程也是将若干_____联系起来的过程。

(2)在编译项目之前，可以根据实际情况对项目选项进行设置，以便按照我们的要求进行电气检查和生成报告。设置项目选项时，主要设置_____、_____、_____等选项。

(3)错误的报告类型共有 4 种：_____、_____、_____和_____。

(4)电气连接的检查报告类型共有 4 种，其中红色代表_____，橙色代表_____，黄色代表_____，绿色代表_____。

(5)我们可以通过 Navigator 面板快速定位元件，浏览_____和_____。

(6)网络表文件是一张电路原理图中全部元件和电气连接关系的列表，它包含电路中的_____和_____。

(7)元件采购报表主要包括元件的_____、_____、_____、_____、_____等信息，又叫元件报表或元件清单。

(8)网络表的内容只要是电路图中各_____的数据以及元件间_____的数据。网络表非常重要,在 PCB 制版图的设计中是必需的。

(9)元件列表主要用于整理一个电路或一个项目文件中的所有文件,它主要包括元件的名称、_____、_____等内容。

(10)ERC 表是_____规则检查表,用于检查电路图是否有问题。

2.判断题

(1)执行电气规则检查后,对违反规则的情况,都要全面修改。(   )

(2)利用导航面板查看错误信息,应选择导航面板 Navigate Components 选项。(   )

(3)执行电气规则检查,可以检查元件序号是否重复。(   )

(4)网络表是一种文本式文件,由两部分组成,第一部分为元件描述,第二部分为电路的网络连接描述。(   )

(5)编译项目是对电路板图的检查。(   )

3.选择题

(1)电气连接的检查报告类型中,其橙色代表(   )。

A.严重错误   B.错误   C.警告   D.不报告

(2)执行菜单命令(   ),系统开始对项目进行编译,并生成信息报告。

A. Project/ Compile PCB Project   B. Project / Project Option

C. Design / Netlist / Protel   D. Design / Make Project Library

(3)生成项目元件采购报表,应执行的命令为(   )。

A. Reports/Report Project Hierarchy   B. Reports/Bill of Materials

C. Design / Netlist / Protel   D. Design / Make Project Library

(4)生成层次原理图中各原理子图元件报表,应执行的命令为(   )

A. Reports/Report Project Hierarchy

B. Reports/Bill of Materials

C. Reports/Component Cross Reference

D. Design / Make Project Library

(5)生成项目元件库,应执行的命令为(   )。

A. Reports/Report Project Hierarchy   B. Reports/Bill of Materials

C. Design/Netlist / Protel   D. Design / Make Project Library

项目八　串联稳压电源 **PCB** 板设计

项目描述

通过串联稳压电源 PCB 板设计，学生掌握 PCB 板设计的基础知识，达到下列目标：

(1)掌握 PCB 设计的基本流程、网络表文件的导入方法。

(2)在工程项目中创建、保存 PCB 图设计文件。

(3)掌握 PCB 图工作环境、PCB 工作层的设置与管理。

(4)能采用手动及通过向导生存 PCB 板。

(5)掌握手工布局、布线工具的常规操作方法及参数设置。

知识准备

8.1　PCB 设计系统的操作与管理

8.1.1　认识印制电路板

1.印制电路板的结构和分类

印制电路板的结构是由绝缘板和附着在其上的导电图形(如元件引脚焊盘、铜膜走线)以及说明性文字(如元件轮廓、型号、参数)等构成。根据导电图形的层数不同，印制电路板可以分为以下几类。

(1)单面板：是由一面敷铜的绝缘板构成，其结构如图 8 – 1(a)所示，一般包括"焊接面"和"元件面"的丝印层两大部分。在 Protel DXP2004 PCB 编辑器中"元件面"被称为"Top"顶层，"焊接面"被称为"Bottom"底层。

(2)双面板：是由两面敷铜的绝缘板构成，其结构如图 8 – 1(b)所示，它包括底层(焊接面)和顶层(元件面)。由于可以两面走线，布线相对容易，布通率高。

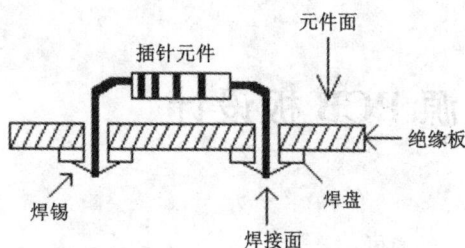

图 8-1(a)　单面板结构图

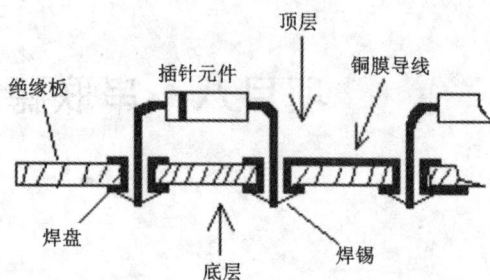

图 8-1(b)　双面板结构图

（3）多层板：是由数层绝缘板和数层导电铜膜压合而成，除了顶层和底层之外，还包括中间层、内部电源层和接地层。在多层板中，导电层的数目一般为 4、6、8、10 等，它主要适用于复杂的高密度布线的场合，

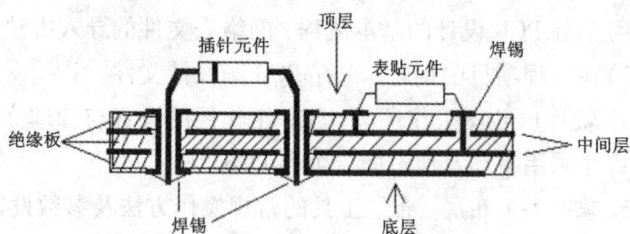

图 8-1(c)　四层电路板结构图

目前计算机设备，如主板、显示卡、声卡等均采用 4 层或 6 层印制电路板。如图 8-1(c)所示是一典型的 4 层印制电路板结构图. 包括：顶层（Top）、两个中间层（Mid）和一个底层（Bottom）。顶层和底层用于布置印制导线，中间层一般是由整片铜膜构成的电源层或接地层，层与层之间是绝缘层，用于隔离各个板层，使之不受干扰。

2. 印制电路板上的组件

（1）元件封装（Footprint）。元件封装就是指实际元器件焊接到电路板时，所指示的外观形状尺寸和焊盘位置，它是一个空间上的概念。因此，不同的元器件可以共用同一个元件封装，另一方面，同类元器件也可以有不同的封装形式，如电阻，它的封装形式有：AXIAL0.4 AXIAL0.5 AXIAL0.6 等等，只有形状尺寸正确的元器件才能安装并焊接在印制电路板上。元件封装编号的一般规则是：元器件类型 + 焊盘距离（或焊盘数）+ 元器件外型尺寸。我们可以根据元件封装编号来判断封装的种类。如 DIP16 表示双列直插式封装，两排各 8 个引脚；AXIAL0.4 表示此封装为轴状的，两个焊盘间的距离为 400mil，RB.2/.4 表示有极性电容类封装，引脚距离为 200mil，器件直径为 400mil。元件封装有以下两大类：

1）插针式元件（直插式）封装，如图 8-2 所示。此类元器件在焊接的时候需要先将元器件引脚插入焊盘导孔中，然后再焊锡。由于插针式元件（直插式）封装的焊盘导孔贯穿整个印制电路板，所以在焊盘的属性对话框中，"板层（Layer）"属性必须设置为"多层板（MultiLayer）"。

2）表面贴着式元件（SMD）封装，如图 8-3 所示。此类元器件的焊盘只限于表面板层，所以在焊盘的属性对话框中，"板层（Layer）"属性必须设置为单一表面，如"顶层（Top Layer）或"底层（Bottom Layer）"。

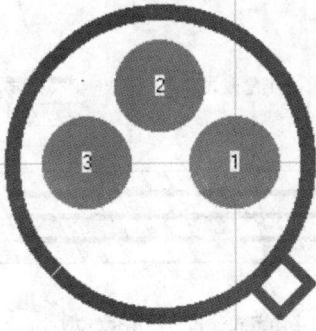

图 8 - 2　插针式元件封装实例

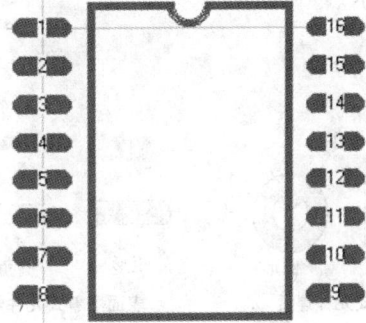

图 8 - 3　表面贴着式元件(SMD)封装实例

（2）铜膜走线(Track)。铜膜走线就是用于连接各个焊盘的导线，也简称走线。它是印制电路板中最重要的部分，几乎所有的印制电路板的设计工作都是围绕如何走线进行的。一般铜膜走线在顶层走水平线，在底层走垂直线。而顶层与底层走线之间的连接采用过孔连接。如图 8 - 4 所示。另外，还有一种与铜膜走线密切相关的线叫飞线，如图 8 - 5 所示。飞线是系统在引入网络表以后，根据电路原理图中网络的连接情况生成的用来指示布置铜膜走线的一种连接。

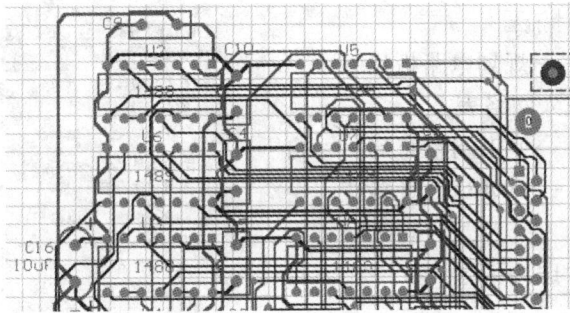

图 8 - 4　铜膜走线(双面板)的实例

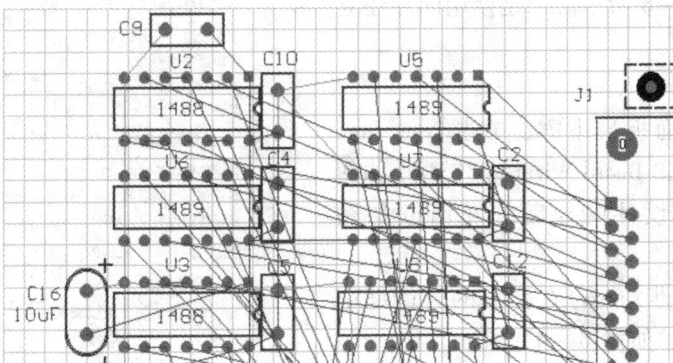

图 8 - 5　飞线的实例

（3）焊盘（Pad）：焊盘的作用是放置焊锡，连接铜膜走线和元器件引脚。其具体外型如图 8 - 6所示。

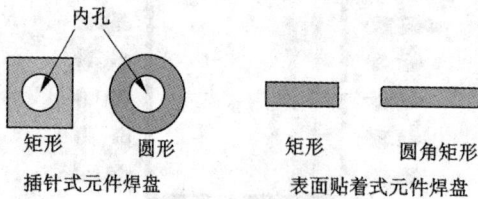

图 8 - 6　焊盘的类型

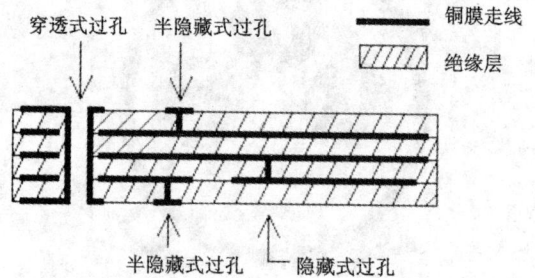

图 8 - 7　过孔的种类

（4）过孔（也称为金属化孔）：过孔（Via）的作用是用于连接不同板层间的铜摸走线。过孔有三种类型：即穿透式过孔、半隐藏式过孔和隐藏式过孔，如图 8 - 7 所示。

（5）禁止布线层（Keep Out Layer）：禁止布线层用于确定电路板的尺寸和布线的范围。

（6）丝印层（Overlay）：丝印层用于书写文字、元件参数说明等。丝印层又分为顶层丝印层（Top Overlay）和底层丝印层（Bottom Overlay）。

（7）机械层（Mechanical）：机械层用于放置指示性文字，如电路板尺寸。

8.1.2　印刷电路板设计流程

启动 PCB 编辑器──→规划电路板尺寸──→载入元件封装库──→载入网络表

印制板自动布局──→手工调整布局──→自动布线──→手工布线──→DRC 设计检查──→存盘输出。

8.1.3　PCB 文档的管理（创建、打开和保存 PCB 文档）

创建 PCB 文档有两种方法：一是直接新建 PCB 文档，如图 8 - 8 所示。二是使用向导建立 PCB 文档。

步骤如下：

（1）在 Files 面板最下方，单击 New from template 组中的 PCB Board Wizard 超链接，如图 8 - 9 所示，启动设计向导后的对话框如图 8 - 10所示。

（2）单击下一步（next）在弹出的对话框中设置需要的单位，如图 8 - 11 所示，Imperial（英制）Metric（公制）。

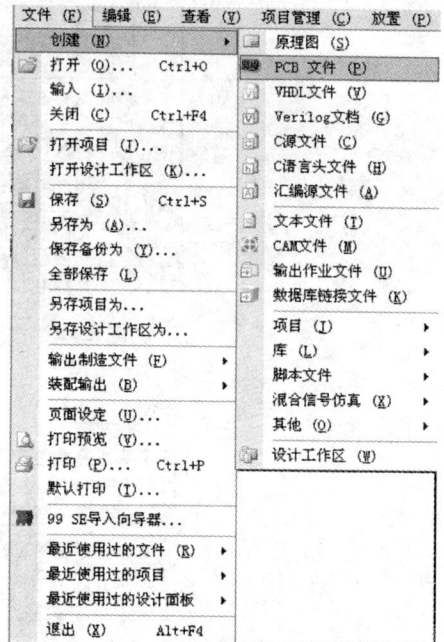

图 8 - 8　直接新建 PCB 文档

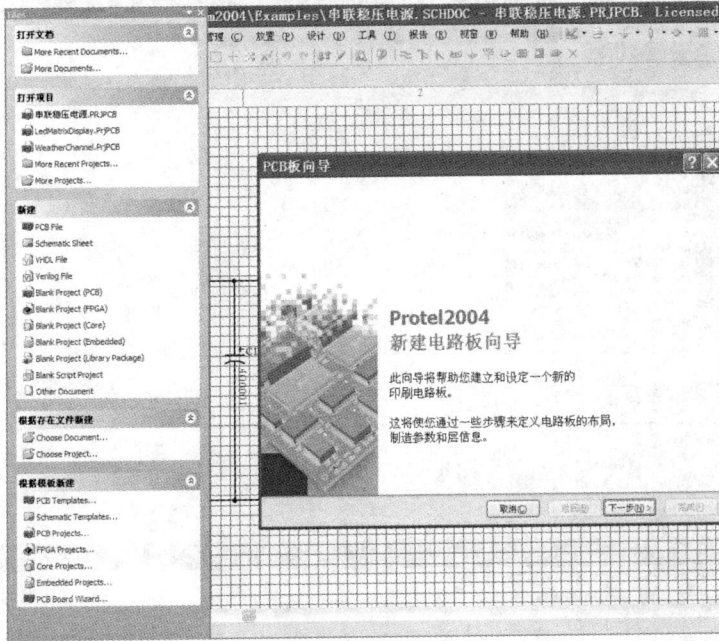

图 8 - 9　单击 PCB Board Wizard　　如图 8 - 10　PCB Board Wizard 对话框

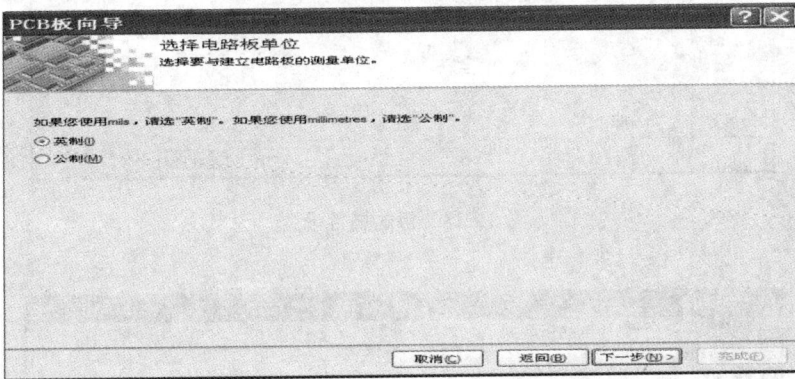

图 8 - 11　公英制选择

(3)单击下一步(next)在弹出的对话框中设置需要使用的板尺寸,如图 8 - 12 所示。
【Custom】代表自定义的板尺寸。

(4)单击下一步(next)在弹出的对话框中设置需要使用的一些具体选项,如图 8 - 13
所示。

(5)单击下一步(next)在弹出的对话框中设置需要使用的板层数,如图 8 - 14 所示。

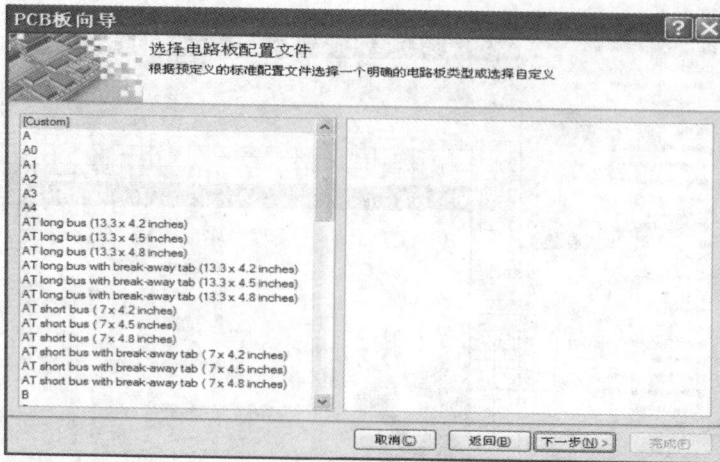

图 8 - 12　板尺寸选择

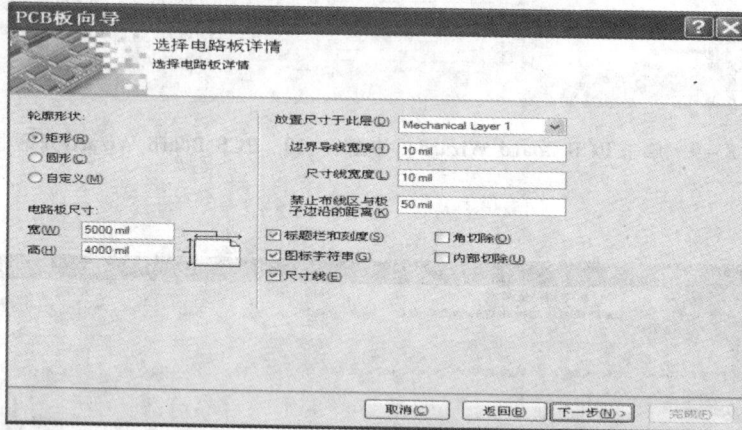

图 8 - 13　板的属性设置

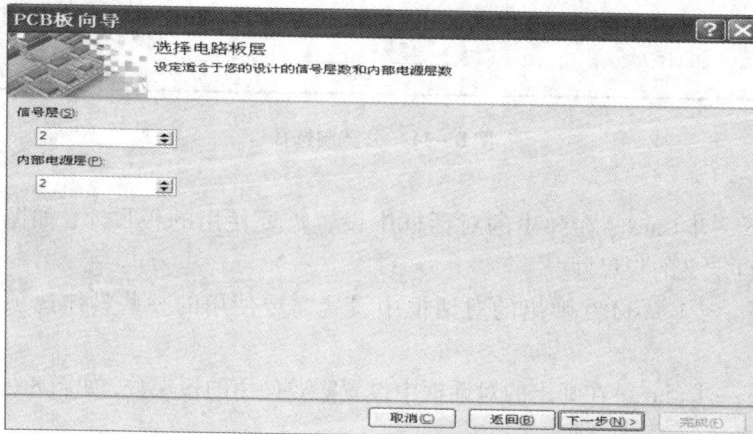

图 8 - 14　板层数选择

（6）单击下一步（next）在弹出的对话框中设置需要使用的过孔样式，如图 8 - 15 所示

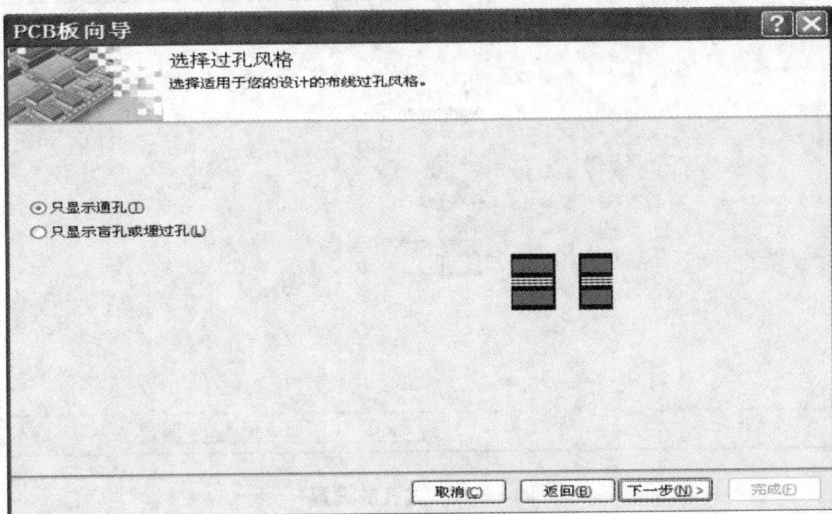

图 8 - 15　过孔样式选择

（7）单击下一步（next）在弹出的对话框中设置需要使用的元件和导线，如图 8 - 16 所示。
双面板选是。

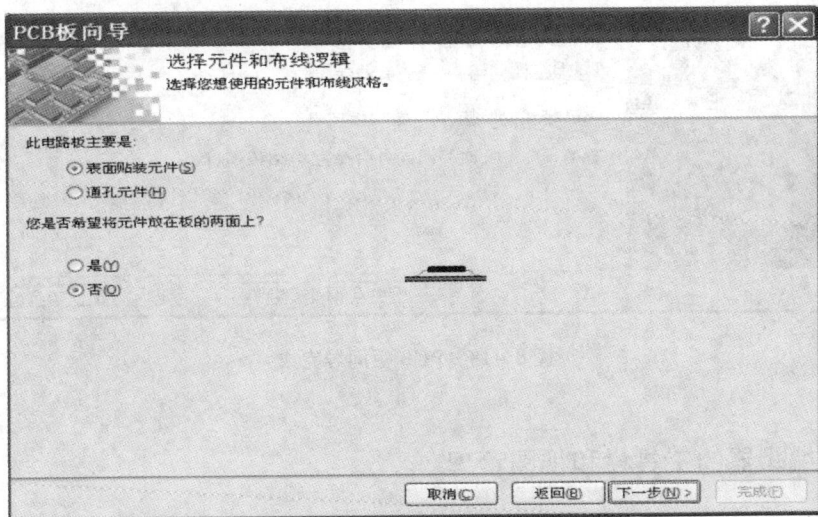

图 8 - 16　元件与导线安装选择

（8）单击下一步（next）在弹出的对话框中设置需要使用的板子上的设计规则，如图 8 - 17
所示。

（9）单击下一步（next）弹出的对话框提示完成，如图 8 - 18 所示，单击完成，即可完成
设置。

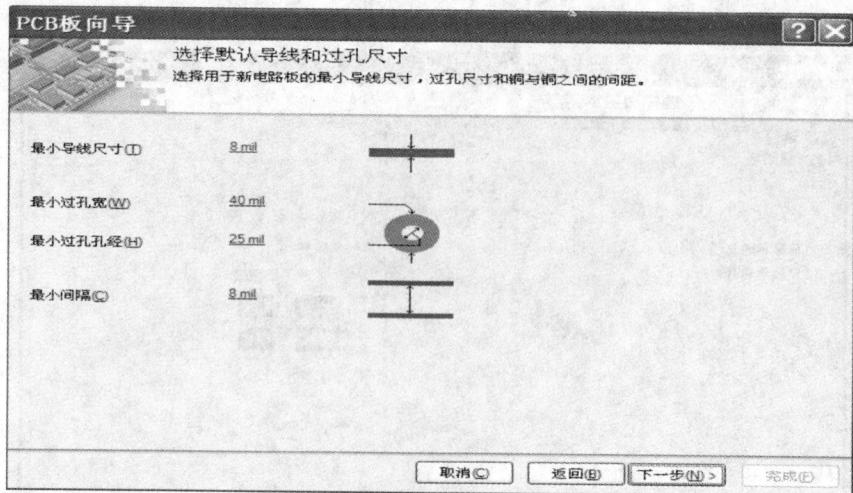

图 8 – 17　过孔的设置

图 8 – 18　PCB 板问导完成

8.2　PCB 编辑器的工具栏和视图管理

　　打开或创建 PCB 文档,出现如图 8 – 19 界面,进入 PCB 编辑器,下面介绍 PCB 编辑系统主要的使用方法。

　　(1)菜单栏。主菜单栏如图 8 – 20 所示,子菜单栏如图 8 – 21 所示。

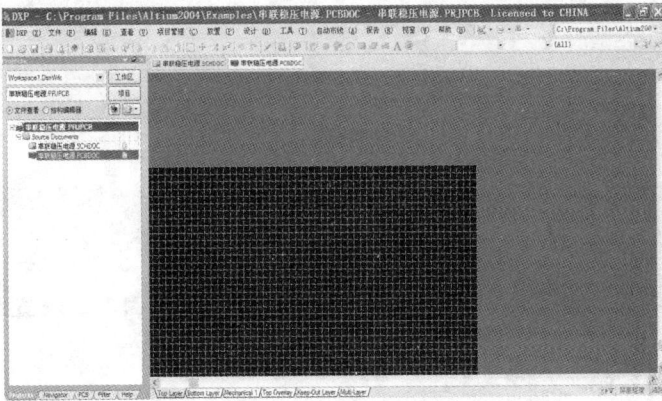

图 8-19   PCB 编辑器

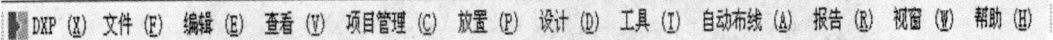

图 8-20   主菜单栏

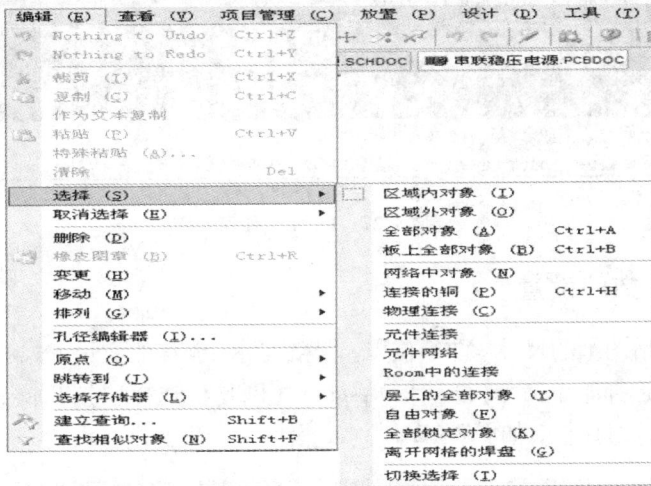

图 8-21   子菜单栏

(2)主工具条(如图 8-22 所示)。

图 8-22   主工具条

(3)放置工具条如图 8-23 所示,实用工具条如图 8-24 所示,调准工具条如图 8-25 所示,查找选择如图 8-26 所示。

图 8-23   设置工具条

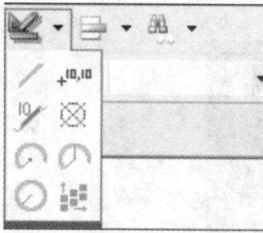

图 8 – 24　实用工具条　　　图 8 – 25　调准工具条　　　图 8 – 26　查找选择工具条

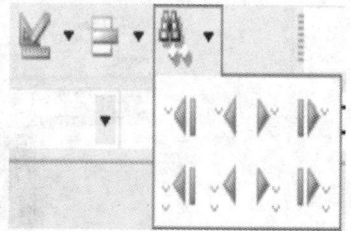

（4）工作区，如图 8 – 27 所示。

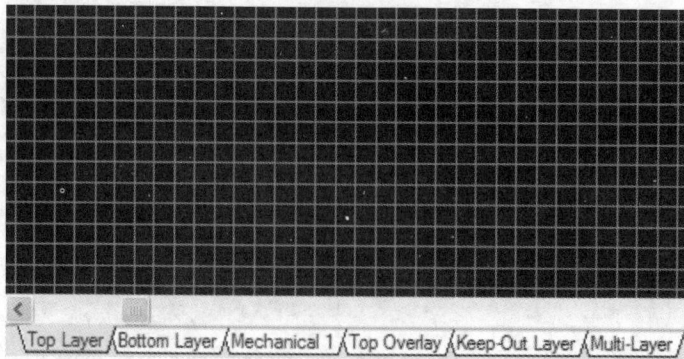

图 8 – 27　PCB 工作区

8.3　PCB 图纸参数的设置

图纸的设定包括图纸的尺寸、图纸位置、栅格尺寸、栅格的显示方式和度量单位等设计。在 PCB 编辑器中，选择菜单命令【设计】（Design）/【PCB 板选择项】（Board Options），即可进入图纸环境参数设计对话框，如图 8 – 28 所示，根据实际需要进行设置。

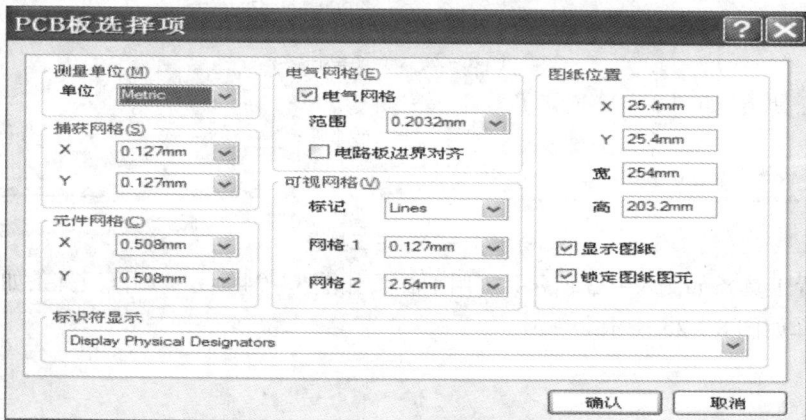

图 8 – 28　图纸环境参数

8.4　PCB 工作层参数的设置

对于单面板,信号层中只需要打开 Top Layer(顶层)、Top Overlay(顶层丝印层)和 Keep – Out Layer(禁止布线层),其他的工作层使用缺省设置即可。

对于双面板,信号层中需要打开 Top Layer、Bottom Layer(底层)、Top Overlay 和 Keep – Out Layer,如需要在电路板两面上都放置元件,还应该打开 Bottom Overlay(底层丝印层),其他的工作层使用缺省设置即可。

对于多层板,信号层中需要打开 Top Layer、Bottom Layer 以及一些中间层,其他的工作层使用缺省设置即可。

设置工作层的方法是:单击菜单栏设计/PCB 板层次颜色,如图 8 – 29 所示,出现 8 – 30 对话框,根据需要打√选择。

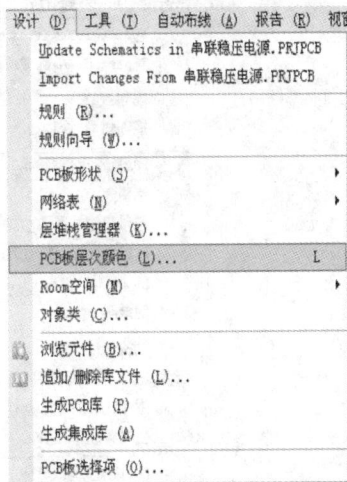

图 8 – 29　PCB 板层次颜色子菜单

8.5　规划电路板

规划电路板就是根据电路规模以及用户需求,确定所要制作电路板的物理外形尺寸和电气边界。电路板规划的原则是在满足用户要求的前提下,使板面美观利于后面的布线工作。操作步骤如下:

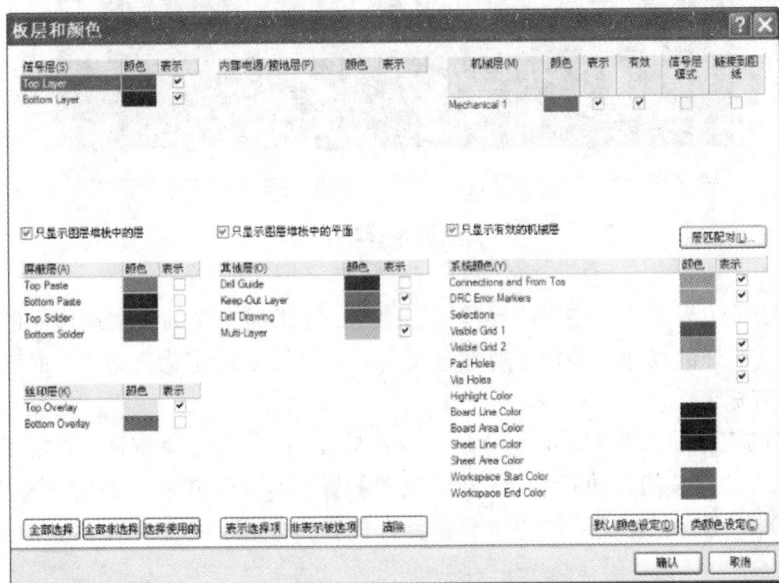

图 8 – 30　PCB 板层次颜色选择

(1)执行规划电路板命令,如图 8 – 31 所示。单击出现如图 8 – 32 所示,移动光标按左键确定电路板的物理外形的尺寸。

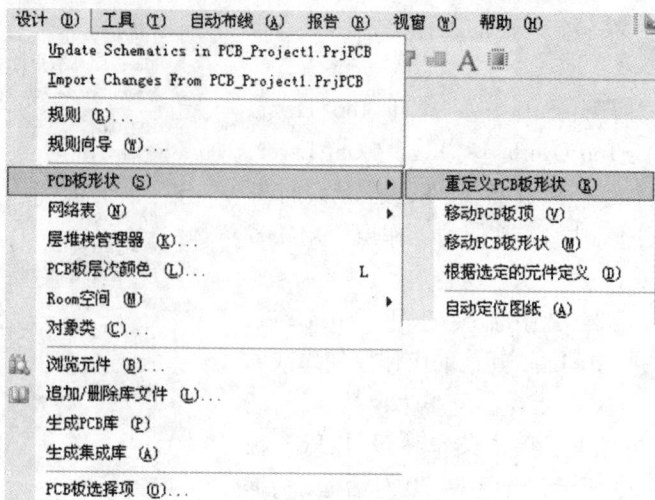

图 8 – 31

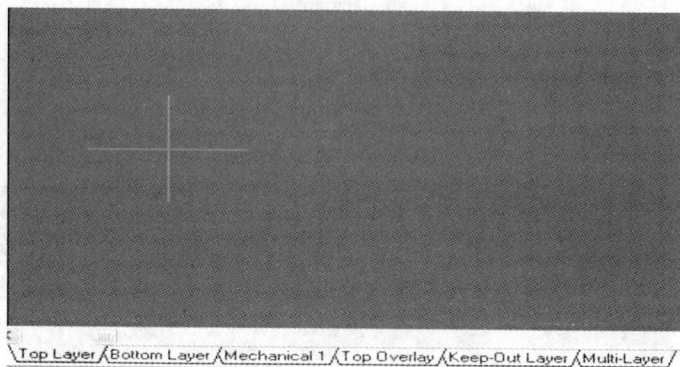

图 8 – 32

(2)设定物理边界。设定物理边界是根据用户的需求而定义的。物理边界的设置包括角标、参考孔位置、外部尺寸等参数。通常选用一个机械层来设定物理边界,而在其他机械层放置尺寸、对齐标记等。

设定当前的工作层面为 Mechanical 1。单击放置工具栏上的 按钮,确定坐标原点。执行放置工具栏上的 按钮或执行菜单命令【放置】/ 交互式布线 (T) ,此时光标变成十字形。移动光标至(0,0)处,根据用户的需求确定物理边界,如图 8 – 33 所示。线条的属性双击可以更改。

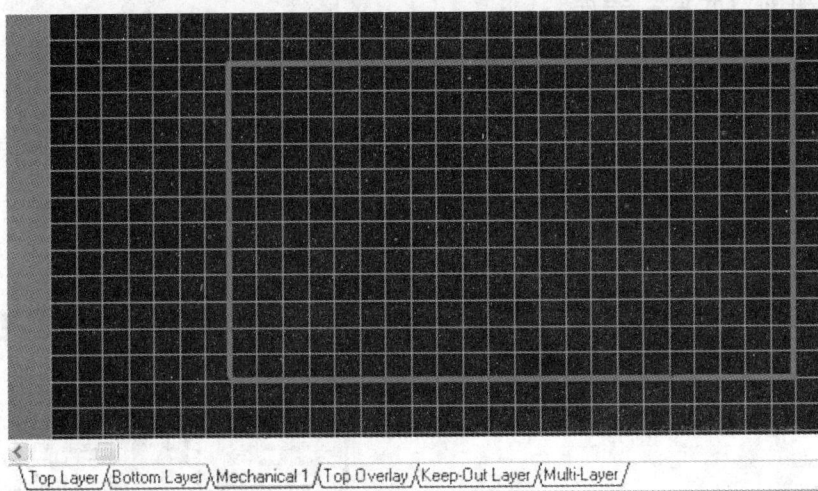

图 8 - 33　物理边界设定

（3）设定电气边界。电气边界是在禁止布线层（Keep - out Layer）上面完成的，它的作用是将所有的焊盘、过孔和线条限定在适当的范围内。电气边界的范围不能大于物理边界，一般将电气边界的大小设置成和物理边界相同。规划电气边界的方法和规划物理边界的方法完全相同。

（4）设定螺丝孔。根据 PCB 板的要求，需要使用螺丝孔来固定。螺丝孔的放置在机械层（Mechanical 1）上完成。设定螺丝孔的方法有两种，可以使用焊盘，也可以使用过孔，过孔制作的螺丝孔没有铜箔。单击放置工具栏上的 焊盘或 过孔到适当位置完成，如图 8 - 34 所示。

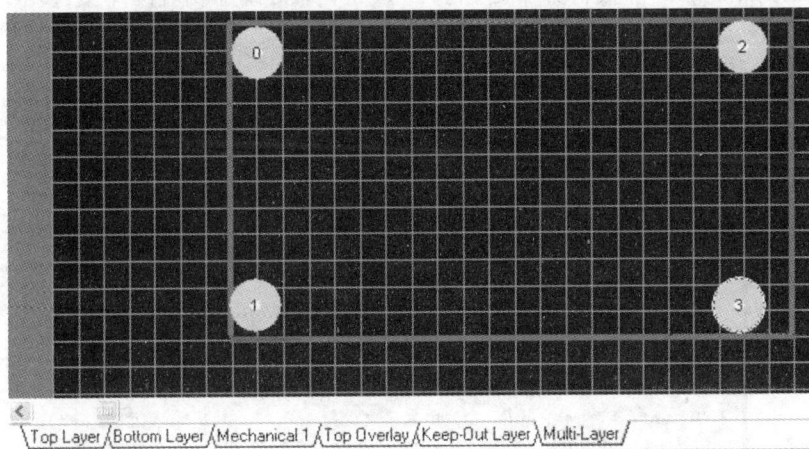

图 8 - 34　螺丝孔放置

8.6　加载和浏览元件封装库

1. 加载元件封装库

用户想要在 PCB 文档中放置元件，需要将该元件所在的元件加载到 PCB 设计器中，操作步骤如下：

（1）选择【设计】（Design）|追加/删除库文件（Add/Remove Library）菜单项，如图 8-34 所示。单击出现如图 8-36 所示。

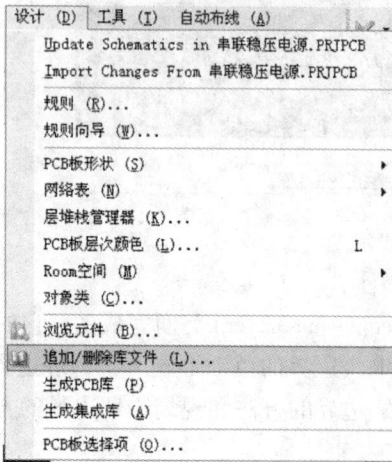

图 8-35

图 8-36　加载元件封装库

（2）在弹出的图 8-36 所示的【可用元件库】对话框中单击【安装】（Install）按钮，打开如图 8-37 所示的对话框，在该对话框中将路径切换到 Pcb 目录下，可以看到各种 PCB 库文件。选中需要添加的 PCB 库文件并单击"打开"按钮，即可添加相应的库文件。

图 8-37　PCB 库文件添加

2. 浏览元件封装库

在 PCB 图上放置的是元件的管脚封装形式。所谓管脚封装形式，是指元件管脚的数目以及管脚之间的排列形式。Protel DXP 2004 的 PCB 设计器提供了浏览元件功能,使用户可以查看每一种库元件的形状,以选择合适的元件。

浏览元件的操作步骤如下:

(1)如图 8 – 38 所示选择菜单栏【设计】/浏览元件,或单击工具栏 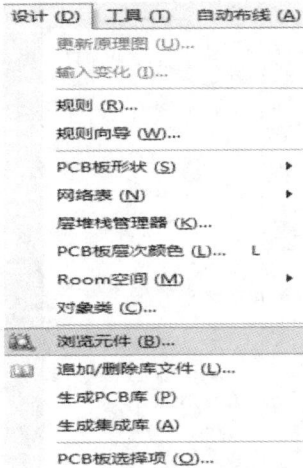出现图 8 – 39 对话框。

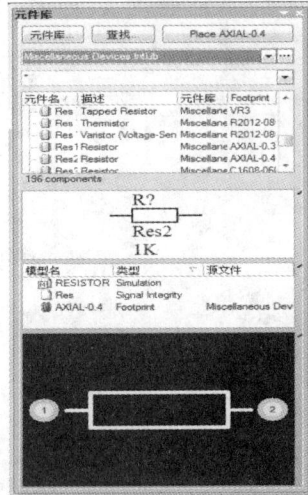

图 8 – 38

图 8 – 39 浏览元件库

(2)选择一个元件库,之后在元件列表框中会显示出该元件库所包含的所有元件,从中选择所需元件,在元件形状预览窗口中会显示该元件的形状。

8.7 元件封装的放置和元件封装属性的设置

在图 8 – 39 的对话框中,选好元件后,双击元件或单击【Place】按钮,按【Tab】进入编辑该元件的属性,如图 8 – 40 所示。

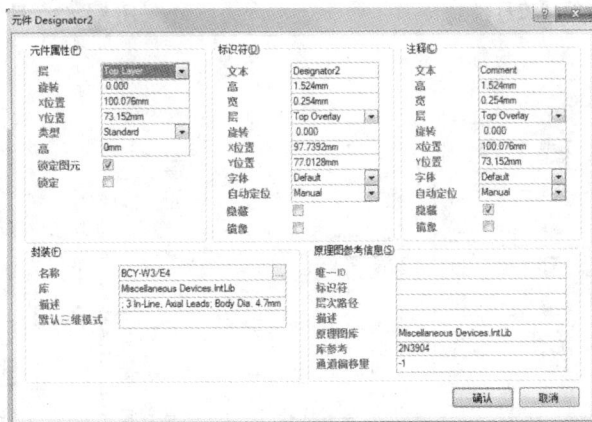

图 8 – 40 元件封装属性设置

8.8 PCB 绘图工具

　　PCB 设计器提供了菜单栏【放置】的菜单工具，以方便用户放置各种对象，如图 8 – 41 所示。也提供了各种绘图工具栏，方便用户直接绘制图形。如图 8 – 42、8 – 43 所示。图8 – 43 包含实用工具、调准工具、查找选择、放置尺寸、放置 Room 空间和网格，具体如图8 – 44 所示。

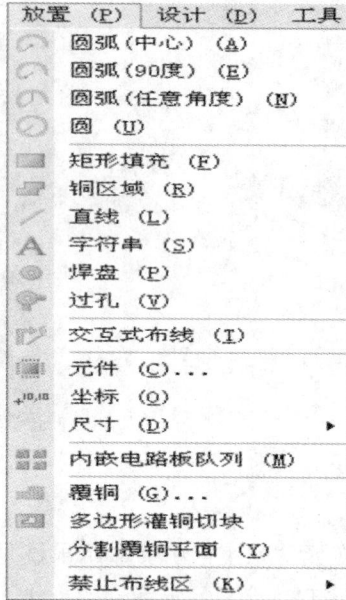

图 8 – 41　放置菜单栏

图 8 – 42　放置工具条

图 8 – 43　绘图工具栏

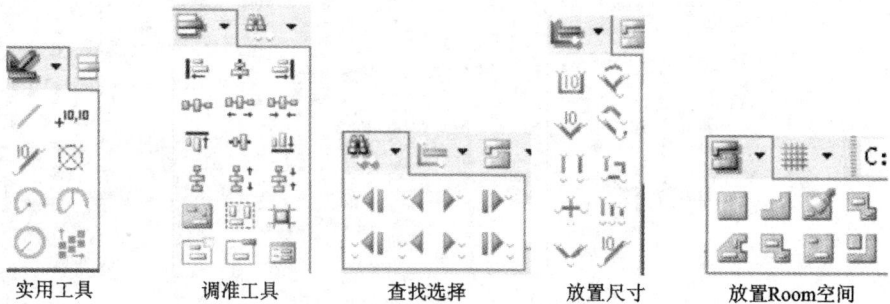

实用工具　　调准工具　　查找选择　　放置尺寸　　放置Room空间

图 8 – 44

8.9　手工布局和布线

8.9.1　手工布局

元件的放置是随意的，大部分情况下都需要重新调整，下面介绍手工布局调整方法：

1. 调整元件的位置

（1）选择【编辑】（Edit）|【移动】（Move）|【元件】（Component）菜单项，也可使用快捷键先后按下【E】、【M】、【C】字母键。

（2）移动鼠标指针到需要改变位置的元件上，并单击鼠标左键，元件将随鼠标指针一起移动。

（3）如果需要调整元件的方向，可按下空格键、【X】字母键或【Y】字母键来旋转元件。空格键：将元件按照指定的角度旋转，【X】字母键：将元件左右对调，【Y】字母键：将元件上下对调。

（4）移动鼠标指针到需要放置元件的位置，并单击鼠标左键以放置元件。

（5）按照步骤（2）~（4）进行操作，将所有的元件重新进行布局。最后单击鼠标右键或者按下【Esc】键取消移动元件的状态。

2. 调整元件标注的位置

元件经过重新布局之后，其标注变得不很规范，不利于元件的查看，因此需要重新调整元件标注的位置。

（1）选择【编辑】（Edit）|【移动】（Move）|【移动】（Move）菜单项，也可使用快捷键先后按下【E】、【M】、【M】字母键。

（2）移动鼠标指针到需要调整的元件标注上，并单击鼠标左键，相应的元标注将随鼠标指针一起移动。

（3）可按下空格键、【X】字母键或【Y】字母键，将元件标注旋转到合适的方向。

（4）移动鼠标指针到新的位置，并单击鼠标左键，即可将元件标注放到合适的位置。

（5）按照步骤（2）~（4）进行操作，将需要调整的元件标注重新进行调整。最后单击鼠标右键或者按下【Esc】键取消移动元件的状态。

8.9.2　手工布线

虽然可以将走线放置在任何工作层上，但是只有将其放置在信号层上，它才会起到电气连接的作用，因此在布线之前，一定要注意当前的工作层是否为信号层。单面板布线在底层上，双面板布线在底层和顶层上。布线原则是走线之间的距离尽可能远一些，拐弯尽量少（除非电路本身要求如此）。

手工布线的方法是：先选取信号层 Top Layer（顶层）或 Bottom Layer（底层）为当前工作层。再选择【放置】/ 交互式布线 （T） 菜单项或单击放置（Placement）工具栏中的 按钮，或用快捷键【P】【T】。进入布线状态，光标上出现一个大十字，对照原理图开始布线。

布线的调整：实际上就是删除、移动走线及重新布线等操作。

（1）删除走线以及相应的过孔：选择【编辑】|【删除】菜单项或用快捷键【E】【D】，移动鼠标指针到需要删除的走线上，并单击鼠标左键或者按下回车键，即可将相应的走线删除。删除上面所说的走线后，该走线两头的过孔也需要一并删除。移动鼠标指针到其中一个过孔上，并单击鼠标左键或者按下回车键，这时弹出一个快捷菜单，要求选择删除的对象，选择

Via 选项,即可将相应的过孔删除。

(2)移动走线:一种是移动整条走线,另一种是移动走线的端点。如果是移动整条走线,该走线的两个端点也将随之移动,如果是移动走线的端点,则走线只是部分移动,另一个端点处于固定状态。

移动整条走线的操作方法是:选择【编辑】(Edit)|【移动】(Move)|【移动】(Move),或按快捷键【E】【M】【M】。移动鼠标指针到需要移动的走线上,并单击鼠标左键或者按下回车键,相应的走线将随着鼠标指针移动,到新的位置,再单击鼠标左键或者按下回车键,放下走线。取消移动走线,单击鼠标右键或按下【Esc】。

移动走线端点的操作方法是:选择【编辑】(Edit)|【移动】(Move)|【拖动导线端点】(Drag Track End),或按快捷键【E】【M】【E】。移动鼠标指针到需要移动的走线端点上,并单击鼠标左键或者按下回车键,相应的走线将随着鼠标指针移动,到新的位置,再单击鼠标左键或者按下回车键,放下走线端点。取消移动走线端点,单击鼠标右键或按下【Esc】。

任务实现

任务　串联稳压电源 PCB 板设计

图8-45是串联稳压电源电路原理图,利用 Protel DXP 2004 软件制作如图8-46 所示的PCB 板图。

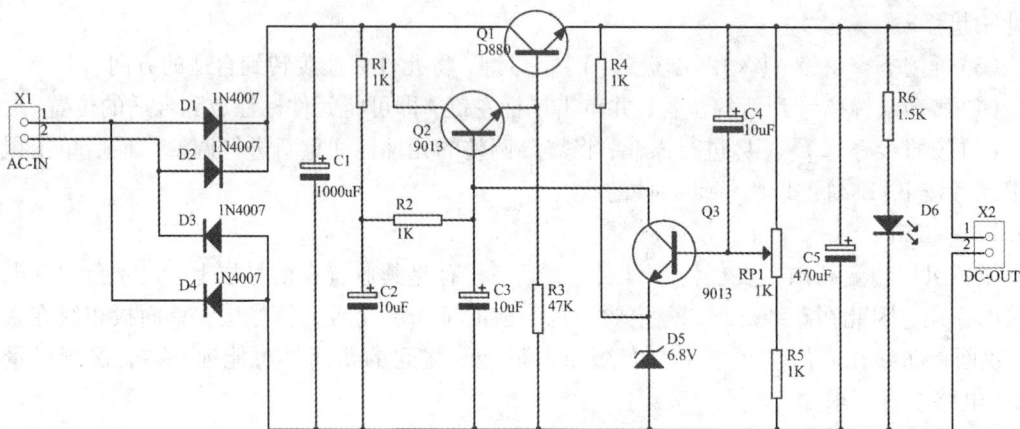

图8-45　串联稳压电源电路原理图

(1)新建设计项目文件、原理图文件和 PCB 文件。建立一个新的设计项目文件、原理图文件和 PCB 文件,并将文件分别保存为"串联稳压电源电路. PrjPCB"、"串联稳压电源电路. SchDoc"和"串联稳压电源电路. PcbDoc",如图8-47 所示。

(2)对串联稳压电源电路原理图进行编译。安全的通过编译后生成网络表,如图8-48 所示,检查网络表表中的元件是否每个都有正确的封装,序号是否都正确。

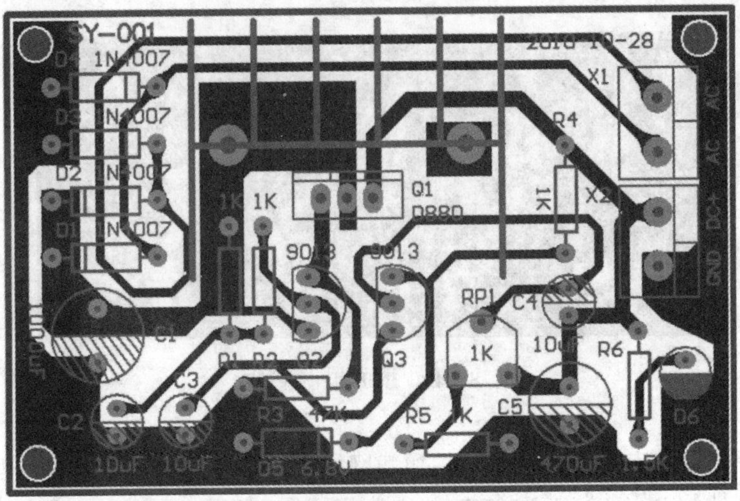

图 8-46 串联稳压电源电路装配图

图 8-47 新建 PCB 文档

图 8-48 网络表

(3)进入 PCB 编辑器,规划电路板。根据电路的规模以及用户的需求,确定所要制作电路板的物理外形的尺寸、电气边界和设定螺丝孔。将工作层切换到禁止布线层(Keep Out Layer),如图 8-49 所示。本题规定长 * 宽为 6 * 4 cm。

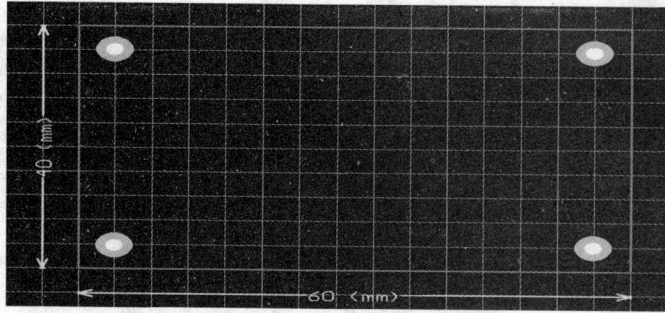

图 8−49　PCB 板物理外形

（4）载入元件封装库及加载网络表。加载网络表方法有两种：一是在原理图中加载，执行菜单命令【设计】（Design）| Update PCB Document 串联稳压电源电路.PcbDoc，二是在 PCB 图中加载，执行菜单命令【设计】（Design）| Import Changes From 串联稳压电源电路.PrjPCB，单击出现图 8−50 所示对话框。单击【执行变化】，元件就加载到 PCB 图中，如图 8−51 所示。

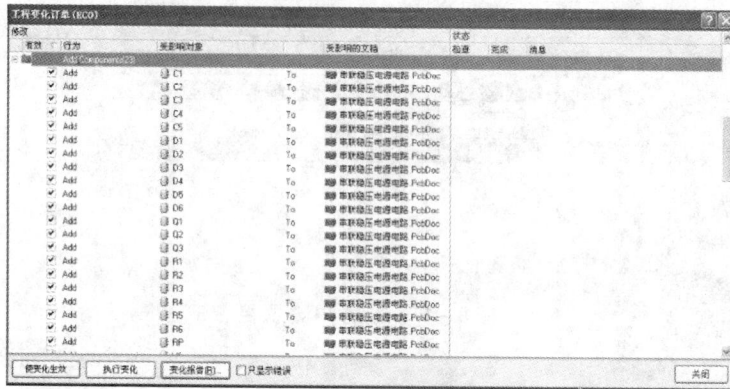

图 8−50　加载网络表

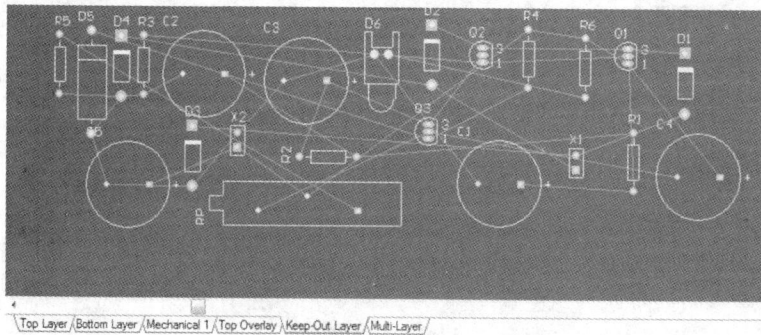

图 8−51　完成网络表加载

加载到 PCB 板的元件的封装及元件引脚属性并不符合我们设计的要求，这时我们对元件要重新进行元件封装属性的设置。如果要将该 PCB 板的元件封装在设计其它电路板时使用，可以生成专用元件封装库，执行菜单命令【设计】（Design）| 生成集成库 (A) （Make PCB Library）

（5）元件布局。可以自动布局，也可以手工布局，自动布局后有时还需要进行手工调整，不论采用哪种方法，在布局之前都要进行电气规则设计。电气设计规则（Electrical），主要包含四个。执行菜单栏【设计】|【规则】，单击出现如图 8 - 52 所示对话框，再进行【Electrical】设置。

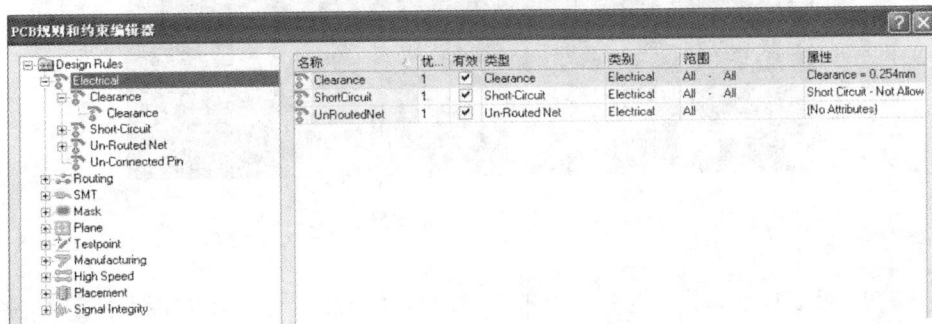

图 8 - 52　布局规则设置

1)【Clearance】设计规则用于设定在 PCB 的设计中，导线、导孔、焊盘、矩形敷铜填充等组件相互之间的安全距离。只要单击【Clearance】规则，安全距离的各项规则名称以树形结构形式展开。

2)【Short - Circuit】设计规则设定电路板上的导线是否允许短路。在【Constraints】单元中勾选【Allow Short Circuit】允许短路，默认设置为不允许短路。

3)【Un - Routed Net】设计规则用于检查指定范围内的网络是否布线成功，如果网络中有布线不成功，则将该网络上已经布好的导线保留，没有成功布线的将保持飞线。

4)【Un - Connected Pin】设计规则用于检查指定范围内的元件封装的引脚是否连接成功。

当设置好电气规则后，就可以进行元件布局，如果两元件之间的距离小于设计的安全距离，元件的颜色就会发生改变，如图 8 - 53 所示。经过调整布局完好的如图 8 - 54 所示。

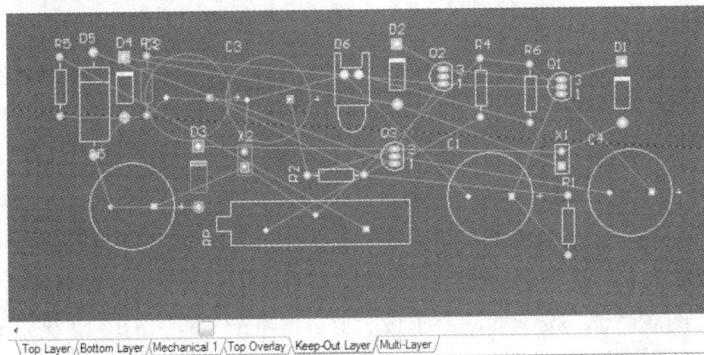

图 8 - 53　自动布局

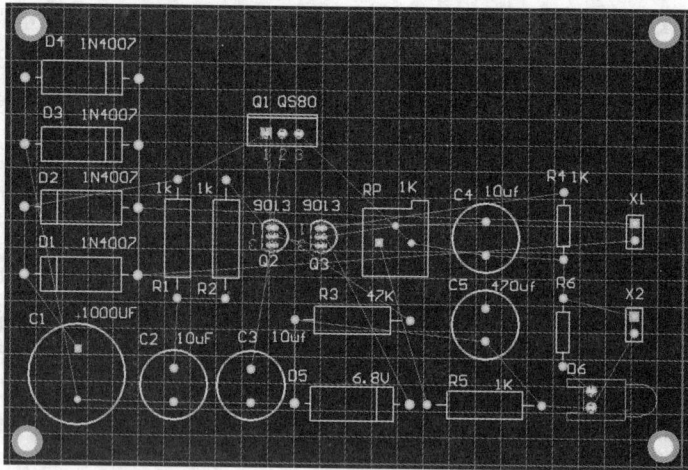

图 8 - 54　布局调整

（6）布线，可以自动布线，也可以手工布线。自动布线后有时还需要进行手工调整，不论采用哪种方法，在布线之前都要进行布线规则设计。布线设计规则主要设计与布线有关的规则。执行【设计】|【规则】，单击出现如图 8 - 51 所示对话框，再进行布线【Routing】设置。

1)【Width】用来设计导线宽度。有大、中、小三种，对应【Max Width】、【Preferred Width】、【Min Width】。

2)【Rouring Topology】用来选择飞线生成的拓扑规则。有最小连接【Shortest】、水平连接【Horizontal】、垂直连接【Vertical】、指定始末点情况下最短连接【Daisy Simple】、起点为中心向两边终点连接【Daisy Mid - Driven】、起点组、中间点组和终点组连接【Daisy Balanced】、星形连接【Star Burst】。

3)【Rouring Pirority】用来设置布线的优先次序，设置值从 0 - 100，100 优先级别最高。

4)【Rouring Layers】用来设置布线板层，对每个板层，都有 11 种走线方式可供选择。不走线【Not Used】、水平方向走线【Horizontal】、垂直方向走线【Vertical】、任意方向走线【Any】、一点钟方向走线【1O"Clock】、两点钟方向走线【2O"Clock】、四点钟方向走线【4O"Clock】、五点钟方向走线【5O"Clock】、向上 45 度方向走线【45Up】、向下 45 度方向走线【45Down】、以扇出方法走线【Fan Out】。

5)【Rouring Comers】用来设置导线的转角方法。【Style】栏用于选择导线转角的形式。90度【90Degree】、45 度【45Degree】、圆弧【Rounded】。

6)【Rouring Via Style】用于设置布线中导孔的尺寸。

先采用自动布线，再采用手工布线调整，布线调整后，放置泪滴焊盘、铜区域、覆铜等。

自动布线的方法是：选择菜单栏【自动布线】|【全部对象】或者【自动布线】|其它子菜单进行布线，单击出现如图 8 - 55 的对话框，单击编辑层方向出现如图 8 - 56 的对话框，单击编辑规则出现如图 8 - 52 的对话框，按上面的要求设置好，再单击 Route All，出现如图 8 - 57 的结果。

手工布线调整，放置泪滴焊盘、铜区域、覆铜等布线调整后，出现如图 8 - 58 的结果。

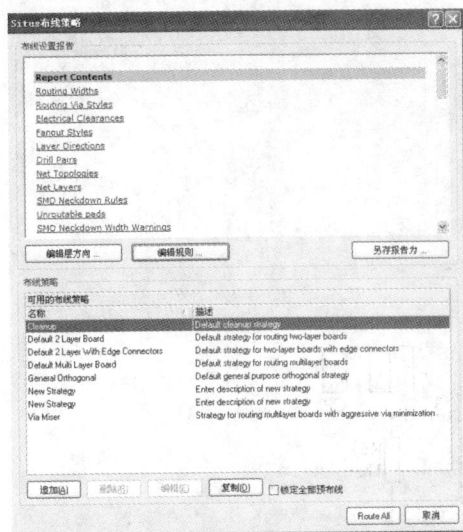

图 8 - 55　布线规则

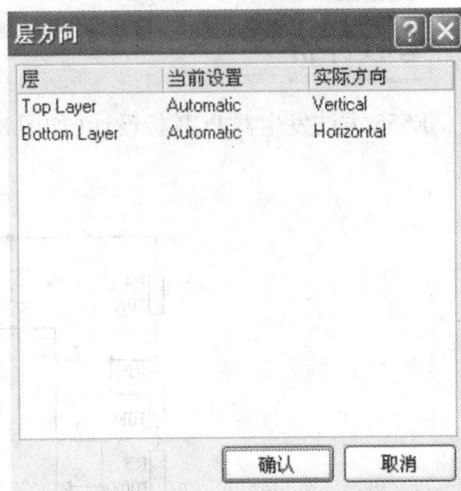

图 8 - 56　层方向

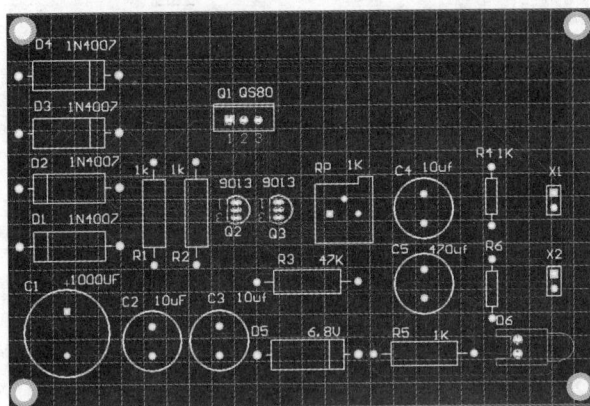

图 8 - 57　自动布线结果

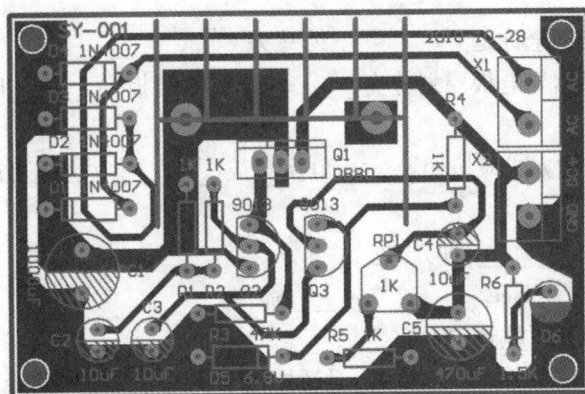

图 8 - 58　修改手工布线结果

考核评价

NE555 方波发生器 PCB 板设计(如图 8 - 59)。

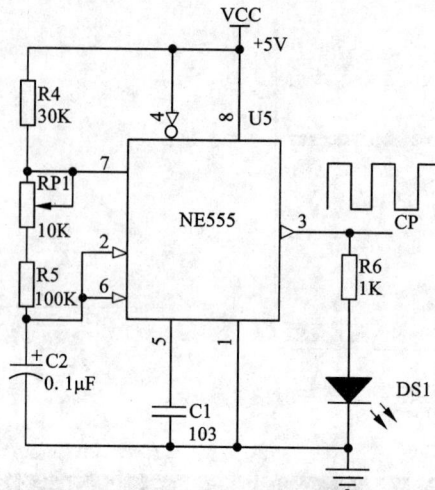

图 8 - 59　NE555 方波发生器电路图

拓展提高

PCB 快捷键的操作。

练习题

1. 填空题

(1)印制电路板英文全称是 _____ ，缩写为_____。

(2)印制电路板根据导电板层划分有_____印制电路板，_____印制电路板以及_____印制电路板。

(3)高频布线，走线方式应按照_____角拐弯或_____，这样可以减小高频信号的辐射和相互间的耦合。

(4)创建 PCB 文件有_____种方式。

(5)放置焊盘可执行 Place/_____命令。

(6)放置元器件封装可执行 Place/_____命令。

(7)在 PCB 编辑器中，在_____对话框内，设置可视栅格间距。

(8)印制电路板的制作材料主要是绝缘材料、_____等。印制电路板分为单面板、_____和多层板

（9）构成 PCB 图的基本元素有：元件封装、_____、_____和阻焊膜、层、焊盘和过孔、丝印层及文字标记。

（10）Protel DXP 有 32 个信号层，即顶层、底层和 30 个中间层，可得到___个内部板层和 16 个机械板层。在实际的设计过程中，几乎不可能打开所有的工作层，这就需要_____工作层，将自己需要的工作层打开。

（11）工作层的类型包括信号板层、内部板层、机械板层、_____、_____、其它工作层（Other）。

（12）工作层参数设置包括_____和_____。电气栅格设置主要用于设置电气栅格的属性。

（13）系统提供了两种度量单位，即_____和_____，系统默认为_____。

2. 判断题

（1）为使电路板更加美观，布线应尽可能平行布置。（　　）

（2）元件的布局应便于信号流通，使信号尽可能保持一致的方向。（　　）

（3）元件封装是和元件一一对应的，不能混用。（　　）

（4）电气边界用于限制元件布置及铜膜走线在此范围内。（　　）

（5）Protel DXP 系统功能强大，提供了丰富的集成元件库。在向 PCB 载入网络表的过程中，可以自动加载所需的各种元件库。（　　）。

（6）为了设计印制电路板，在画电路原理图时每个元器件必须有封装，而且元器件封装的焊盘与电路原理图元器件管脚之间必须有对应关系。（　　）

3. 选择题

（1）元件封装按安装形式分为（　　）大类。

A. 三　　　　　　B. 两　　　　　　C. 四　　　　　　D. 五

（2）元件封装英文名称为（　　）。

A. Pad　　　　　　B. Vir　　　　　　C. Layer　　　　　　D. Footprint

（3）板层的英文名称为（　　）。

A. Pad　　　　　　B. Vir　　　　　　C. Layer　　　　　　D. Footprint

（4）放大图型元素的热键为（　　）。

A. Home　　　　　　B. PageUp　　　　　　C. End　　　　　　D. PageDown

（5）刷新屏幕操作热键为（　　）。

A. Home　　　　　　B. PageUp　　　　　　C. End　　　　　　D. PageDown

（6）缩小图型元素的热键为（　　）。

A. Home　　　　　　B. PageUp　　　　　　C. End　　　　　　D. PageDown

项目九 音频功率放大电路 PCB 板设计

项目描述

通过音频功率放大电路绘制 PCB 板设计，学生应掌握：
(1)PCB 设计的基本流程。
(2)网络表文件的导入方法。
(3)能按照电路布局的基本原则完成电路自动布局。
(4)掌握自动布线的规则设置、能进行自动布线。
(5)掌握手工调整布线的操作方法。
(6)掌握 DRC 的检测方法并运用相关方法进行错误信息的修正。

知识准备

9.1 自动布局

9.1.1 装入网络表

(1)生成网络表。执行【设计】/【文档的网络表】/【Protel】菜单命令，如图 9 - 1 所示，将建立网络表" * . NET"，文件名与原理图相同。

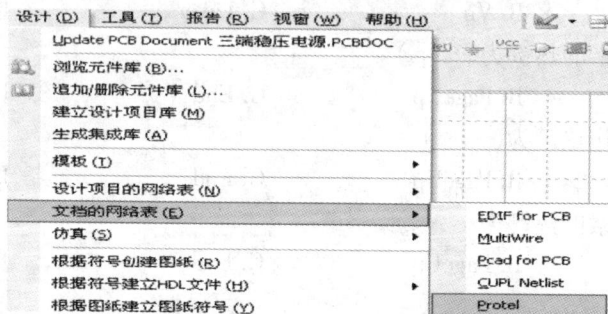

图 9 - 1 产生网络表的菜单

提示：在 Protel DXP 2004 中创建的网络表并不会自行打开，而是位于项目栏中，如果设计者要查看，必须自己双击打开该文件。

（2）新建一个 PCB 文件，可利用向导的方法或文件菜单新建。

3. 载入原理图的元件封装与网络信息给 PCB。

加载网络表方法有两种：一是在原理图中加载，执行菜单命令【设计】（Design）|
`Update PCB Document PCB1.PcbDoc`，二是在 PCB 图中加载，执行菜单命令【设计】（Design）|
`Import Changes From PCB_Project1.PrjPCB`。单击出现如图 9 - 2 所示

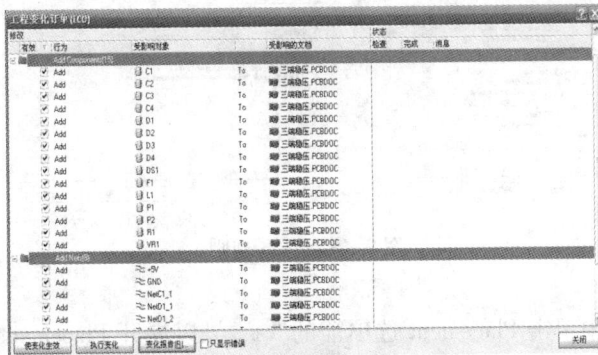

图 9 - 2　载入原理图的元件网络信息

单击图 9 - 2 中【使变化生效】按钮，出现如图 9 - 3 所示。在【状态】栏中的【检查】列中
显示各操作是否能正确执行，其中正确标志为绿色的"√"，错误标志为红色的"×"，如图
9 - 3 所示。

点击【执行变化】按钮，将各封装元件和网络连接载入 PCB 文件中，出现图 9 - 4 所示装
入网络表。

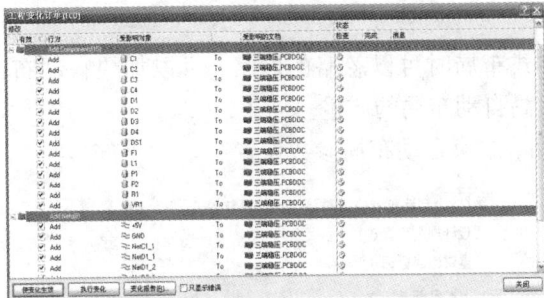

图 9 - 3　使变化生效的效果图

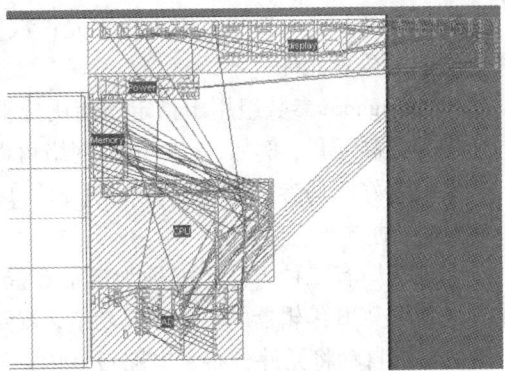

图 9 - 4　装入电路板的 PCB 封装元件

9.1.2　设置自动布局设计规则

将原理图中的信息传递到 PCB 文档后，就可以进行元件的自动布局和布线了。在自动布
局之前，用户可以设计一些参数规则，使自动布局的结果更符合要求。自动布局规则设计的
操作如下：

执行【设计】/【规则…】菜单命令，出现如图 9 - 5 所示 PCB 规则对话框，设置各项参数。

图 9-5   PCB 规则

在弹出的对话框中单击 Placement 选项前的"＋"号以展开 Placement 选项。在 Placement
选项下,有六组参数可以设计,下面选择四个重要参数进行介绍:

Component Clearance 参数组为元件间距约束,用于设计元件之间的最小距离及其计算方
法,如图 9-5 所示。约束栏中包含:间隙(Gap)(元件间的最小距离)和检查模式(Check
Mode)(距离的计算方式)两种。检查模式包含有 Quick Check(包含元件形状的最小矩形来计
算元件间距离)、Multi Layer Check(考虑焊盘在底层上的部分与底层表面封装元件之间距离)
和 Full Check(使用元件的精确外形来计算元件间的距离)三种。另外,还可以在该对话框中
设置元件间距的有效范围,缺省情况下,有效范围均为全部对象(All)。

Component Orientations 参数组为元件方位约束,用于设置元件能够放置的方位。

Permitted Layers 参数组用于指定允许放置元件的工作层。在所有的工作层中,只有顶层
和底层能够放置元件。

Net to Ignore 参数组用于指定当使用成群方式布局时可以忽略的网络,可以加快自动布
局速度并提高质量,例如,忽略电源网络可以提高自动布局的质量。

在设置好布局参数规则后,单击【确认】按钮,结束自动布局参数设置。

9.1.3   自动布局

元件布局有二种方法。一种为自动布局,
该方法利用 PCB 编辑器的自动布局功能,按照
一定的规则自动将元件分布于电路板框内,该
方法简单方便,但由于其智能化程度不高,不
可能考虑到具体电路在电气特性方面的不同要
求,所以很难满足实际要求;另一种为手工布
局,设计者根据自身经验、具体设计要求对

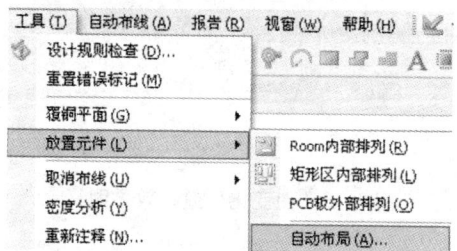

图 9-6   自动布局菜单命令

PCB 元件进行布局,该方法取决于设计者的经验和丰富的电子技术知识,可以充分考虑电气特
性方面的要求,但需花费较多的时间。一般情况下我们可以采用二者结合的方法,先自动布局,
形成一个大概的布局轮廓,然后根据实际需要再进行手工调整。自动布局的步骤如下:

（1）执行【工具】/【放置元件】/【自动布局…】菜单命令，如图9-6所示。

（2）在图9-6自动布局菜单命令中单击自动布局，出现如图9-7所示对话框，选择【分组布局】群组方式布局元件，点击【确认】按钮，启动自动布局过程，自动布局完成后的布局结果可能很不理想，必须进行手工调整。

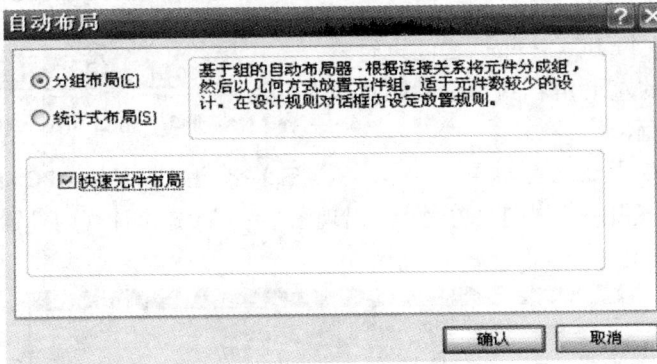

图9-7　自动布局对话框

9.1.4　调整布局

根据原理图和电子线路方面的知识可以进一步对自动布局结果进行手工调整，手工布局时一般优先考虑电路中的核心元件和体积较大的元件。

提示：PCB 板中连接各元件引脚之间的细线称为"飞线"，表示封装元件焊盘之间的电气连接关系，飞线连接的焊盘在布线时由铜箔导线连通，它和原理图中引脚之间的连线、网络表中的连接网络相对应。

手工调整布局过程中注意各元件不要重叠，功率较大元件的位置不能靠的太近，尽量使飞线不要交叉，飞线长度较短；电路板中元件尽量均匀分布，不要全部挤到一角或一边；以及便于和原理图对照分析，便于安装、维修、调试等电气方面的要求。

9.2　自动布线

所谓"布线"，就是利用印制导线完成原理图中各元件的连线关系。和布局类似，布线也是印制电路板设计过程中的关键环节，不良的布线可能严重降低电路系统的抗干扰性能，甚至完全不能工作。因此，布线技能对操作者要求较高，除了能灵活运用布线软件功能之外，还必须牢记并灵活运用一般的布线规律。可以说布线设计过程是整个 PCB 板设计过程中技巧性最强，工作量最大，最体现设计水平的一个环节。

9.2.1　设置自动布线规则

布线也有二种方式：自动布线和手工布线。自动布线和手工布线，各有各的优缺点，自动布线方便快捷，但不一定满足电气特性方面的要求。手工布线要求布线者具有较丰富的实际经验，且工作量较大，耗时较多。所以一般也采用二者结合的方法，先进行自动布线，然后手工修改不合理的导线，甚至可以采用先预布一定导线锁定后，再采取自动布线与手工调整相结合的方法。

采用自动布线，必须首先设置好布线规
则，然后 PCB 编辑器才能按照预设的布线规
则自动地完成导线的绘制，具体步骤如下：

1. 选择 PCB 编辑器测量单位

可以使用键盘上的【Q】键，每按一次
【Q】键，测量单位在【mil】和【mm】之间进行
转换，可以在屏幕的左下角看到当前的测量
单位，如图 9-8 所示。

2. PCB 设计规则布线设置菜

执行【设计】/【规则…】规则菜单命令，出现图 9-9 PCB 设计规则设置对话框。

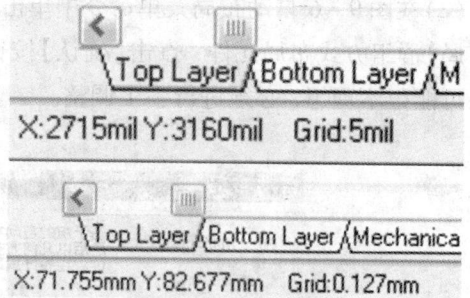

图 9-8 按【Q】键转换 PCB 编辑器测量单位

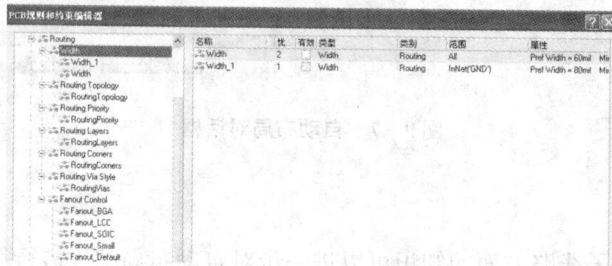

图 9-9 PCB 设计规则

单击左边栏中【Routing】布线规则项左侧"+"展开按钮，可以看到右边栏中【Routing】项
下展开来的导线宽度等几项具体的布线规则，如图 9-10 所示。

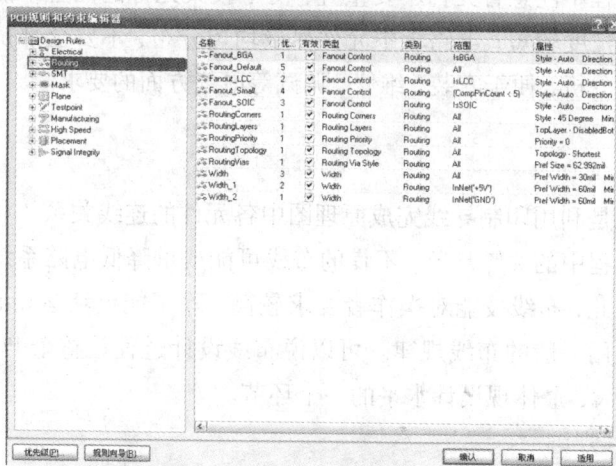

图 9-10 PCB 设计规则和约束编辑器

并非所有的布线规则都需要重新设置，在一般电路板中，只需依据实际情况或设计要求

对主要的布线规则进行设置,而其它规则可以采用默认参数。

(1)设置导线宽度规则 Width

在电路板中,导线宽度关系到电路板的可靠性和布线难度,必须根据实际情况和具体设计要求合理设置自动布线时的导线宽度。

为了满足不同网络导线宽度的不同要求,同时不使电路板面积过大,我们可以采取同时设置几个导线宽度规则的办法:一般先设置一个整体电路板导线宽度的普通规则,然后根据实际情况对于大电流的个别网络导线分别设置较大的导线宽度。

设置整体电路板导线规则

如图 9 – 11 所示,选项默认【全部对象】,即对所有导线有效。【Max Width】最大宽度:40mil。【Preferred Width】最优宽度:30mil。【Min Width】最小宽度:10mil。根据实际进行修改。

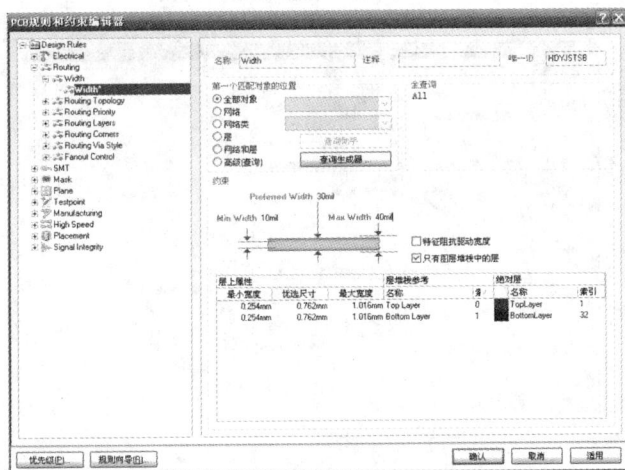

图 9 – 11 导线宽度设置对话框

设置特殊网络导线宽度规则

在如图 9 – 11 所示的导线宽度设置对话框中,选中【Width】规则项,单击鼠标右键,将弹出如图 9 – 12 所示的浮动菜单。选中【新建规则】菜单,将在原【Width】规则项上增加一个【Width_1】新导线宽度规则设置项,如图 9 – 13 所示。

(2)设置布线层面规则 Routing Layers

该规则用于设置电路板布线的信号层以及各信号层布线的方向,即通过该规则可以决定电路板的种类——双面板或单面板,系统默认设置为双面板,即信号层为顶层和底层,其中顶层布线方向默认为水平方向,底层布线方向默认为垂直方向。

在自动布线规则设置对话框中,双击【Routing Layers】布线层面选项,将弹出如图 9 – 14 所示的布线层面设置对话框。根据需要,选择设置为双面板或单面板,将【Top Layer】顶层和【Bottom Layer】底层都勾选上或只选【Bottom Layer】底层。完成各项规则的设置后,点击【确认】按钮,关闭设计规则设置对话框。

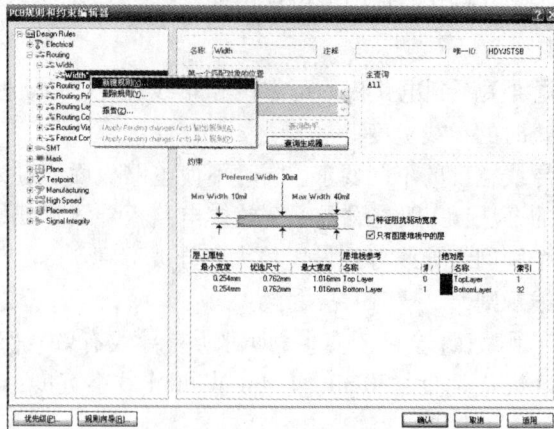

图 9 – 12　添加导线宽度规则对话框

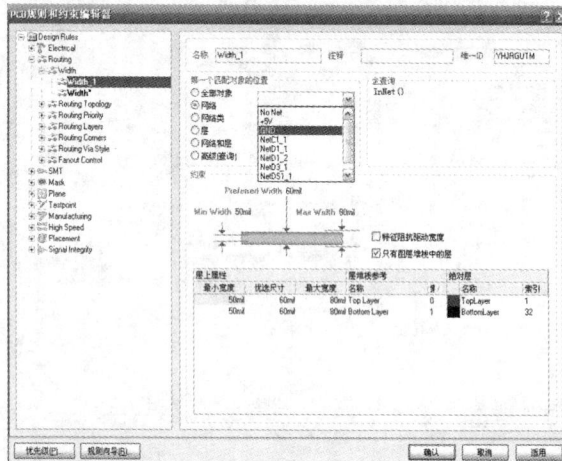

图 9 – 13　新增 Width_1 导线宽度规则设计项

图 9 – 14　布线层面设置对话框

9.2.2 自动布线

在完成了前面的所有设计步骤后，就可以启动自动布线了。自动布线的操作方法如下：

（1）如图 9 – 15 所示，执行【自动布线】/【全部对象】菜单命令。

（2）弹出如图 9 – 16 所示的自动布线策略选择对话框，一般采用默认第二项【Default 2 Layer Board】参数即可。单击【Route All】布所有导线按钮，将启动自动布线过程。

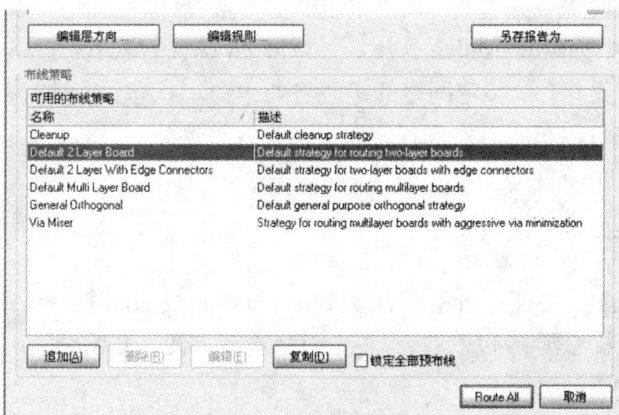

图 9 – 15 自动布线菜单

图 9 – 16 自动布线策略设置对话框

（3）自动布线过程中弹出如图 9 – 17 所示的自动布线信息报告栏。关闭信息报告，可看到自动布线的结果。

图 9 – 17 自动布线信息报告

9.2.3 保护预布线

在设计布线的过程中，有时可能需要事先布置一些走线，以满足一些特殊要求，再利用系统的自动布线功能进行布线。此时就需要对已布置的走线进行保护，以免受到自动布线的影响，但是必须满足以下条件：

＊预先布置的走线的支线必须终止于过孔；

﹡预先布置的连接必须被完整地布线;

﹡预先布置的网络必须被完整地布线;

﹡预先布置的走线终止于元件管脚时必须终止于管脚的中心;

﹡所有预先布置的走线必须满足设计规则;

﹡所有预先布置的走线必须具有 Lock(锁定)属性。

保护保护预布线的步骤是:(以一个网络加以说明)

(1)先使预先布置的网络具有锁定属性。选择【编辑】/【选择】/【网络】菜单。

(2)移动鼠标指针到需要保护的网络,并单击鼠标左键选择该网络,使该网络的走线处于加亮状态。再双击其中一条走线,调出该走线的参数设计对话框。

(3)在该对话框中选中 Locked 复选框,并单击去【确认】按钮确定。

经过上述步骤的操作后,指定网络的走线将处于锁定状态,在进行自动布线时将不会受到影响。如果用户在自动布线时发现预先布置的走线被删除了,那么应该检查一下该走线是否符合前面提到的 6 个条件。

9.3 布线规则检查

PCB 板布线完成后,必须进行检查,检查是否符合布线的原则,如:安全工作原则、导线精简原则、电磁抗干扰原则、环境效应原则、组装规范方便、美观、经济原则。

布线规则检查的方法如下。

1. 目测

为了便于比较、检查和修改,如图 9-18 列举了部分合理和不合理走线方式。

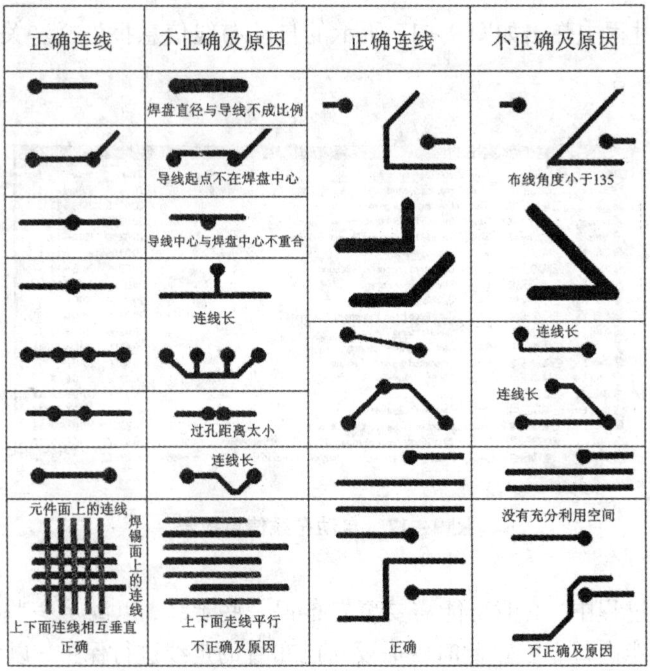

正确连线	不正确及原因	正确连线	不正确及原因
	焊盘直径与导线不成比例		布线角度小于135
	导线起点不在焊盘中心		
	导线中心与焊盘中心不重合		
	连线长		连线长
	过孔距离太小		连线长
	连线长		没有充分利用空间
元件面上的连线 焊锡面上的连线 上下面连线相互垂直 正确	上下面走线平行 不正确及原因	正确	不正确及原因

图 9-18   部分正确与不正确的走线方式列表

2. 利用软件设计规则进行检查

(1)选择【工具】/【设计规则检查】如图 9 - 19 所示,单击设计规则检查出现如图 9 - 20 所示设计规则检查对话框。

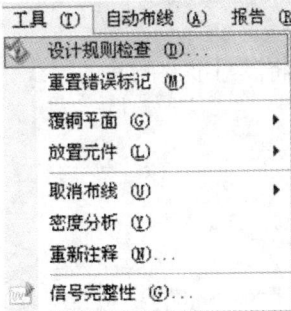

图 9 - 19　设计规则检查

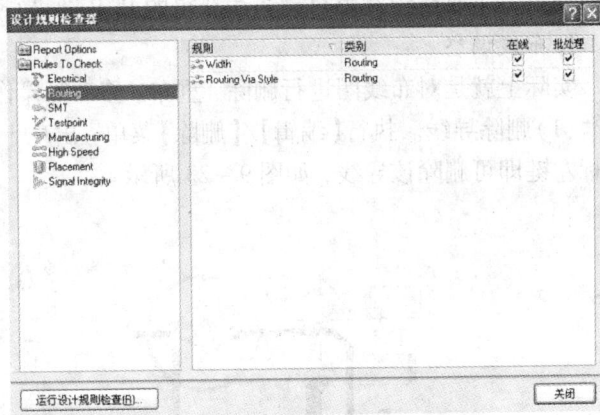

图 9 - 20　布线设计规则检查对话框

(2)在图 9 - 20 布线设计规则检查对话框中,单击运行设计规则检查,生成 ∗.DRC 报告,如图 9 - 21 和图 9 - 22 所示。

图 9 - 21　布线电气检查报告

图 9 - 22　布线电气检查报告

9.4　电路板调整

电路板调整是指在自动布线之后的调整，一是电路板尺寸的调整，二是布线调整，三是标注调整。主要介绍对由自动布线获得的 PCB 图进行布线调整以及标注调整。

1. 布线调整

实际上就是对布线图进行删除、重布、移动等操作。

(1)删除导线。执行【编辑】/【删除】菜单，出现十字光标，将其对准要删除的导线，单击鼠标左键即可删除该导线，如图 9 - 23 所示。

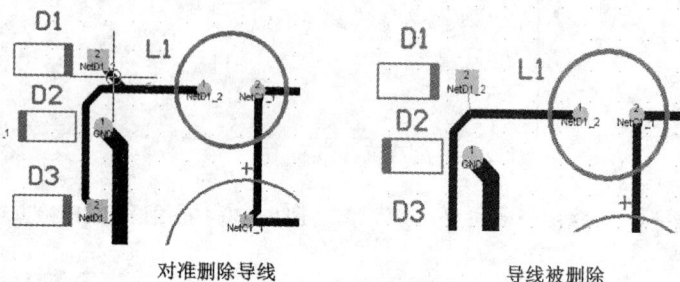

对准删除导线　　　　　　　　　　　导线被删除

图 9 - 23　删除导线

(2)撤销原布导线。删除命令一次只能删除一段导线，如果想整条导线撤销或将 PCB 板所有导线撤销，必须执行【取消布线】/【连接】]菜单命令，如图 9 - 24 所示。

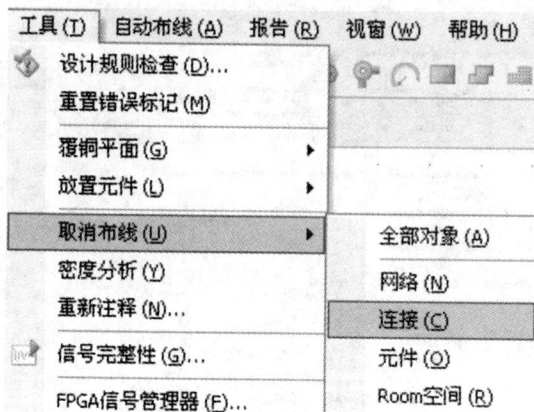

图 9 - 24　取消布线命令菜单

各子菜单含义如下：【全部对象】：撤销所有导线；【网络】：以网络为单位撤销布线；【连接】：撤销二个焊盘点之间的连接导线；【元件】元件：撤销与该元件连接的所有导线；【Room空间】区域内的导线。

(3)手工重新走线。选择放置工具栏中的绘制导线工具 按钮，将十字光标对准要连接导线焊盘点中心，当完全对准时光标中心出现八边形圈，表明可以连线。此时单击鼠标左键作为导线起点，移动鼠标，可带出绘制的导线。如图 9-25 所示。

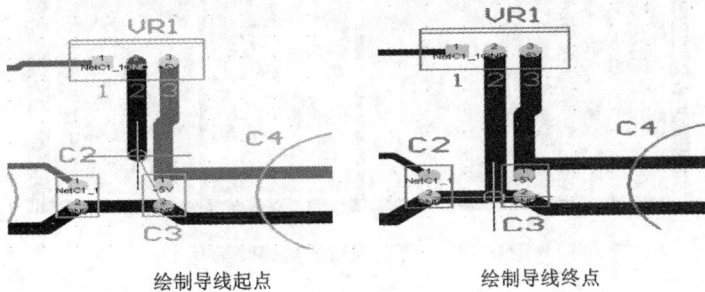

绘制导线起点　　　　　　绘制导线终点

图 9-25　绘制导线

（4）修改导线属性。如果想修改导线属性，双击导线或按下【Tab】键，弹出导线属性修改对话框，如图 9-26 所示。在该对话框中，读者可以修改【Trace Width】、【层】、【过孔】等属性。

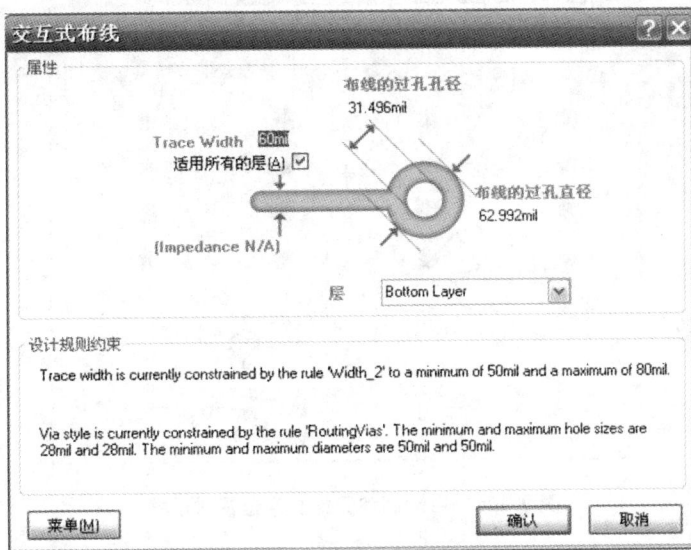

图 9-26　修改走线的属性

2. 标注调整

在利用自动布局功能时，一般元件的标号以及注释等将从网络表中获得，并反映到 PCB 图上，但经过自动布局后，元件放置的位置将相对于在原理图中的位置发生了变化，同时还可能对元件进行了手工布局，这样元件标号及注释就会变得杂乱无章，不利于电路板的目视检查。

元件编号和参数可以手工逐个调整，为了加快调整的速度，可以利用编辑器的自动调整元件文字位置功能进行快速调整。下面以图 9-27 调整图中数码管的编号为例讲解具体方法。

先选中要调整编号的元件，如图中的数码管，右键弹出浮动菜单，执行【排列】/【定位元

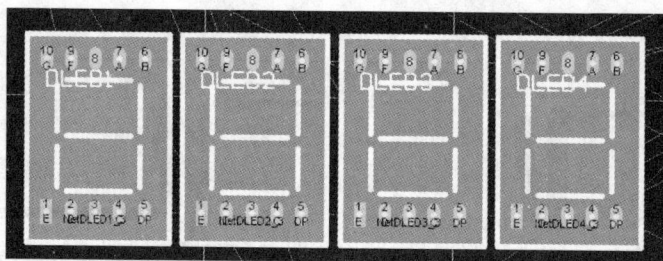

图 9 – 27 需要调整的数码管编号

件文本位置】菜单命令，弹出如图 9 – 28 所示的调整元件文字位置对话框，选择编号要放置于元件的位置，如图 9 – 28 中选择放置于元件顶部。单击【确认】按钮，可以看到数码管编号已经移到元件顶部位置，如图 9 – 29 所示。

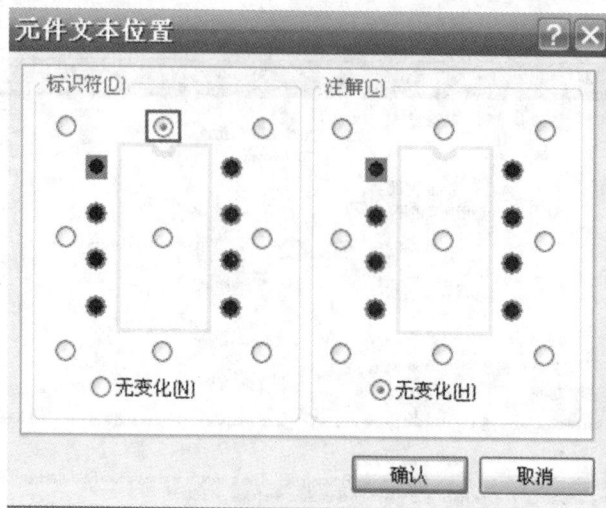

图 9 – 28 自动调整元件文字位置对话框

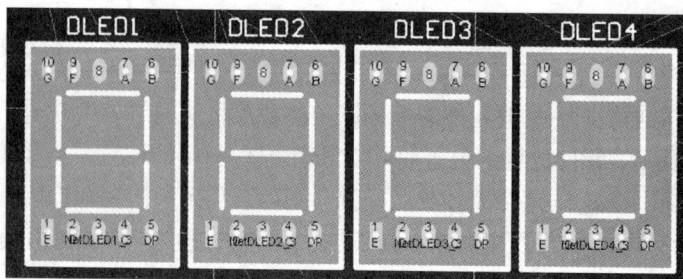

图 9 – 29 调整好的数码管编号

9.5　电路板编辑和修改

电路板编辑和修改是指电路板的焊盘编辑修改、添加标注和说明性文字、添加安装孔和标注尺寸、添加覆铜区。

9.5.1　焊盘编辑修改

1. 放置新焊盘

打开 PCB 板文件，然后选择放置工具中的放置焊盘工具 ⊙ ，在准备焊接接地线的位置放置焊盘，如图 9 - 30 所示

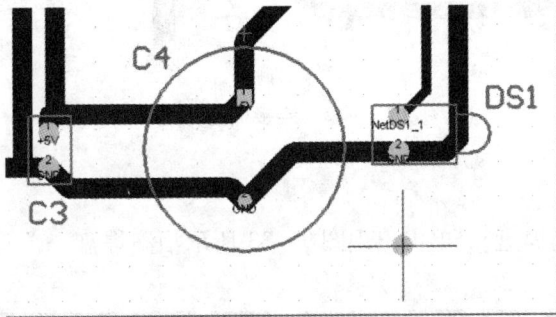

图 9 - 30　放置新焊盘的位置

2. 修改焊盘网络属性

双击放置的焊盘，弹出焊盘属性对话框，如图 9 - 31 所示，在焊盘网络属性【网络】选项中，选择准备接入的网络名称，如 GND，并修改焊盘的尺寸参数，由于接地线一般较粗，所以焊盘的尺寸设置较大。

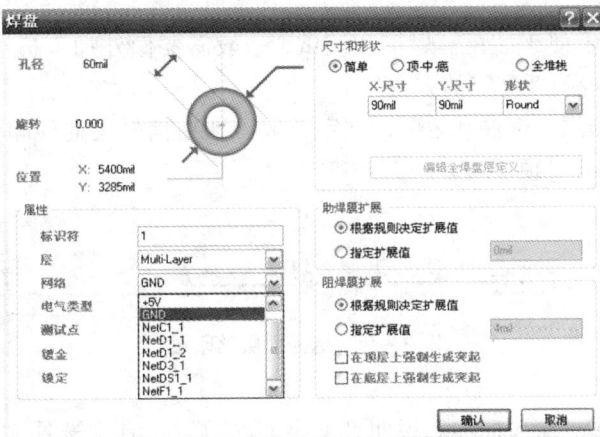

图 9 - 31　焊盘网络属性设计对话框

3.连接导线

利用手工布线的方法连接新添加的焊盘，如图9-32所示。

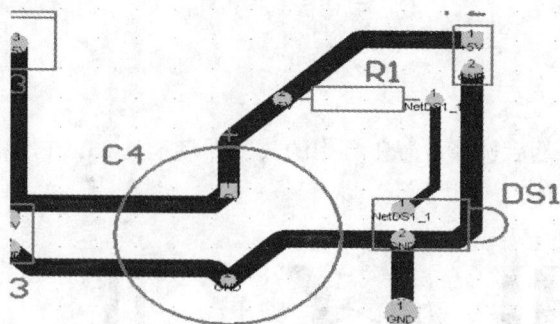

图9-32　连接好的焊盘

4.泪滴焊盘

执行【工具】/【泪滴焊盘】，单击出现图9-33所示泪滴焊盘。

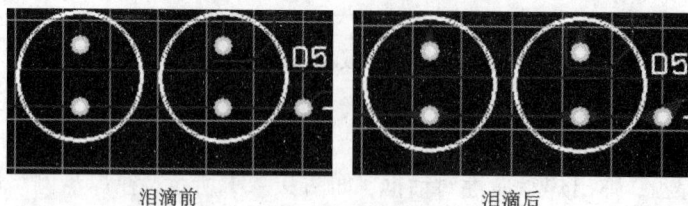

泪滴前　　　　　　　　　　　　　泪滴后

图9-33　泪滴焊盘

9.5.2　添加标注和说明性文字

在电路板中，为了便于装配、焊接和调试，一般需要额外加入标注和说明性文字。在PCB板中添加标注和说明性文字的方法如下。

（1）选择顶层丝印层。标注和说明性文字一般添加在信号层的丝印层上，如图9-34所示，选择【Top Over Layer】顶层丝印层。

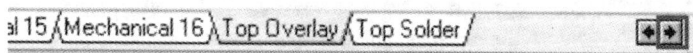

图9-34　选择顶层丝印层

（2）选择文字工具。输入标注和说明性文字。在放置工具中选择文字工具，按下【Tap】键，弹出如图9-35所示的文字工具属性对话框。

各文字工具属性含义如下：

【文本】：要添加的文字标注，本例为接地标注"GND"。

【宽】：文字的笔画宽度，默认为10mil；本例采用默认值。

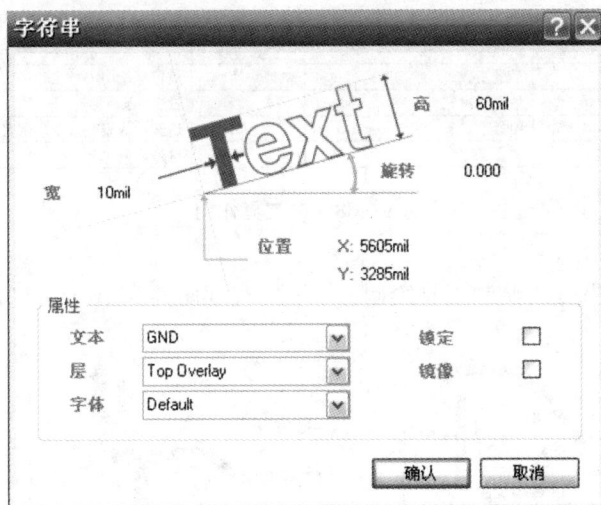

图 9 – 35 文字工具属性对话框

【旋转】：文字旋转角度，默认为 0，
本例采用默认值。

【高】：文字高度，本例设为 80mil，

【层】：文字所在的层面，本例选
【Top Overlay】。

（3）移动光标到放置位置，点击鼠
标左键放置"GND"文字标注

（4）依次添加其它文字标注，并适
当调整元件标注

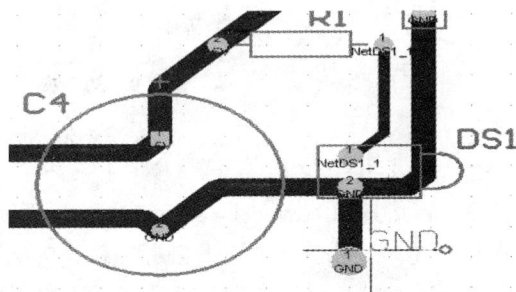

图 9 – 36 新添加的"GND"标注

9.5.3 添加安装孔和标注尺寸

为了便于装配、焊接、调试电路板，
一般需要添加安装孔和标注必要的尺寸。安装孔的制作和尺寸标注方法如下。

1．选择机械层

电路板尺寸标注、边框、安装孔等有关机械安装、电路板制作尺寸方面的标注和图件，
一般添加在【Mechanical】机械层，因此在制作安装孔前先选择该层，如图 9 – 37 所示。

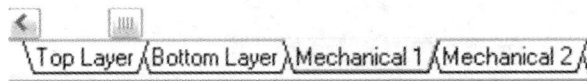

图 9 – 37 选择机械层

2．认识 PCB 板实用工具

PCB 板实用工具栏及各工具作用如图 9 – 38 所示。

3．确定安装孔放置位置

利用放置工具中的尺寸标注工具和绘制直线工具确定安装孔位置，如图 9 – 39 所示，图

工具符号	作用	工具符号	作用
/	放置直线		放置坐标
	放置标准尺寸	⊗	设定原点
	中心法放置圆弧		边缘法放置任意角度圆弧
	放置圆		粘贴队列

图 9 - 38   各工具作用

中的中心辅助定位线由直线绘制工具绘制,直线的宽度属性为 10 mil 左右。

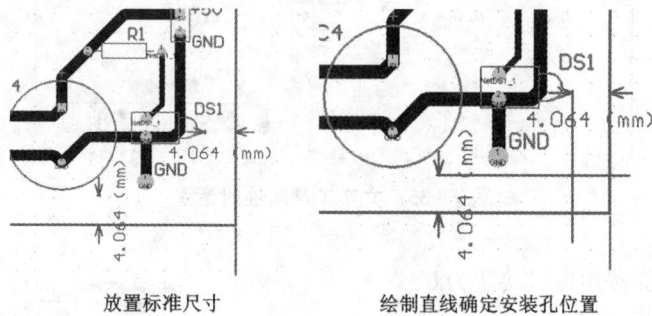

放置标准尺寸   绘制直线确定安装孔位置

图 9 - 39   确定安装孔位置

4. 绘制安装孔

选择放置工具中的圆圈工具,光标变为十字形,具体绘制过程如图 9 - 40 所示。移动光标到放置位置,在圆心位置按下鼠标左键,按下鼠标左键不放,移动鼠标带出一个圆,在圆半径大小合适时松开鼠标左键,以确定圆环的半径大小,如图 9 - 41 所示。

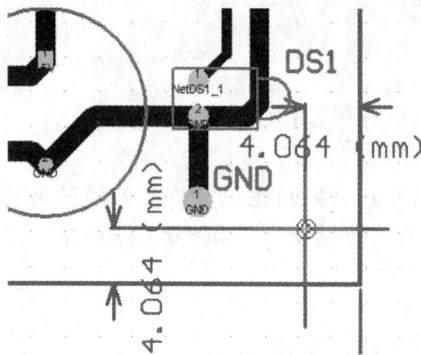

图 9 - 40   确定圆心

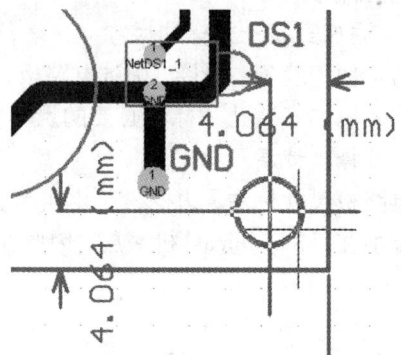

图 9 - 41   确定半径

5. 精确设置定位孔尺寸属性

由于在手工绘制过程中,难于做到安装孔尺寸的精确控制,所以初步制作完成后,还必须进行属性修改。双击刚绘制好的圆形,弹出如图 9 - 42 所示的属性对话框,根据安装螺钉大小进一步修改圆弧半径。

注意：安装孔在电路板制作时将挖空，以便安装螺钉，所以不能有导线穿过。

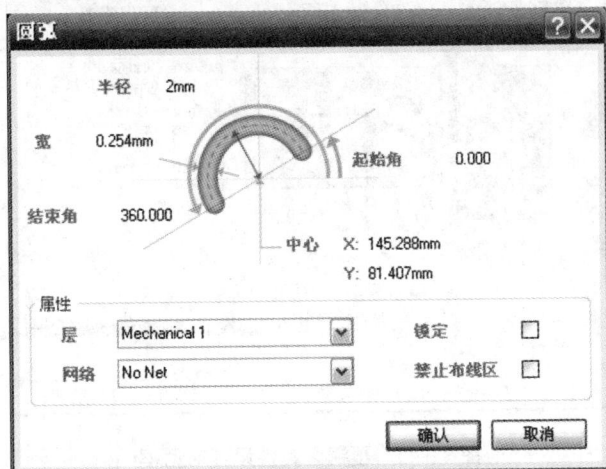

图 9 - 42　设置定位孔尺寸属性

9.5.4　添加覆铜区

布线完成后，在较大面积的无导线区域，我们可以添加连接到地线、电源或其它网络的覆铜区，一方面可以提高电路板的抗干扰和导电能力，另一方面也可提高电路板导线铜箔对电路板基板的附着力，以免在较长时间的焊接过程中焊盘翘起和脱落。覆铜区的制作方法如下：

1. 选择底层(顶层)信号层，单面板选底层信号层，双面板选两层

覆铜区位于【Bottom Layer】底层信号层，利用鼠标选择底层信号层，如图 9 - 43 所示。

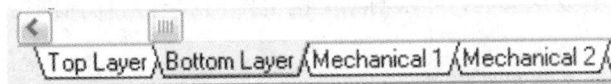

图 9 - 43　选择底层信号层

2. 选择覆铜工具，修改覆铜区属性

在放置工具栏中选择覆铜工具 ，单击，弹出覆铜属性对话框，如图 9 - 44 所示。

各参数含义如下：

【填充模式】：覆铜平面内部的填充模式。

【实心填充(铜区)】：覆铜没有开孔，填充区为整块铜箔。

【影线化填充(导线/弧)】：因为较大的整块铜箔受热时可能导致翘起爆裂，所以可以在较大铜箔覆铜中开孔。

【无填充(只有边框)】：覆铜区只有边缘边框。

【层】：覆铜位于哪一个层面。

【连接到网络】：连接导线的网络名称，该选项用于选择覆铜要连接的导线所在的网络，

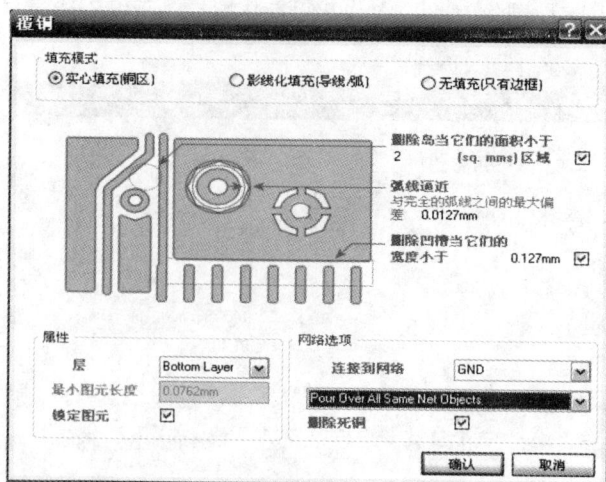

图 9 - 44　覆铜区属性设置对话框

如本例连接到 GND 网络。

包围相同网络方式：覆铜与相同网络的包围方式。有以下三种方式：

【Don't Pour Over Same Net Objects】：不包围相同网络走线。导线和覆铜只是以小导线连接，没有完全融合在一起。

【Pour Over All Same Net Objects】：包围所有相同网络对象(含导线、铜区域、矩形填充等)，选中该选项，可以使覆铜和导线融为一体，完全融合。

【Pour Over All Same Net Polygons Only】：包围相同网络的铜区域、矩形填充等。

本例选择【Pour Over All Same Net Objects】。

【删除死铜】：选中该复选框，可以删除覆铜范围内没有与任何网络连接的导线(即所谓的死铜)。

3. 绘制覆铜区的外形轮廓

设置好覆铜参数后，单击【确认】按钮，光标变为十字形，分别在需要添加覆铜区的位置绘制覆铜区的形状，利用鼠标左键设置起点和其他转接点。如图 9 - 45 所示，图中的序号表示鼠标单击的顺序，沿着覆铜区的外围轮廓依次单击即可。

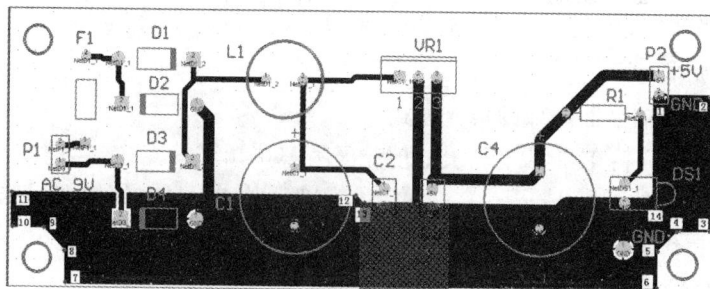

图 9 - 45　绘制覆铜区的轮廓和步骤

4. 生成覆铜

在覆铜区的所有转折点单击完成后，单击鼠标右键即可生成覆铜。如图 9 - 46 所示。

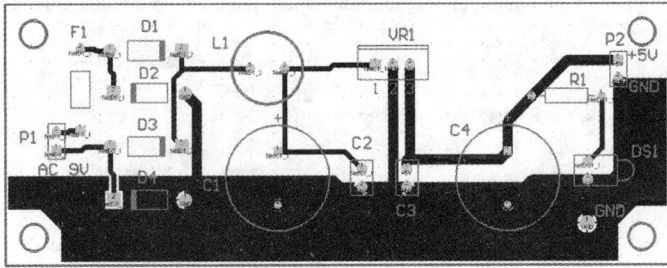

图 9 - 46 GND 覆铜完成后的效果

9.6 报表生成和打印

PCB 文件的打印输出和原理图文件的打印输出操作基本相似，但由于 PCB 板存在板层的概念，在打印 PCB 文件时可以将各层一起打印输出，也可由用户自己选择打印的层面，以方便制板和校对。

9.6.1 PCB 板的打印

1. 打印预览

当 PCB 板设计完成后，Protel DXP 2004 可以方便的将 PCB 文件打印或导出。执行菜单命令【文件】/【打印预览】将弹出打印预览对话框，可以预览和设置 PCB 板层的打印效果，如图 9 - 47 所示。

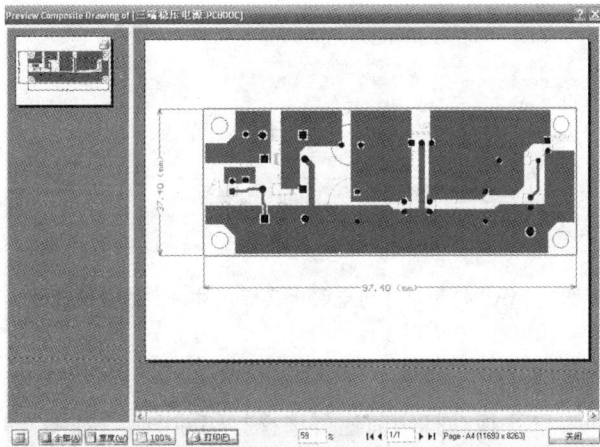

图 9 - 47 PCB 文件打印预览对话框

2. 设置纸张

在图纸中心单击鼠标右键，将弹出浮动菜单，执行【页面设定】菜单命令，将弹出如

图9－48所示设置纸张对话框。

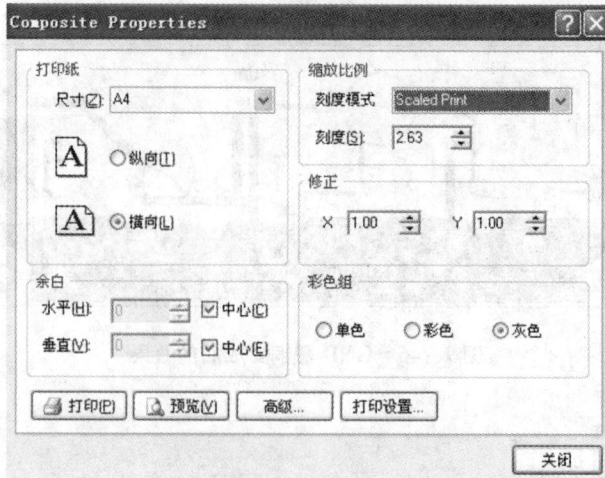

图9－48　设计纸张

如果要求打印尺寸与电路板实际尺寸一致时，则【刻度模式】必须选择【Scaled Print】，并且把【刻度】、【修正X】、【修正Y】修改为1，如图9－49所示。

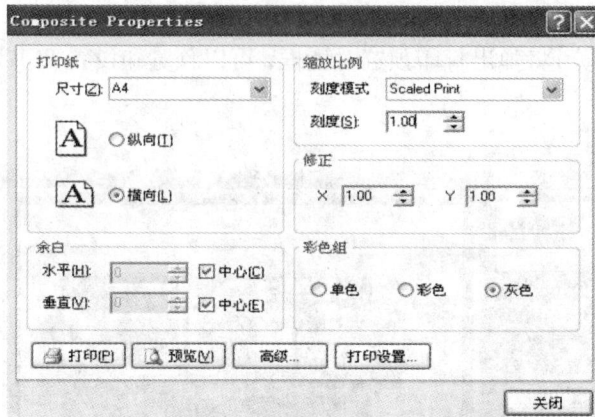

图9－49　打印尺寸与电路板实际尺寸一致的参数设置

3.设置打印图层

与原理图打印不同，PCB板在打印前还可选择打印的图层，在图9－49中单击【高级】弹出如图9－50所示的打印层面设置对话框，在图中列出了将要打印的层面。

在图中单击鼠标右键，将弹出如图9－51所示的浮动菜单，可以执行【删除】菜单命令，删除被选中的层。也可执行【插入层】菜单命令，选择要添加的层面。

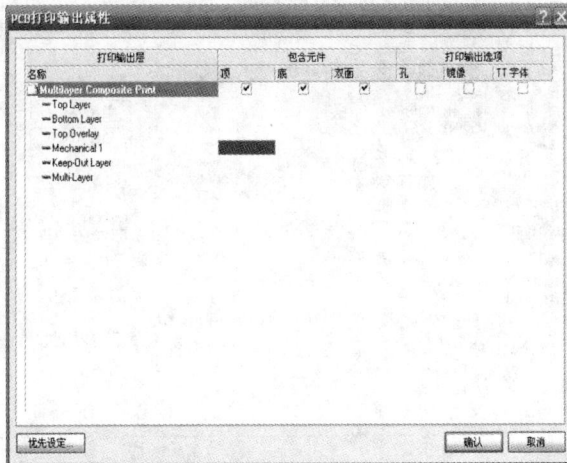

图 9 - 50　打印层面设置对话框

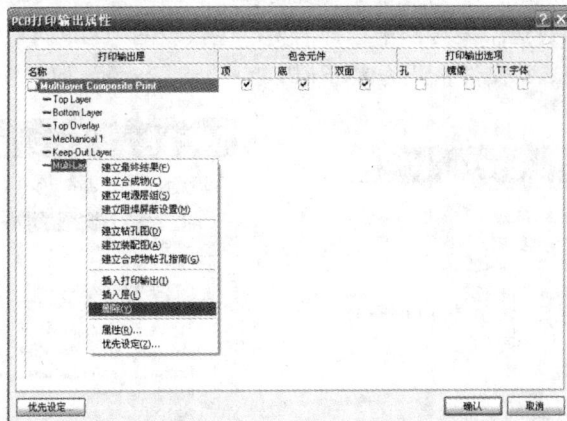

图 9 - 51　鼠标右键菜单

4. 设置打印机和打印

执行【文件】/【打印…】按钮可以弹出如图 9 - 52 所示的打印设置对话框,可以进一步设置打印参数,设置好后点击【确认】按钮开始打印。

9.6.2　生成电路板信息报表

电路板信息报表能够为用户提供电路板的完整信息,包括电路板的尺寸、电路板上各种对象的数量、元件标号、网络信息等。生成电路信息报表,操作步骤如下:

(1)单击菜单【报告】(Reports)/【PCB 板信息】(Board Information)命令,系统将弹出如图9 - 53所示的 PCB 信息对话框。

该对话框包含以下 3 个选项卡。

"一般"选项卡:显示电路板的一般信息,包括 PCB 上各种组件如焊盘、导线、过孔、敷铜等的数量、电路板大小及违反设计规则的数量等。

"元件"选项卡:显示当前电路板上使用的元件序号及元件所在的层等信息。

"网络"选项卡:显示当前电路板中的网络信息。

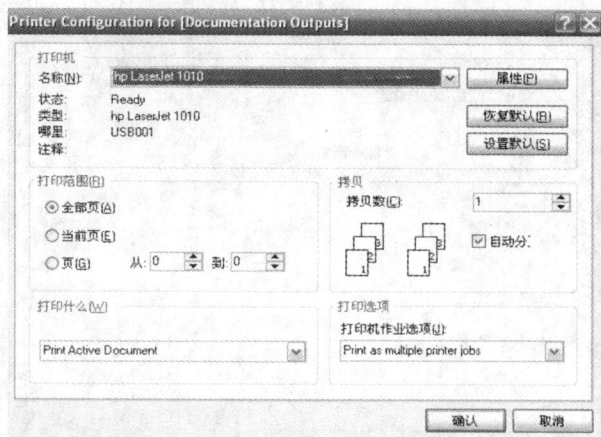

图 9 – 52　设置打印参数

（2）在图 9 – 53 中单击【报告】按钮，系统将弹出如图 9 – 54 所示的选择报表对话框，在该对话框中用户可以通过选中复选框来选择需要产生报表的项目，再次单击【报告】按钮，即可生成相应的报表文件，其文件格式为 * . REP。

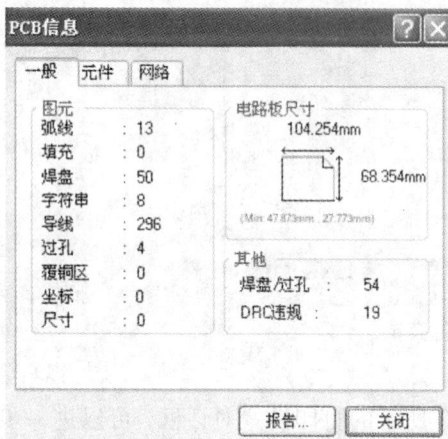

图 9 – 53　PCB 信息对话框

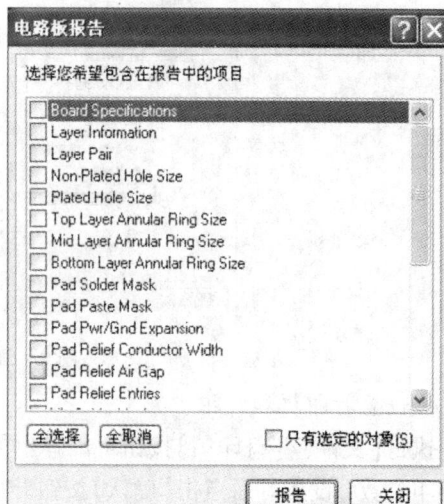

图 9 – 54　选择报表对话框

9.7　电路仿真

电路仿真分析是指在计算机上通过软件来模拟具体电路的实际工作过程，并计算出在给定条件下电路中各节点（包括中间节点和输出节点）的输出参数和波形。仿真分析的主要目的是检验设计方案功能的正确性，发现潜在的错误。电路仿真是电子电路设计中的一个重要环节，在电路系统的设计中，除了根据设计方案设计出电路原理图，还要对设计的电路进行电路原理图进行仿真分析。

进行仿真分析的步骤如下：

1. 设置仿真电源

在 Simulation Sources 工具栏中提供了常用仿真电源与信号源，用户可以从中选择并放置到电路原理图中。

2. 设置仿真节点

建立网络表时，系统会为每一个节点命名，以示区别。仿真器需要从用户指定的节点获取信息。因此，为了方便起见，用户应该在原理图中需要得到电路运行的位置设置节点，并设置易于识别、含义明确的节点标签。

在电源、信号输入输出节点、时钟信号、需要绘制波形的节点以及其他特殊节点，应该使用如 VCC、INPUT、OUTPUT、CLOCK 等节点标签指明。

3. 执行仿真

完成了仿真所需电路图的准备工作之后，就可以执行仿真了。

选择【设计】(Dsign)/【仿真】(Simulate)/【Mixed Sim】菜单项，单击【OK】按钮，系统开始执行仿真，完成后，将自动打开仿真结果文件(.sdf)。在该文件中可以看到电路上设定的节点的波形。

任务实现

任务　音频功率放大电路 PCB 板的制作

图 9-54 是音频功率放大电路原理图，利用 Protel DXP 2004 软件制作如图 9-55 所示的 PCB 板图。

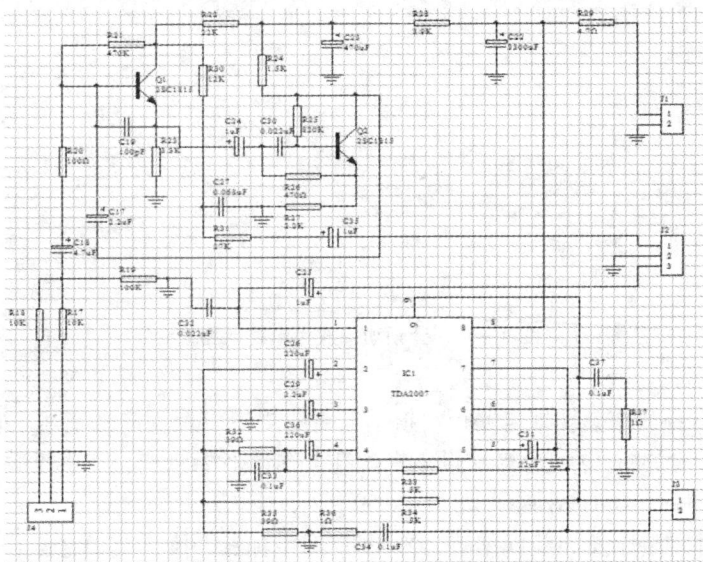

图 9-55　音频功率放大电路原理图

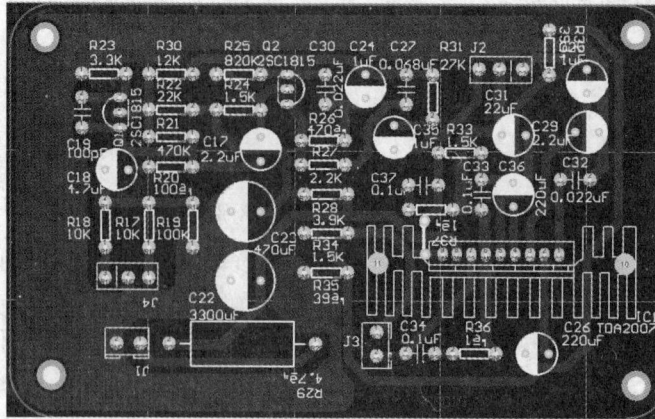

图 9 −56　音频功率放大电路 PCB 板图

音频功率放大电路 PCB 板的制作步骤是：

（1）建立一个新的设计项目文件、原理图文件和 PCB 文件，并将文件分别保存为"音频功率放大电路.PrjPCB"、"音频功率放大电路.Sch"和"音频功率放大电路.Pcb"，如图 9 −57 所示。

（2）绘制音频功率放大电路原理图和生成网络表。

（3）检查网络表中的元件是否每个都有正确的封装，序号是否都正确，如图 9 −58 所示。

图 9 −57　新的设计项目文件管理栏

图 9 −58　音频功率放大电路网络表

（4）进入 PCB 编辑器，规划电路板。根据电路的规模以及用户的需求，确定所要制作电路板的物理外形的尺寸、电气边界和设定螺丝孔，放置坐标原点、尺寸标注等，将工作层切换到禁止布线层（Keep Out Layer）。如图 9 −59 所示。

（5）载入元件封装库及加载网络表。在 PCB 图中加载，执行菜单命令【设计】（Design）|Import Changes From 音频功率放大电路 PrjPcb，单击出现图 9 −60 所示对话框。单击【执行变化】，出现如图 9 −61 所示

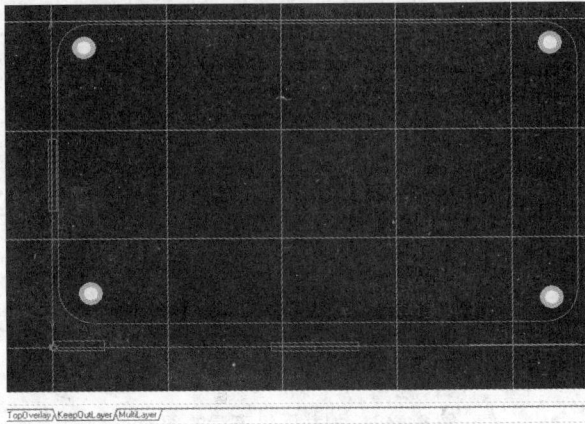

图 9 – 59 规划电路板图

的对话框。出现打×的，说明有问题，必须修改，全部是√再单击【使变化生效】，网络表加
载完成，如图 9 – 62 所示。

图 9 – 60 音频功率放大电路加载网络表

图 9 – 61 执行变化后加载的音频功率放大电路网络表

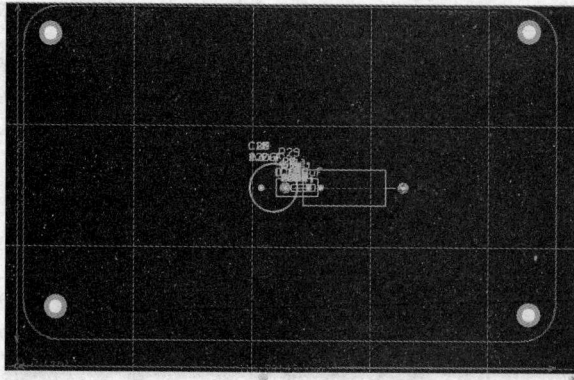

图 9 – 62   加载网络表后的图形

（6）设计自动布局规则，执行【设计】/【规则…】菜单命令，出现如图 9 – 63 所示 PCB 规则对话框，设置各项参数。

图 9 – 63   PCB 布局规则

在弹出的对话框中单击 Placement 选项前的"＋"号以展开 Placement 选项。在 Placement 选项下，只对 Component Clearance 参数组进行设计，其余采用默认，如图 9 – 64 所示。间隙（Gap）为元件间的最小距离，选择 10mil；检查模式（Check Mode）为距离的计算方式：选择 Full Check（使用元件的精确外形来计算元件间的距离）。

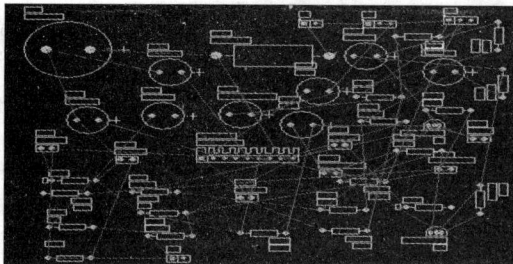

图 9 – 64   自动布局结果

（7）自动布局。在图 9－64 中，单击【确认】，元件开始自动布局，结果如图 9－65 所示。

（8）调整布局。根据原理图和电子线路方面的知识进一步对自动布局结果进行手工调整，手工布局时一般优先考虑电路中的核心元件和体积较大的元件。经过调整布局后的 PCB 板布局如图 9－65 所示。

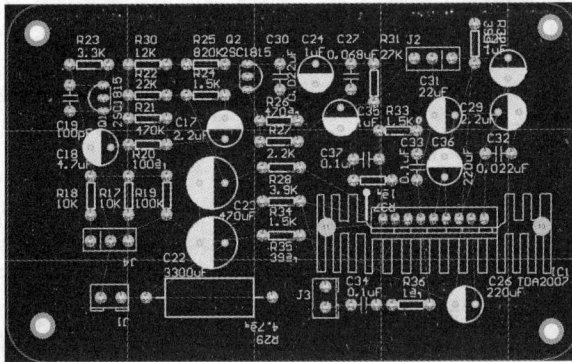

图 9－65　调整布局后的 PCB 板布局

（9）设置自动布线规则。执行【设计】/【规则…】规则菜单命令，出现 9－66 PCB 设计规则设置对话框。

1）设置导线宽度规则 Width。如图 9－67 所示，选项默认【全部对象】地，即对所有导线有效。【Max Width】最大宽度：80mil，【Preferred Width】最优宽度：60mil，【Min Width】最小宽度：30mil，根据实际进行修改。

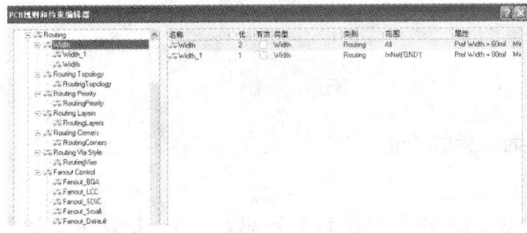

图 9－66　PCB 设计规则

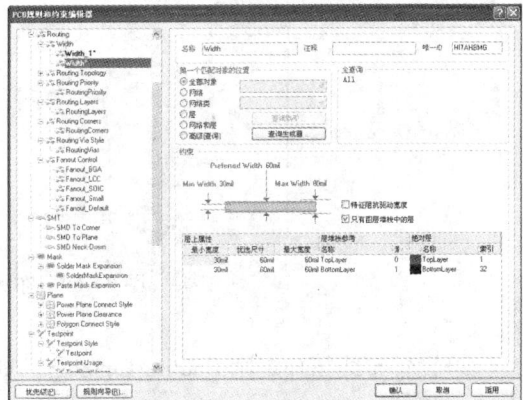

图 9－67　导线宽度设置对话框

如图 9－68 所示，设置特殊网络导线宽度规则，选项默认【网络】地，即对地导线有效。【Max Width】最大宽度：120mil。【Preferred Width】最优宽度：100mil。【Min Width】最小宽度：80mil。根据实际进行修改。

2）设置布线层面规则 Routing Layers。该规则用于设置电路板布线的信号层以及各信号层布线的方向，即通过该规则可以决定电路板的种类——双面板或单面板，本例为单面板，

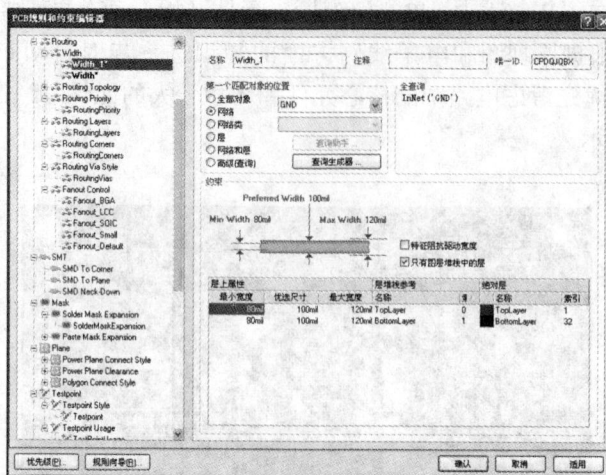

图 9 – 68   地导线宽度设置对话框

只勾选【Bottom Layer】底层。如图 9 – 69 所示。

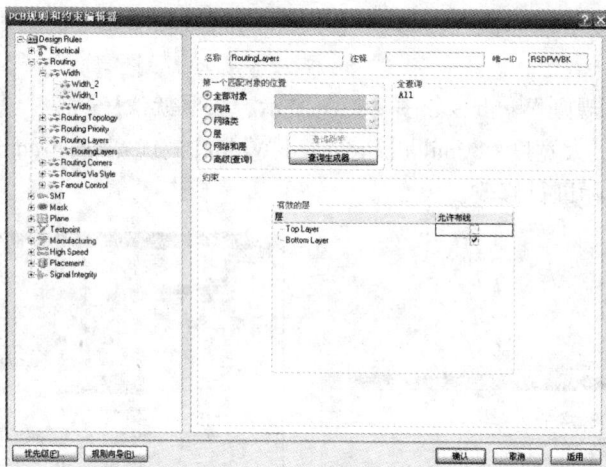

图 9 – 69   布线层面设置对话框

3）设置布线拓扑规则 RoutingTopology。如图 9 – 70 所示，选择【全部对象】，【拓扑逻辑】shortest.

4）布线风格 RoutingCorners。如图 9 – 71 所示。

5）布线过孔规则 RoutingVias。如图 9 – 72 所示。

6）布线其余规则均采用默认。

（10）自动布线。在图 9 – 73 中单击【确认】，完成布线，如图 9 – 74 所示。

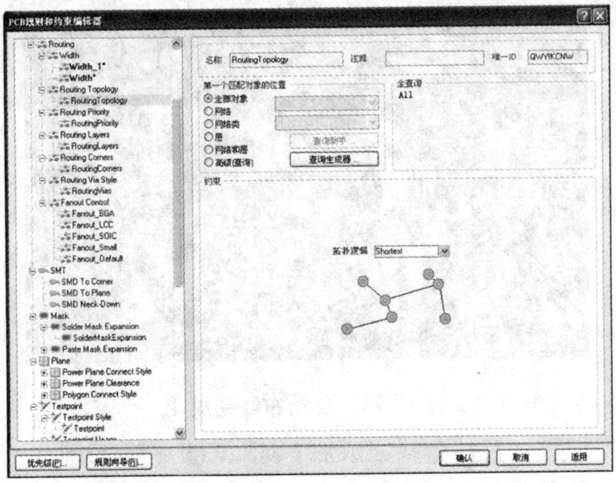

图 9－70　布线拓扑规则

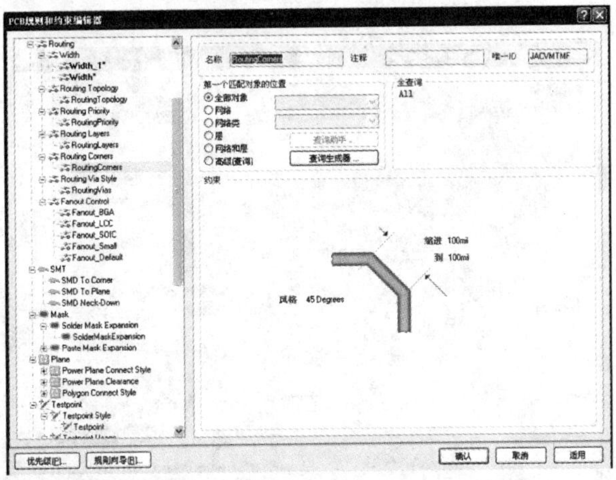

图 9－71　布线风格

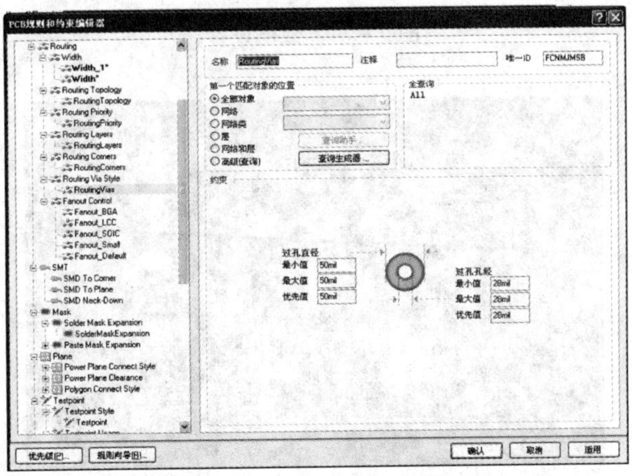

图 9－72　布线过孔规则

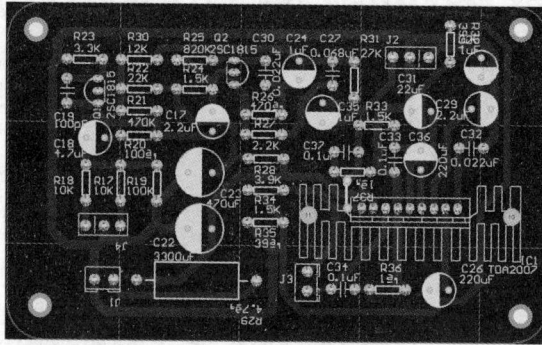

图 9-73　自动布线完成图

（11）电路板修整、编辑。自动布线完成后，对照图 9-73 与图 9-54 发现未对电路板加地线敷铜，执行【放置】/【敷铜】。按图 9-74 的对话框进行设计，单击确认，就可以完成如图9-75所示的 PCB 板电路图。

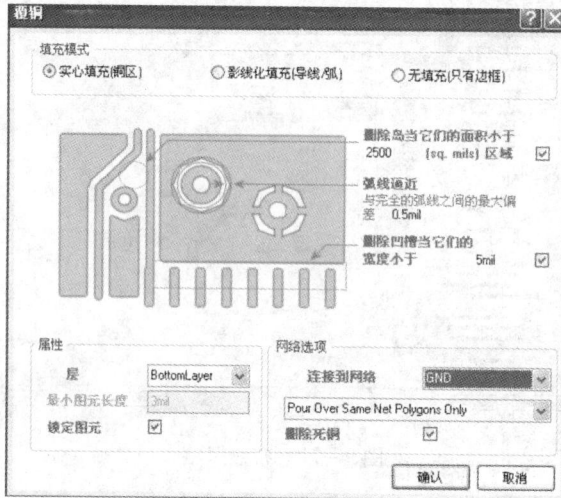

图 9-74　敷铜设计

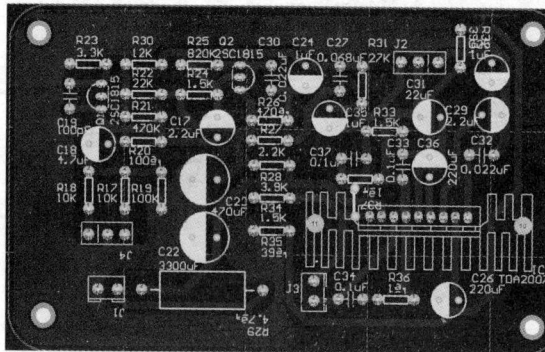

图 9-75　按要求完成的 PCB 板图

考核评价

八路数显抢答器 PCB 板设计。

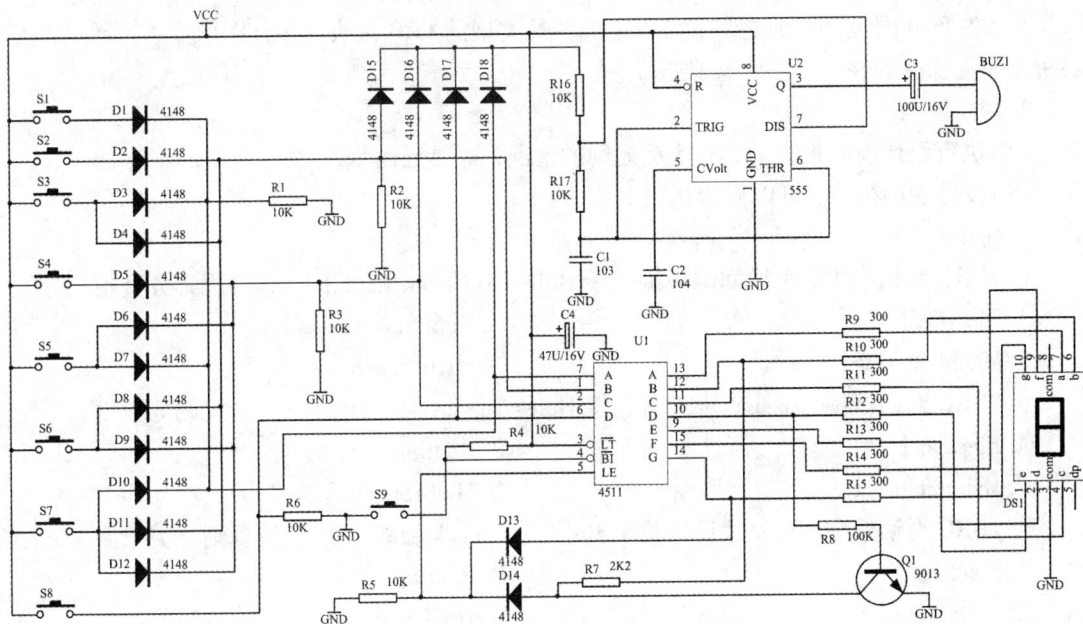

拓展提高

使用 PCB 面板管理电路板。

练习题

1. 填空题

(1)设计规则检查的英文全称是_____，缩写是_____。

(2)进行电路板设计规则检查，应执行的命令为_____、_____。

(3)执行[Reports]/_____命令，生成电路板信息表。

(4)手动规划电路板就是在_____上用走线绘制出一个封闭的多边形(一般情况下绘制成一个矩形)，多边形的_____即为布局的区域。

(5)元件封装的图形及属性信息都存储在一些特定的_____文件中。如果没有这个文件库，系统就不能识别用户设置的关于元件封装的信息，所以在绘制印制电路板之前_____所用到的元件。

(6)为了使自动布局的结果更符合要求，可以在自动布局之前设置_____设计规则。系

统提供了两种布局方式：成组布局方式（Cluster Placer）和＿＿＿＿方式（Statical Placer）

（7）手工布线就是用手工连接电路导线。在布线过程中可以切换导线模式、切换导线方向、设置光标移动的最小间隔。对导线还可以进行剪切、复制与粘贴、＿＿＿＿＿＿及属性修改等操作。手工布线的缺点是＿＿＿＿＿。

（8）自动布线就是用计算机自动连接电路导线。自动布线前按照某些要求预置＿＿＿＿＿规则，设置完布线规则后，程序将依据这些规则进行自动布线。自动布线＿＿＿＿＿，速度快。

（9）在 PCB 图设计完成之后，可以生成各种类型的 PCB 报表，并分别形成＿＿＿＿＿。生成各种报表的命令都在＿＿＿＿＿＿菜单中。

2. 判断题

（1）执行设计规则检查后，对违反规则的情况，都要全面修改。（   ）

（2）设计规则检查，可以后台运行。（   ）

3. 选择题

（1）DRC 对话框中，布线间隙规则位于 Rules To Check 目录下（   ）规则分类中。

A. Electrical   B. Routing

C. Manufacturing   D. High Speed

（2）DRC 对话框中，布线宽度设置位于 Rules To Check 目录下（   ）规则分类中。

A. Electrical   B. Routing

C. Manufacturing   D. High Speed

（3）DRC 对话框中，孔尺寸设置位于 Rules To Check 目录下（   ）规则分类中。

A. Electrical   B. Routing

C. Manufacturing   D. High Speed

项目十　8 脚集成电路 PCB 元件封装设计

项目描述

在电子技术日新月异的今天，每天都会诞生新的元器件，所以用户在制作 PCB 板的过程中，会经常遇到器件查找不到封装的情况或是库中的封装和需要的封装不一样。用户可以自己绘制完成。Protel DXP 2004 提供了强大的元件封装编辑功能，用户可以根据自己的要求修改系统提供的元件封装，也可以创建一个新的元件封装。通过实例介绍如何创建元件封装库，以及如何在库中创建元件封装。通过此项目让学生熟悉 PCB 库文件编辑器的环境，会创建元件封装库文件，掌握元件封装的编辑、管理方法，掌握 PCB 报表的生成方法。

知识准备

10.1　创建元件封装的步骤

创建元件封装的步骤如下：
(1)创建 PCB 元件封装库文件；
(2)启动 PCB 库编辑器；
(3)绘制元件封装图；
(4)新建元件的命名；
(5)保存文件。

10.2　启动 PCB 元件库编辑器

进入 Protel DXP 2004 后，执行主菜单命令【文件】→【创建】→【库(L)】→【PCB 库(Y)】，启动 PCB 库编辑器，界面如图 10 - 1 所示。同时在 PCB 项目管理器中自动生成一个名为"PcbLib1. PcbLib"的元件封库文件。

PCB 元件库编辑器主界面主要包括：主菜单、标准工具栏、工作区、放置工具栏、PCB 库管理器面板、状态栏与命令栏等，主要功能如下：
(1)主菜单：提供文件管理、库文件绘制、编辑操作所有的菜单命令。
(2)标准工具栏：提供文件管理、编辑常用命令的快捷按钮。
(3)放置工具栏：提供放置命令和粘贴阵列，放置坐标命令和快捷按钮。
(4)工作区：创建新元件工作区。
(5)PCB Library 管理器面板：对元件封装库进行创建元件、复制、修改操作。

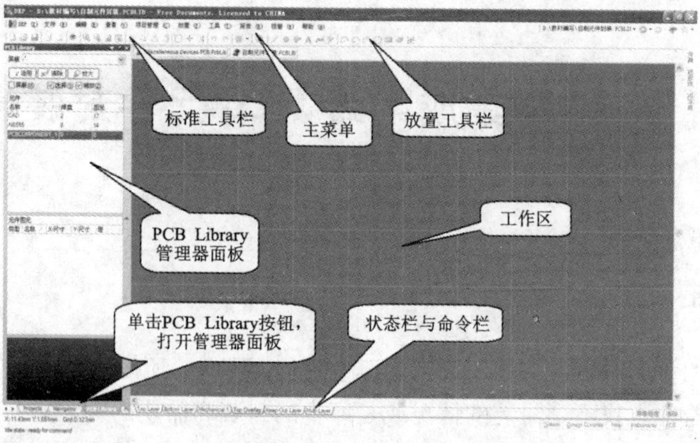

图 10 - 1   PCB 编辑器主界面

10.3   PCB 元件库绘制工具及命令介绍

PCB 元件库编辑器提供了各种绘制工具，如图 10 - 2 所示。

(1) ⁄：放置直线。单击 ⁄ 按钮，
在库元件编辑器起始位置点击开始放
置线条，然后移动鼠标到线条的结束
位置点击放置线条，再点击确定。

图 10 - 2   PCB 库文件编辑器绘制工具

(2) ◎：放置焊盘。单击 ◎ 按钮，移动鼠标确定焊盘放置的位置，点击鼠标左键即可放置，双击鼠标左键可修改焊盘的属性；

(3) ☛：放置过孔。单击 ☛ 按钮，移动鼠标确定过孔放置的位置，点击鼠标左键即可放置，双击鼠标左键可修改过孔的属性；

(4) Ａ：放置文字。单击 Ａ 按钮，移动鼠标确定文字放置的位置，双击文字在对话框设置文字和文字大小以及文字的所在层；

(5) ₊¹⁰,¹⁰：放置坐标。单击 ₊¹⁰,¹⁰ 按钮，移动鼠标，确定坐标放置位置，单击鼠标左键即可该确认点的坐标。

(6) ¹⁰⁄：放置标准尺寸。单击 ¹⁰⁄ 按钮，点击鼠标左键确定放置起始尺寸，然后在尺寸的结束位置点击放置结束尺寸，双击尺寸可修改尺寸的大小和尺寸所在层。

(7) ⌒：中心法放置圆弧。单击 ⌒ 按钮，单击 ⌒ 按钮。第一步：单击鼠标左键，确定圆弧中心；第二步：移动鼠标确定圆弧半径，单击鼠标右键确认；第三步：移动鼠标，确定圆弧的起始点，单击鼠标右键确认；第四步：移动鼠标，确定圆弧的起始点，单击鼠标右键确认；圆弧绘制完毕。

(8) ⌒：弧边缘法放置圆弧。单击 ⌒ 按钮，移动鼠标确定圆弧放置的位置和起始角后，鼠标单击即可。

(9) ⌒：边缘法放置任意角度圆弧。操作方法类似中心法放置圆弧。

(10) ◯：放置圆。单击 ◯ 按钮，移动鼠标确定圆的半径，单击鼠标左键即可。

(11) ▬：放置矩形填充。单击 ▬ 按钮，移动鼠标，确定好矩形填充放置位置，点击放置起始位置，移动鼠标，确定好矩形填充面积大小，在结束位置点击鼠标左键即可。

（12）💾：放置铜区域。单击💾按钮，移动鼠标确定放置铜区域，需要放置的位置点击放置起始位置，在结束位置点击即可。

（13）⚏：粘贴队列。首先在编辑区选择需要阵列粘贴的部件并复制，然后单击⚏按钮，在对话框设置阵列粘贴的参数即可。

提示：（1）除使用绘图工具外，还可执行主菜单【放置】命令，如图 10 - 3 所示，利用菜单命令进行绘制，上述操作点击鼠标右键可取消操作。

（2）在使用上述工具时，用鼠标右键单击绘制工具按钮后，按键盘上【TAB】键，可以对各种工具的属性进行设置，图形放置完毕后也可以双击对放置图形的属性进行设置。

（3）注意：放置图形时必须将板层切换到需要放置的层。

10.4 PCB 元件库管理命令介绍

1. PCB 库编辑器面板

在 PCB 库元件编辑器中，单击位于底部的 PCB Library 的标签，在窗口中显示如图所示的 PCB 元件库编辑器面板，如图 10 - 4 所示。

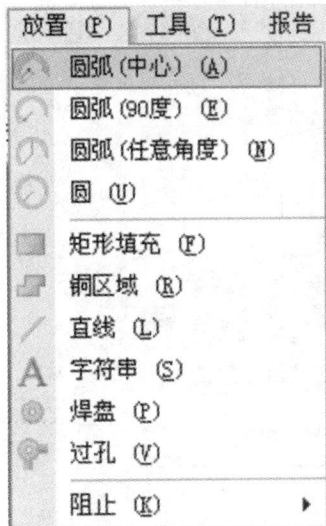

图 10 - 3　放置菜单命令

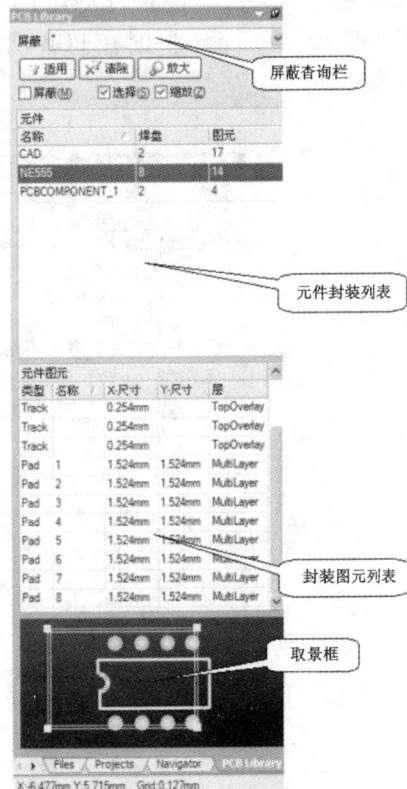

图 10 - 4　PCB 库编辑器面板

PCB Library 面板分成以下几个区域：屏蔽查询栏、元件封装列表、元件图列表和取景框。

（1）屏蔽查询栏。对库文件内的所有文件封装进行查询，并根据"屏蔽栏内容将符合条件的元件封装列出，如：输入"R"时，元件列表窗口列出该库文件内有所命名以"R"开头的元件封装。

（2）元件封装列表。列出库文件中所有符合屏蔽栏条件的元件封装名称，并注明其焊盘数、图元数。单击元件封装列表内的元件封装名，工作区内显示该封装，并弹出【PCB 库元件】对话框，在对话框中修改元件封装名字和高度。

（3）元件图元列表。在元件封装列表中选中一个元件，元件图元列表列出该元件所有图元信息，主要包括：图元类型、焊盘名称、焊盘尺寸以及图元所处的板层。

（4）取景框。取景框用于显示当前编辑器元件的 PCB 封装图。

10.5 手动创建新的元件封装

手工创建 PCB 元件引脚封装就是利用系统提供的各种工具，按照元件的实际尺寸绘制元件封装，手动创建新的元件封装的步骤如下：

1. 新建 PCB 元件库文件

执行主菜单命令【文件】→【创建】→【库（L）】→【PCB 库（Y）】，启动 PCB 库编辑器，操作过程如图 10 - 5 所示。同时在 PCB 项目管理器中自动生成一个名为"PcbLib1. PcbLib"的元件封库文件。

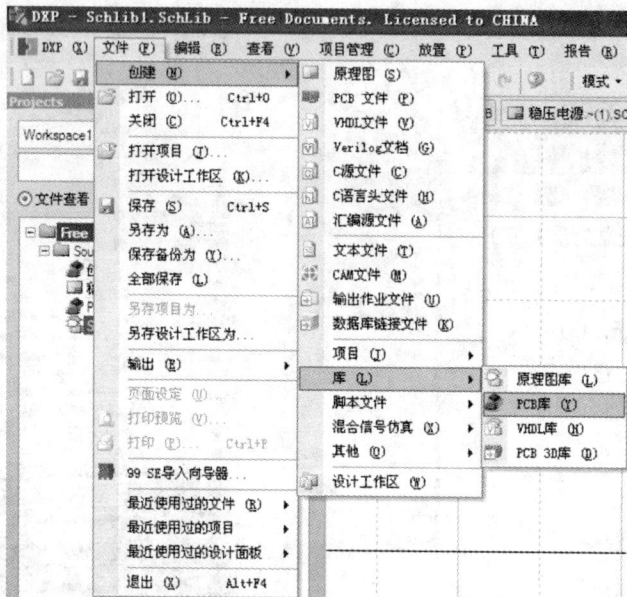

图 10 - 5 新建 PCB 库文件

选中新创建的"PcbLib1. PcbLib1"元件封装库文件,执行菜单命令【文件】→【保存】命令,或单击鼠标右键→【保存】,在弹出的保存对话框中,将默认的"PcbLib1. PcbLib1"文件名更改为自己喜欢的名称,如:"自制元件封装库",将文件保存在指定的位置,如图 10 - 6 所示。如:D:\自制 PCB 元件封装库文件夹中,重新命名后的 PCB 库文件如图 10 - 6 所示。

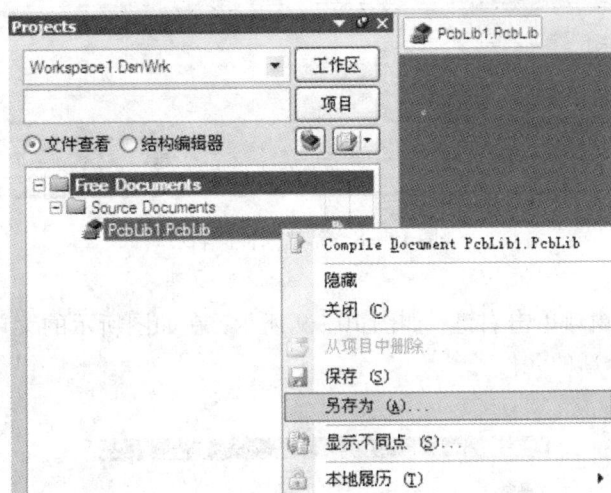

图 10 - 6　保存文件

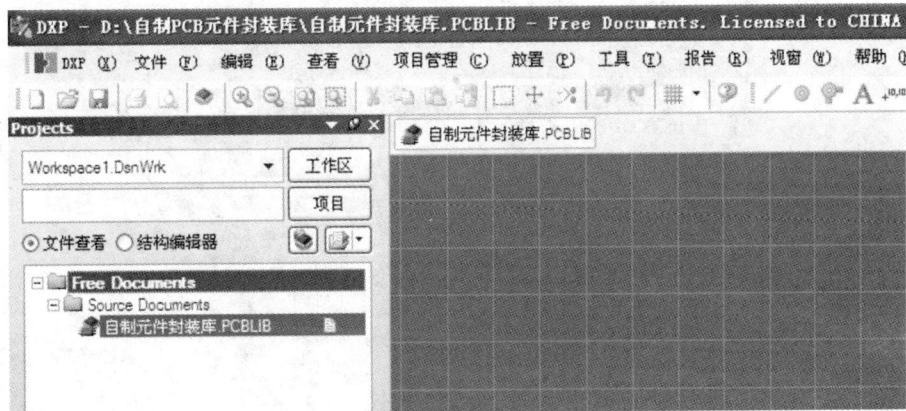

图 10 - 7　重新命名后的 PCB 库文件

2.创建新元件

执行主菜单命令,【工具】→【新元件】,即可打开元件封装创建向导,单击【取消】按钮,元件列表窗口将会新建一个名为"PCB Componet1"的元件。双击元件列表窗口中"PCB Componet1",在弹出如图 10 - 7 所示的对话框中可以将元件重命名,单击【确定】按钮,系统将创建一个空的 PCB 元件库编辑区。

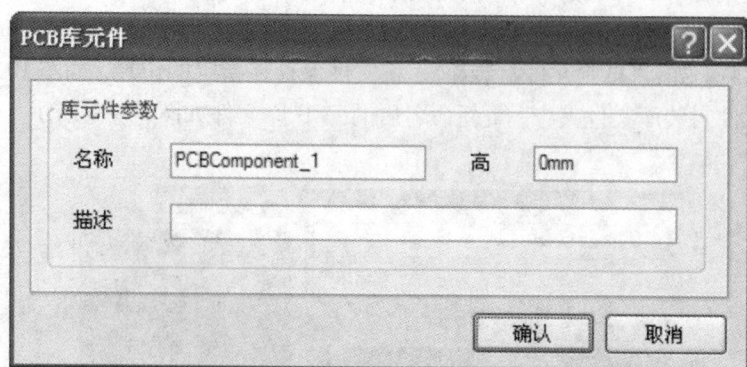

图 10 – 8　新建元件命名

或者在元件列表窗口单击右键，如图 10 – 9 所示，在如图所示的菜单中选择"新建空元件"，也可以创建一个新的元件。

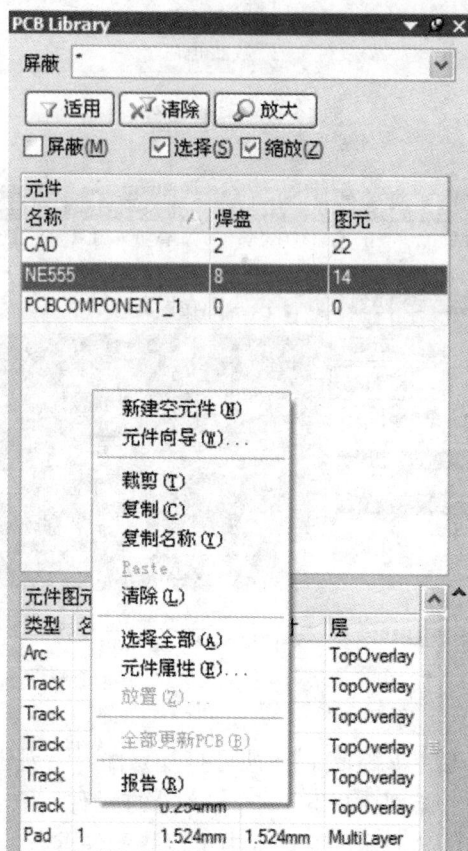

图 10 – 9　元件列表窗口单击右键

3. 工作环境设置

在设计之前要对编辑库的板层、栅格大小等参数进行设置。

(1)栅格设置。执行主菜单【工具】→【库选择项】命令,出现如图 10 - 10 所示 PCB 板选择项对话框,设置好各种参数。

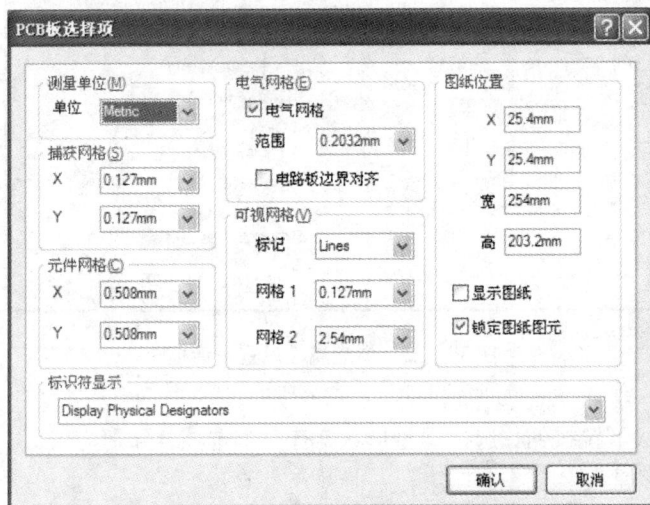

图 10 - 10　PCB 板选择项对话框

(2)板层设置。单击如图 10 - 11 所示中的 Top Overlay 标签,进入元件外形轮廓的绘制。

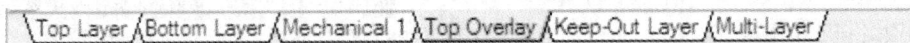

图 10 - 11　PCB 元件库编辑器板层选择

4. 放置焊盘

(1)执行主菜单命令【放置】→【焊盘】,或者单击绘图工具栏中的 ◎ 按钮。启动放置焊盘命令后,光标变成十字形状,同时一个焊盘图标悬浮在光标上,拖动光标到原点,单击放置焊盘,如图 10 - 12 所示。

(2)在放置焊盘状态,单击键盘"TAB"键,或放置好焊盘后双击,打开焊盘属性对话框,如图 10 - 13 所示。在焊盘属性设置对话框中,设置焊盘所在的板层、焊盘标示符、焊盘形状和大小。

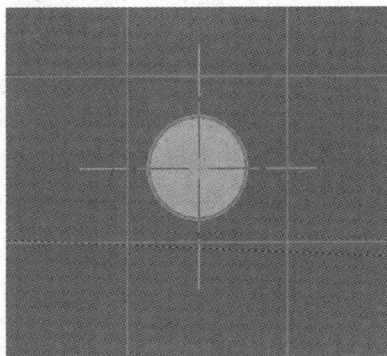

图 10 - 12　处于悬浮状态的焊盘

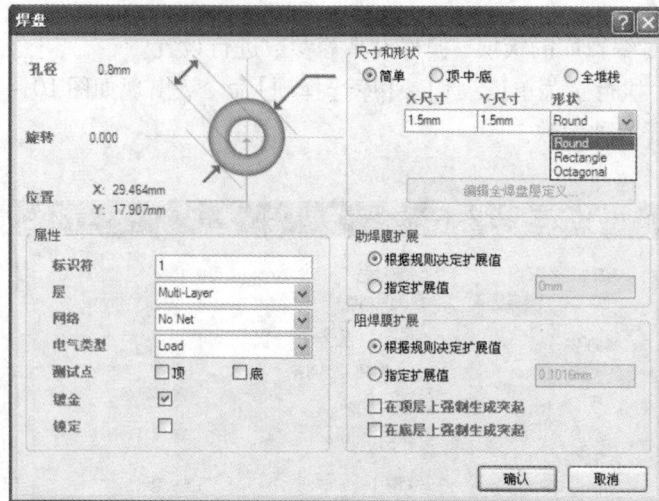

图 10-13   焊盘属性设置对话框

点击焊盘和形状下拉按钮，选择焊盘形状，有三个选项，分别为：

- Round：圆形焊盘
- Rectangle：矩形焊盘
- Octagonal：六边形焊盘

5. 绘制库元件外形轮廓

单击编辑器界面下方的板层选择【Top overlay】按钮，进入该层，利用绘图工具根据元件的封装外形轮廓尺寸放置标尺，再用放置直线工具画出元件的外轮廓。

6. 设置参考点

元件的封装在 PCB 文件内进行加载，移动等操作时，是以其参考点为基点的，如果不进行此项操作，可能会出现默认参考点和元件距离很远，在选取元件、移动元件时就会出现光标距离元件很远的现象，难以准确放置元件。

执行菜单命令【编辑】→【设定参考点】，出现三个选项，如图 10-14 所示，分别为"引脚1"、"中心"、"设置参考点，通常选择"引脚 1"作为元件参考点。

- 引脚 1：表示将参考点元件设置在元件的第 1 个引脚位置
- 中心：表示将参考点元件设置在元件中心位置
- 设置参考点：自定义元件参考点

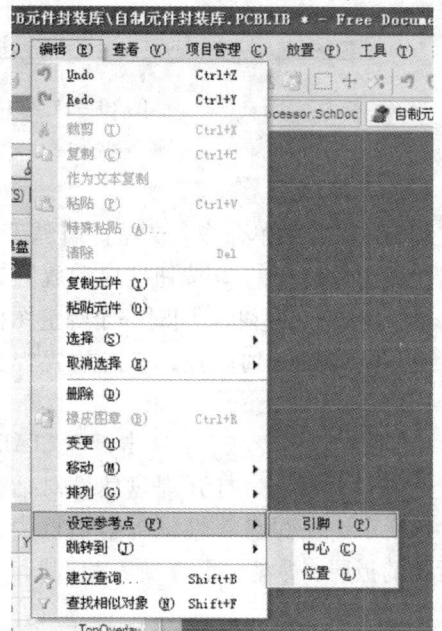

图 10-14   定义元件参考点示意图

7. 保存文件

执行主菜单命令【文件】→【保存】，将新绘制的元件封装保存。

提示：通常打开焊盘属性编辑对话框后，看到的单位不是 mm，而是 mil。Protel DXP 2004 可以对公制和英制单位进行切换，具体操作步骤为：执行【查看】→【切换单位】命令，就可将公制与英制单位的互相切换。

10.6 利用向导创建元件封装

向导法是利用 Protel DXP 2004 提供的封装模板创建元件封装，一般只需要修改引脚尺寸和数量即可，如：集成电路(BGA、SOP、LCC)、电阻、电容、二极管和连接器等。利用向导可以方便、快捷地创建新的元件封装，缺点是模板库没有的封装类型则不能采用此方法创建，利用向导创建封装步骤如下：

(1)进入元件封装编辑器界面。执行主菜单命令【文件】→【创建】→【库(L)】→【PCB 库(Y)】命令，启动 PCB 库编辑器。

(2)执行主菜单命令【工具】→【新元件】命令，如图 10－15 所示。

(3)单击 下一步(N) 按钮，弹出如图 10－16 所示的选择元件封装模式的对话框。

(4)单击 下一步(N) 按钮，弹出如图 10－17 所示的焊盘和焊盘孔径尺寸设置对话框，确定焊盘的长度、宽度和孔径的尺寸。

(5)单击 下一步(N) 按钮，弹出如图 10－18 所示的焊盘间距设置对话框，根据元件实际尺寸设置相邻两个焊盘和两列焊盘之间的间距。

(6)单击 下一步(N) 按钮，弹出如图 10－19 所示封装轮廓线宽度设置对话框，确定封装轮廓线的宽度。

(7)单击 下一步(N) 按钮，弹出如图 10－20 所示设置封装焊盘数数量对话框，设置焊盘数量。

(8)单击 下一步(N) 按钮，弹出如图 10－21 所示元件元件封装名对话框，重新对元件命名。

(9)单击 下一步(N) 按钮，弹出如图 10－22 所示元件封装制作完成对话框。

(10)单击 Finish 按钮，完成元件封装创建。同时在元件封装编辑器上显示新创建的元件。

(11)执行主菜单命令【文件】|【保存】命令，保存新建的元件封装图。

图 10 - 15　元件封装导向对话框

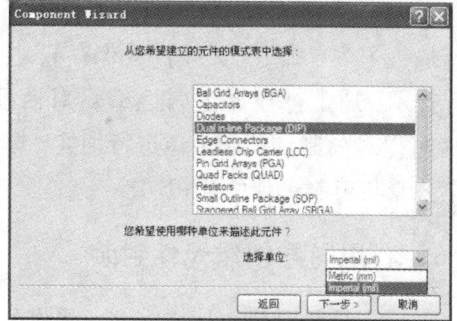

图 10 - 16　选择元件封装模式

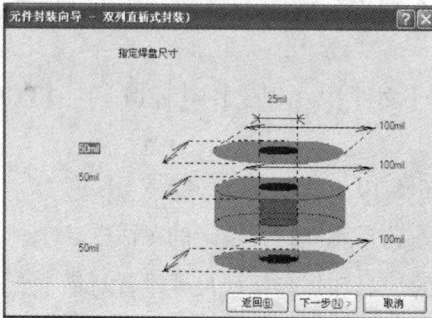

图 10 - 17　设定焊盘与焊盘孔径尺寸

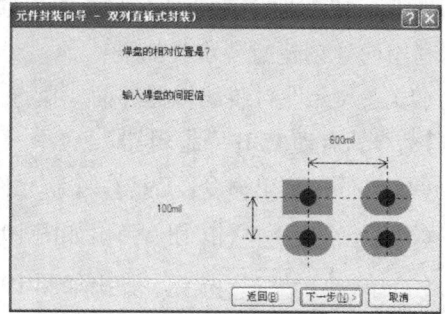

图 10 - 18　设置焊盘间距

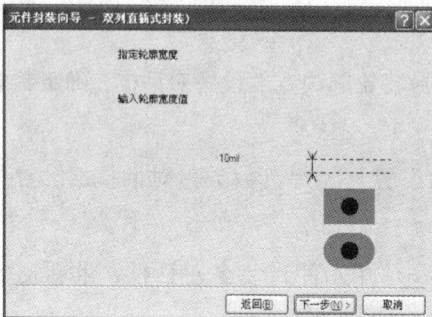

图 10 - 19　设置封装轮廓线宽度

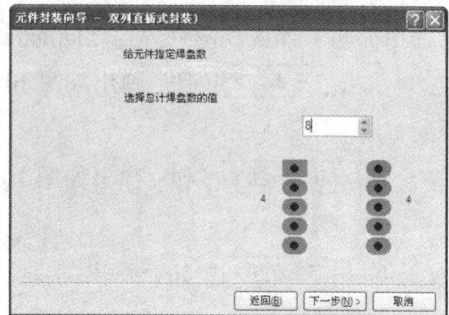

图 10 - 20　设置封装焊盘数

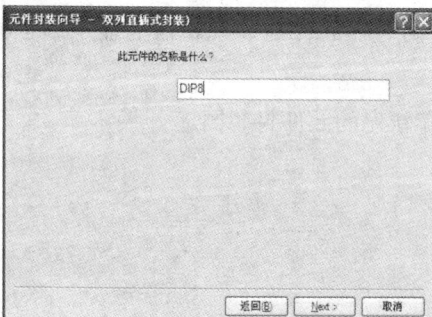

图 10 - 21　封装命名

图 10 - 22　封装制作完成

10.7　创建集成元件库

所谓集成元件库，是指将与原理图元件库关联的用于 PCB 的封装库、用于仿真的信号完整性整合在一起的元件库。集成元件库中需要包含元件的原理图符号和 PCB 封装符号，必须有相应的元件库作为数据来源生成集成电路元件库。

以前面创建的 NE555 元件封装为例，创建一个集成元件库。事先明确 NE555 的元件封装符号保存位置：D：/"JCBX"文件夹中的"自制 PCB 元件封装库. PCBLIB"；NE555 原理图符号保存位置：D：/"JCBX"文件夹中的"自制原理图元件库. SCHLIB"。创建集成元件库的主要步骤如下：

1. 创建集成库文件

执行菜单【文件】→【创建】→【项目】→【集成元件库】命令，系统会自动新建一个集成库文件包 Intergrated_Library1. LibPkg，操作步骤如图 10 - 23 所示，此处文件扩展名为. LibPkg 表示未编译的集成库文件包，该文件经过编译后即可产生集成库，扩展名为. InLib。在工程面板中，用鼠标右键单击 Intergrated_Library. LibPkg，在弹出的菜单中选择保存项目子菜单，将文件名保存为"自制集成元件库. LibPkg"新创建的空的集成元件封装库如图10 - 24所示。

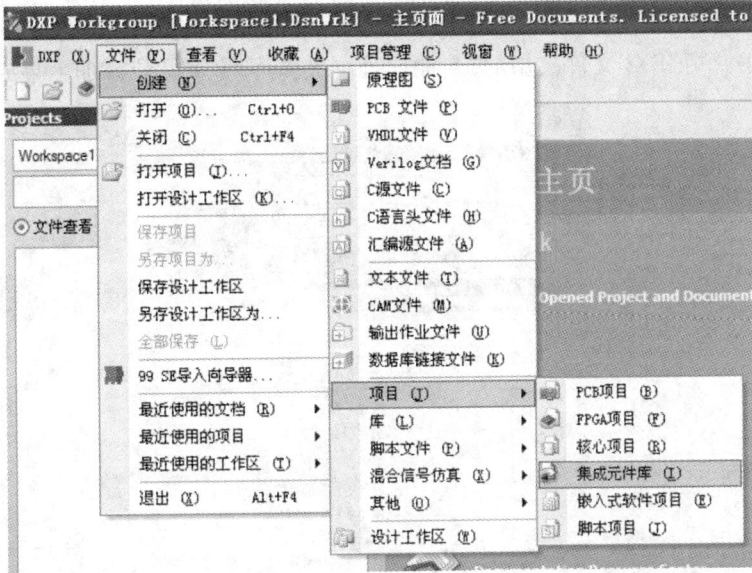

图 10 - 23　创建集成库文件

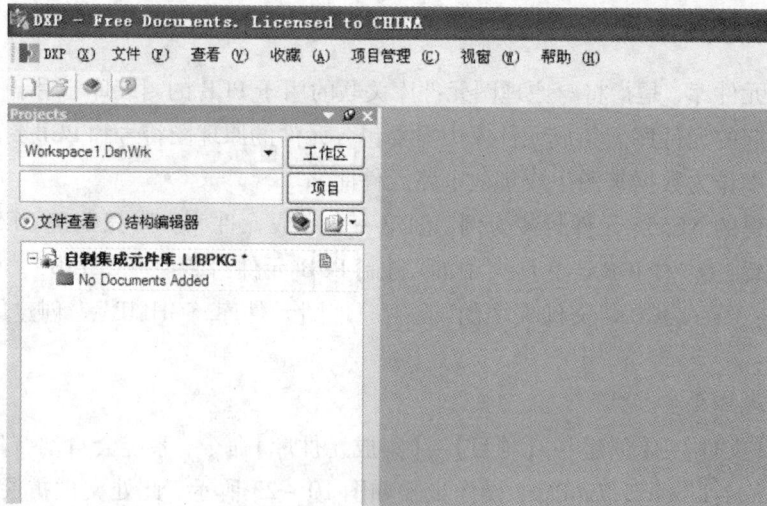

图 10 – 24　空的集成元件封装库

2. 向集成库文件包中添加元件库

用鼠标右键单击"自制集成元件库. LibPkg"，在弹出的菜单中选择"追加已有文件到项目中"，如图所示，在子菜单系统弹出"选择菜单"对话框中，文件类型选择"Schematic library"，调整路径，将 D:/"JCBX"文件夹中的"自制原理图元件库. SCHLIB"添加至集成文件包中。

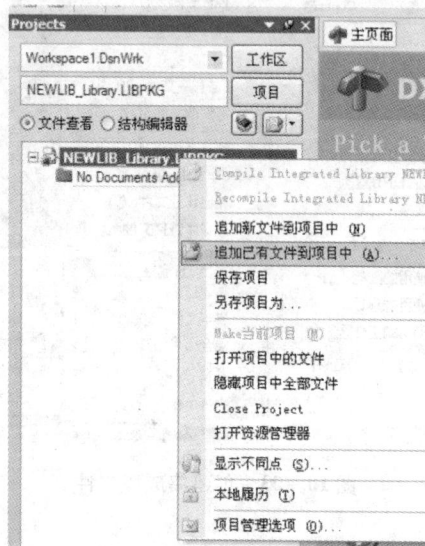

图 10 – 25　追加已有文件到项目中

采用同样的方法将 D：/"JCBX"文件夹中的"自制 PCB 元件封装库. PCBLIB"添加至集成文件包中，选择文件将文件类型设置为 PCB Library，才能显示和添加 PCB 元件库，添加后的集成库文件包如图 10 – 26 所示。

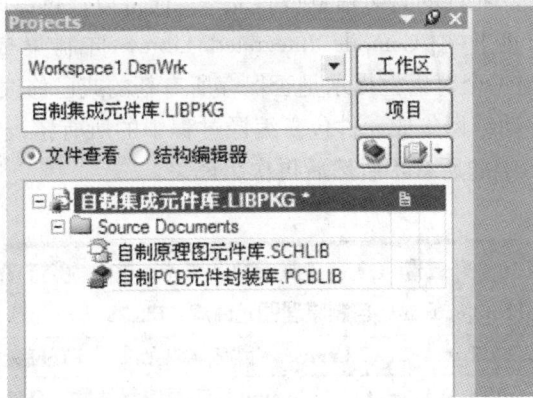

图 10 – 26　添加原理图和 PCB 元件库的集成库

3．添加元件模型

（1）打开原理图元件库。在工程面板中单击"自制原理图元件库. SCHLIB"文件，打开原理图元件库，单击 SCH Library 按钮，打开原理图库元件编辑器面板。

（2）在原理图库编辑器元件列表窗口中选中元件 NE555，单击"模型"的"追加"按钮，屏幕弹出"添加新的模型"对话框，选择"模型类型"为 Footprint，单击"确认"按钮追加元件模型，屏幕弹出"PCB 模型"对话框，如图 10 – 27 所示。

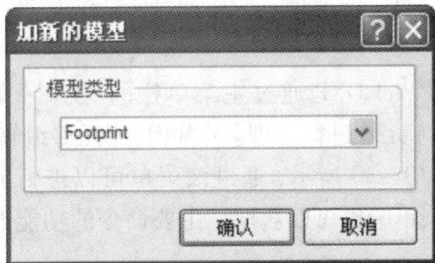

图 10 – 27　PCB 模型对话框

（3）单击浏览按钮，屏幕弹出如图 10 – 28 所示的"库浏览"对话框，从中选择封装"NE555"，选中封装后单击"确认"按钮添加封装。

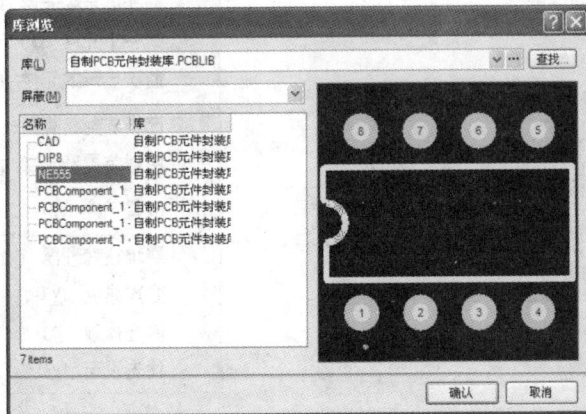

图 10 – 28　库浏览对话框

（4）生成集成元件库。元件的封装信息设置完毕，便可以通过编译生成集成元件库。

执行菜单【项目管理】→【Compile Integrated Libray 自制集成元件库. LibPkg】，如图 10－29 所示，屏幕弹出一个对话框提示是否保存所有新的或已修改过的原理图库文件，单击 OK 按钮保存，系统自动编译集成元件包。编译过程中的所有错误或警告会显示在消息面板中，在修正独立的源库中的所有矛盾然后再次编译集。

图 10－29　编译生成集成元件库

10.8　元件的管理

Protel DXP 通过主菜单栏的"工具"菜单命令或 PCB 元件库编辑面板快捷菜单命令对 PCB 库元件进行管理。在 PCB 库元件编辑面板封装列表框中单击鼠标右键，弹出快捷菜单，如图 10－30 所示，通过该菜单可以进行元件库各种编辑操作，部分命令在主菜单栏的"工具"菜单中也可以获取。主要命令的功能如下：

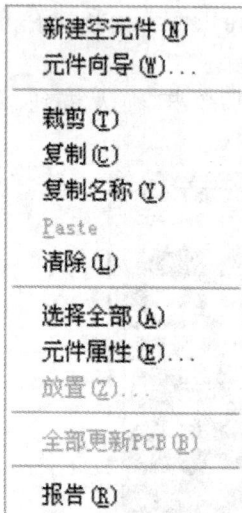

图 10－30　PCB 库元件编辑器快捷菜单　　　　　图 10－31　【工具】菜单

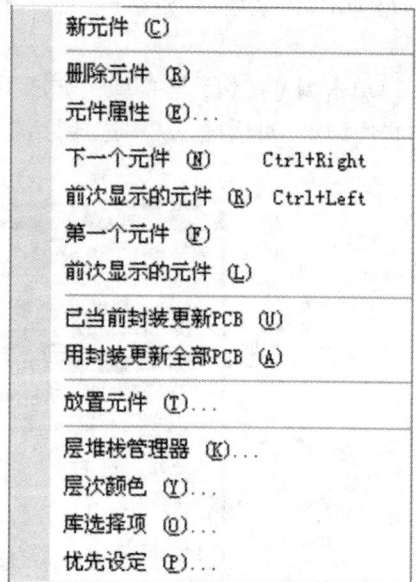

- 【新建空元件】：使用该命令，添加一个新的空白封装到当前列表中，并赋予默认名称

"PCBCOMPONETE_1"，同时工作区将打开一张空白图纸。

- 【元件向导】：启动元件向导，通过元件向导建立一个新的元件封装。
- 【裁剪】：从当前库文件中删除已选文件，并复制到库编辑器到的剪切板中，启动该命令后，系统会弹出确认对话框。
- 【复制】：将当前所选元件复制到剪贴板中，可以将其粘贴到其他文库中，也可以粘贴到 PCB 图中。
- 【复制名称】：将当前所选文件的名称复制到剪板中。
- 【PASTE】：将哭编辑器的剪贴板中的元件粘贴到当前库文件中。
- 【清除】：将所选元件从当前库文件中永久删除。启动该命令后，系统会弹出确认对话框。
- 【选择全部】：选取该命令将选中元件列表的全部元件。
- 【元件属性】：选取该命令，会弹出【PCB 库元件】对话框，在对话框内修改元件封装名，高度和描述信息。
- 【放置】：将所选的元件放置到 PCB 设计文件中，被放置的目标文件为最后一次被编辑或置为当前文件的 PCB 文件。启动该命令后，目标文件置为当前文件，并弹出【放置元件】对话框，在对话框中设置描述符等属性。
- 【Update PCB with ＊＊】：将当前元件封装所做的改动更新到所有打开的使用该封装的 PCB 文件中。
- 【全部更新 PCB】：使用该命令，将当前库文件中所有做了修改的原件更新到所有打开的 PCB 文件中。
- 【报告】：生成当前选择元件的报告。该报告保存在与源库文件相同的目录下(扩展名为". CMP")，并自动打开为当前文件。该报告列表中包含该元件的尺寸，不同类型图元的数目统计和它们所在的层面。

任务实现

任务一　手动创建 8 脚集成电路 PCB 元件封装

创建元件封装图前必须掌握元件的封装机械参数，包括封装形式、元件封装的实际尺寸、引脚之间的间距、元件引脚的直径等。元件封装机械参数一般可以通过查找资料得到。查不到元件机械参数时，可以通过测量元件实际尺寸的方式获得。创建元件封装时必须严格按照实际尺寸进行，才能保证元件实物和封装图相吻合。

图 10 - 32　NE555 实物图

待创建封装的元件 NE555 集成电路实物如图 10 - 32 所示，封装形式为 8 引脚双列直插式，NE555 集成电路的机械参数如图 10 - 33 所示，手动创建 NE555 集成电路封装的步骤如下：

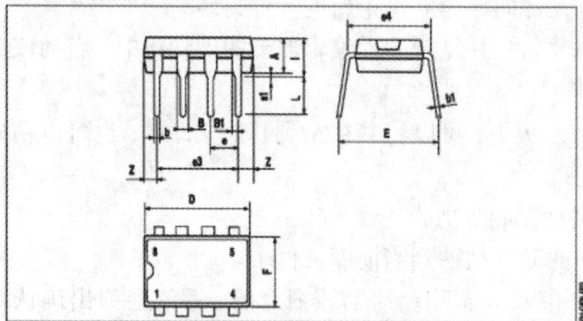

PACKAGE MECHANICAL DATA
8 PINS - PLASTIC DIP

Dimensions	Millimeters			Inches		
	Min.	Typ.	Max.	Min.	Typ.	Max.
A		3.32			0.131	
a1	0.51			0.020		
B	1.15		1.65	0.045		0.065
b	0.356		0.55	0.014		0.022
b1	0.204		0.304	0.008		0.012
D			10.92			0.430
E	7.95		9.75	0.313		0.384
e		2.54			0.100	
e3		7.62			0.300	
e4		7.62			0.300	
F			6.6			0260
i			5.08			0.200
L	3.18		3.81	0.125		0.150
Z			1.52			0.060

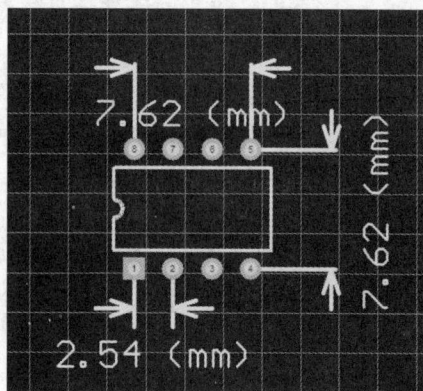

图 10 – 33　　NE555 封装图数据　　　　　　　　图 10 – 34　　NE555 元件封装图及尺寸

1. 打开 PCB 库元件编辑器

启动"自制封装库. PCBLIB",单击【PCB Library】按钮,打开 PCB 库编辑器面板,在封装列表中单击鼠标右键,点取右键快捷菜单中的【新建空元件】,系统自动生成元件封装名为 Component_1,在元件列表中,鼠标左键双击 Component_1,在弹出的"PCB 库"话框中,对元件封装重命名,如改为"NE555",如图 10 – 35 所示。或者单击菜单命令【工具】→【新元件】,启动【元件封装导向】后,单击取消按钮,此时也会创建一个空白元件。

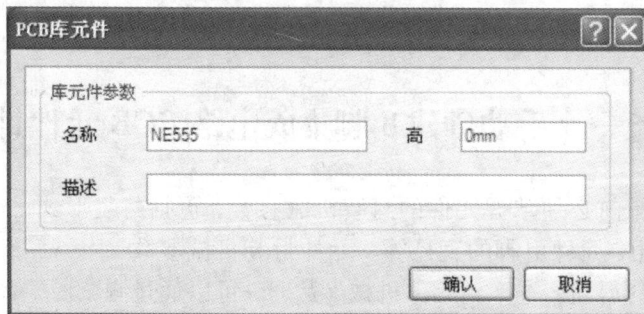

图 10 – 35　　PCB 库元件对话框

2. 绘制元件封装图

(1)放置焊盘

第一步:设置焊盘属性。

执行菜单命令【放置】→【焊盘】,光标上出现一个焊盘,单击键盘"TAB"键,在弹出的

"焊盘"对话框中对焊盘属性进行设置。焊盘属性主要包括焊盘孔径、焊盘尺寸和形状、焊盘标示符。如图 10 - 36 为焊盘尺寸和形状设置对话框。

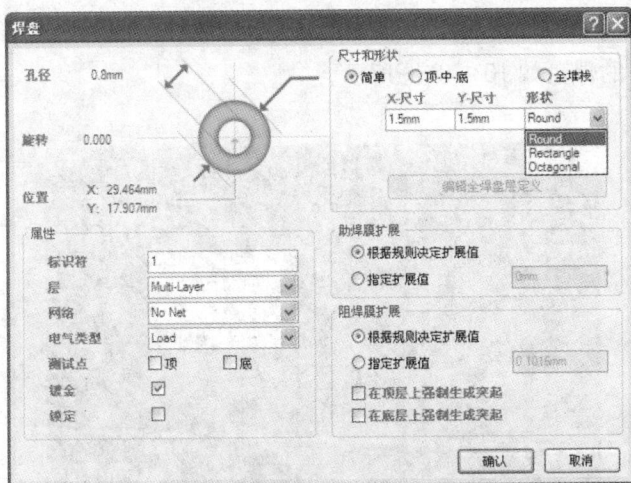

图 10 - 36　焊盘属性设置对话框

在图 10 - 33 中可查阅 NE555 资料引脚宽度的范围"B"为 1.15 - 1.65 mm，选 1.5 mm；X - 尺寸和 Y - 尺寸选择 1.5 mm。在焊盘孔径设置栏中，根据 NE555 资料，引脚宽度"b"的数据为 0.55 mm，孔径选 0.8 mm，如图 10 - 37 所示，在"标示符"一栏中填写好焊盘标示符，如图 10 - 38 所示，焊盘"标示符"一般用数字标示。注意，焊盘号码必须和元件原理图引脚号码一一对应，第一个焊盘号码设置为 1；在如图 10 - 39 所示的焊盘尺寸和形状栏中选择焊盘形状，单击"确认"按钮，焊盘属性设置完毕。

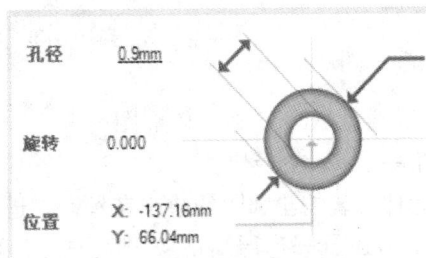

图 10 - 37　焊盘孔径设置

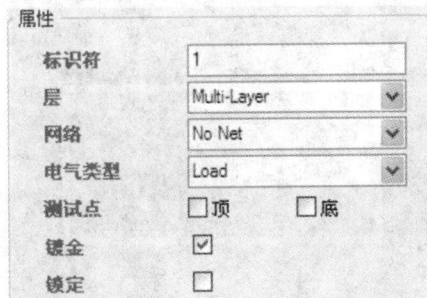

图 10 - 38　焊盘标示符设置

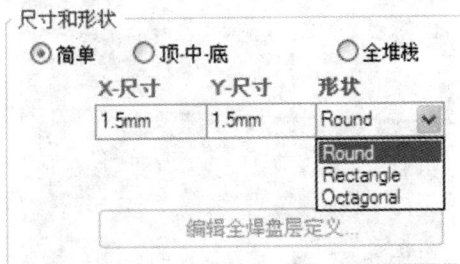

图 10 - 39　焊盘尺寸和形状设置

第二步：放置焊盘。

焊盘属性设置完毕后，单击焊盘属性设置对话框"确认"按钮，移动鼠标，将光标上的焊盘移动到合适位置，根据焊盘之间的尺寸，依次放置八个焊盘，此时焊盘号码会自动加 1。根据 NE555 资料提供的数据，相邻两个焊盘的距离为 2.54 mm，两列焊盘的间距为 7.62 mm，单击 PCB 放置工具中的放置标准尺寸工具，检测焊盘间距是否符合要求，否则需进行适当调整，放置好的焊盘如 10 - 40 图所示。

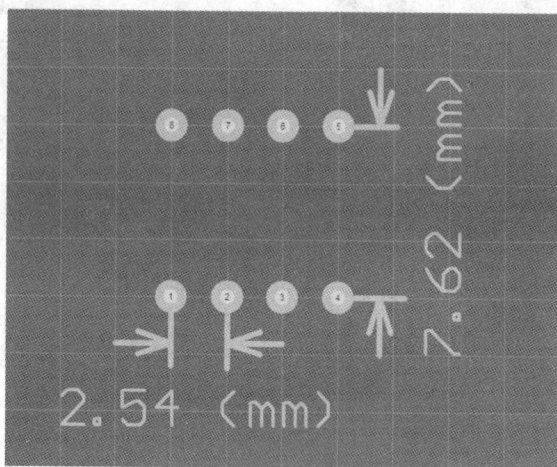

图 10 - 40　根据尺寸放置好的焊盘

（2）绘制 NE555 封装轮廓图

第一步：设置板层。

元件封装的轮廓图的绘制在丝印层进行，鼠标左键单击位于 PCB 库编辑区底部状态栏中的 Top overlay（丝印层）标签，即可选定工作层面。

第二步：绘制轮廓图。

单击 PCB 放置工具中绘制如图 10 - 41 所示，然后利用 PCB 放置工完成如图10 - 42 所示轮廓图的绘制。

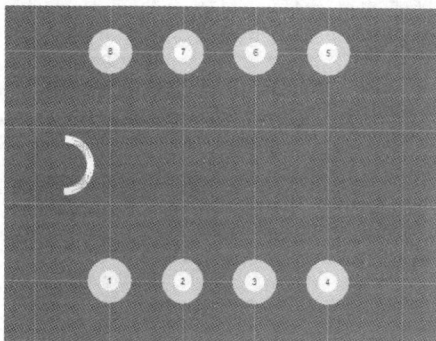

图 10 - 41　绘制轮廓图圆弧　　　　　　图 10 - 42　绘制好的元件轮廓图

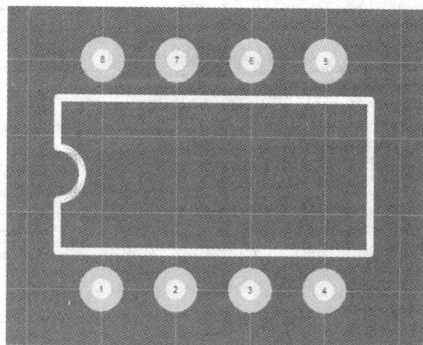

3.设置元件参考点

执行菜单命令【编辑】→【设定参考点】，选择"引脚 1"作为元件参考点。

4.保存文件

元件封装制作完成后要及时保存，单击
菜单栏保存命令即可。PCB 元件库文件"自
制元件封装库.PCBLIB"右边符号显示文件

图 10 - 43　提示保存文件

状态，如图所示。对文件进行了编辑、修改后都会显示红色，如图 10 - 43 所示，提示及时
保存，保存完毕后，显示灰色。

提示：

- 仔细检查封装图形的尺寸，确保和实际元件尺寸一致。
- 放置焊盘号码时，必须确保焊盘号码和原理图元件引脚号码完全一致。如：元件引脚
为"1"，则焊盘号码也设置为"1"。
- 需要检测 PCB 封装图周边是否残留物，注意及时清除。

任务二　向导创建 8 脚集成电路 PCB 元件封装

利用向导创建 NE555 集成电路 PCB 元件封装的步骤如下：

第一步：执行主菜单命令【工具】→【新元件】，单击 下一步> 按钮进入元件模式选择对
话列框，按照图 10 - 44 所示选择好元件模式和尺寸单位。NE555 为双列直插式集成电路，元
件模式选择栏中选" Dual in - line Package(DIP)"。

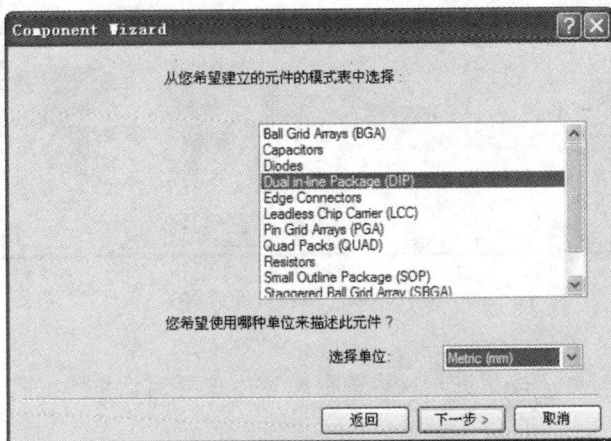

图 10 - 44　元件模式设置

第二步：单击 下一步> 按钮进入焊盘尺寸选择对话框，按照图 10 - 45 所示选择好焊盘
与焊盘孔径的尺寸。

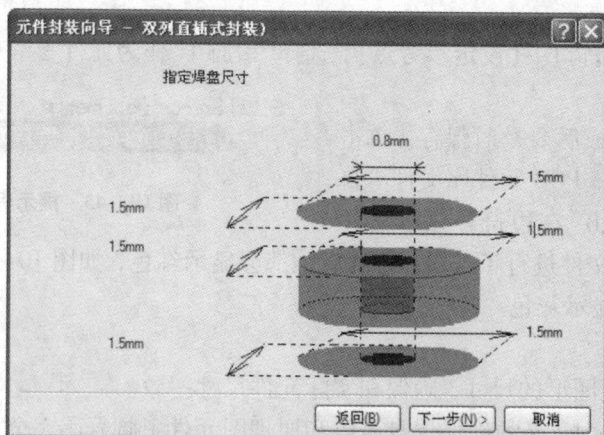

图 10 - 45　焊盘尺寸及孔径设置

第三步：单击 下一步> 按钮进入焊盘尺寸选择对话框，按照图 10 - 46 所示选择好焊盘先对间距与两列焊盘之间的间距。

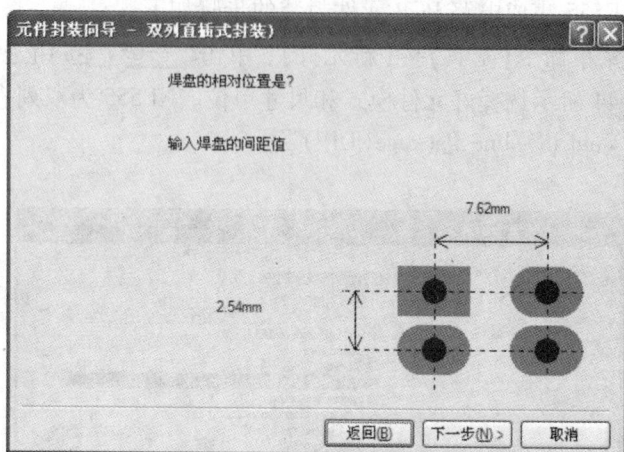

图 10 - 46　焊盘间距设置

第五步：单击 下一步> 按钮进入封装轮廓线宽度选择对话框，按照图 10 - 47 所示选择好封装轮廓线宽度。

第六步：单击 下一步> 按钮进入焊盘数的设定对话框，按照图 10 - 48 所示选择好焊盘数为"8"。

第七步：单击 下一步> 按钮进入元件重命名对话框，将系统默认的元件名更名为"NE555"，如图 10 - 49 所示。

第八步：单击 下一步> 按钮进入完成对话框。单击 Finish 按钮，完成新元件的创建。

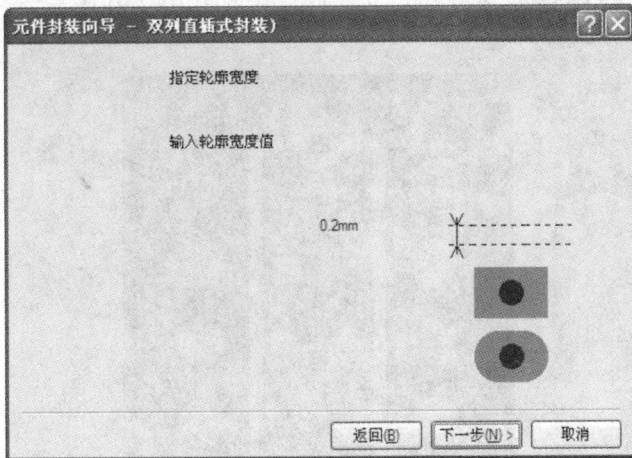

图 10 – 47　封装轮廓线宽度设置

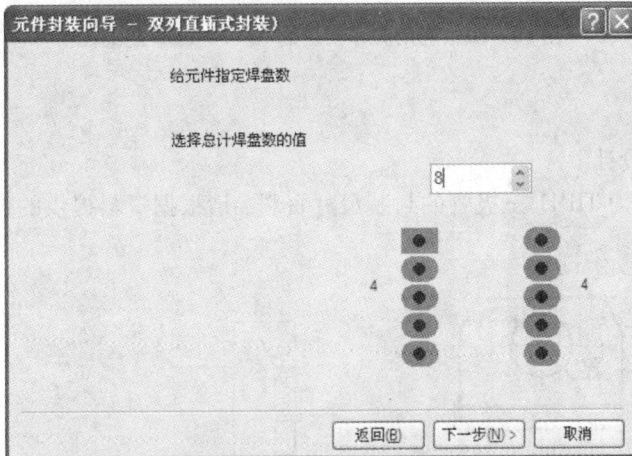

图 10 – 48　焊盘数的设置

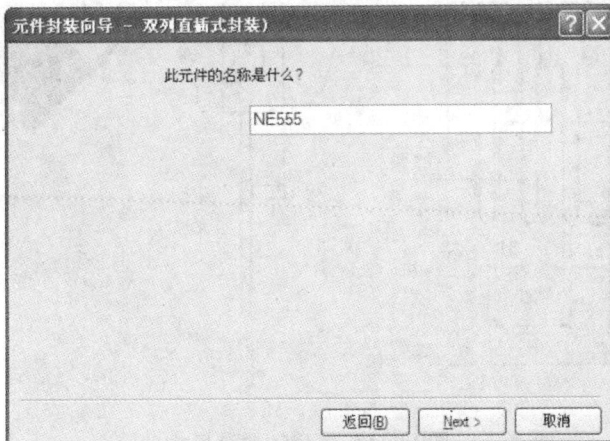

图 10 – 49　封装命名

利用向导创建的 NE555 集成电路 PCB 元件封装如图 10 – 50 所示。

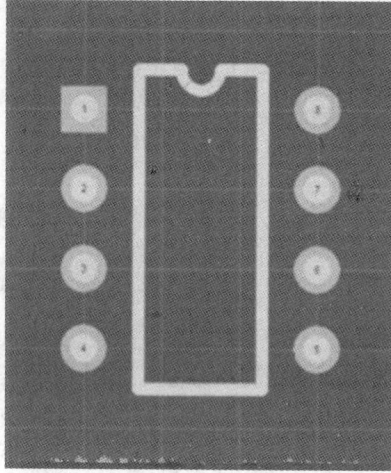

图 10 – 50　利用向导创建的 NE555 PCB 封装图

实训：

三极管封装的设计。

如图为 10 – 51 为 TIP41 三极管的封装尺寸资料，请根据资料提供的数据，制作好该三极管的封装图。

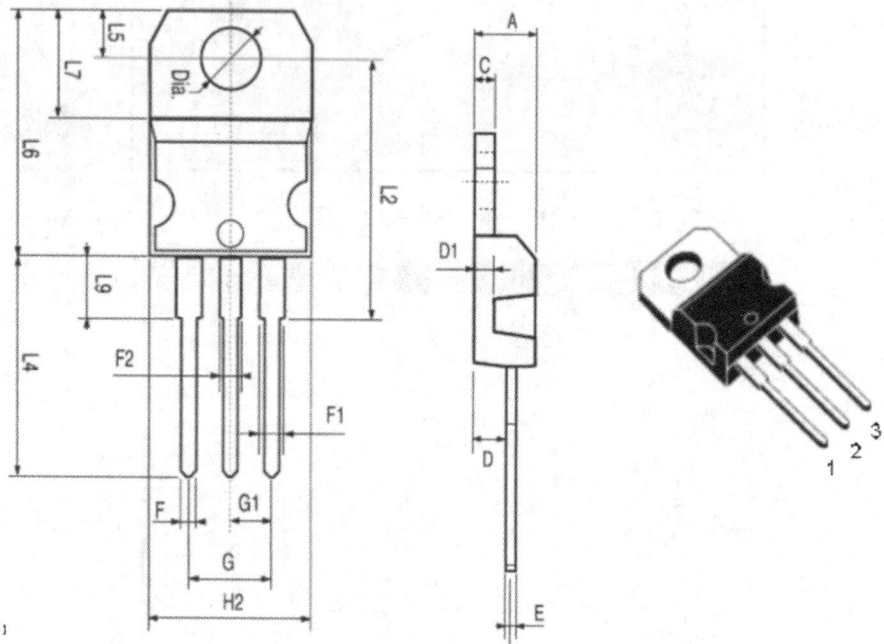

图 10 – 51　TIP41 封装尺寸

DIM.	mm		
	MIN.	TYP.	MAX.
A	4.40	4.60	
C	1.23	1.32	
D	2.40	2.72	
D1	1.27		
E	0.49	0.70	
F	0.61	0.88	
F1	1.14	1.70	
F2	1.14	1.70	
G	4.95	5.15	
G1	2.4	2.7	
H2	10.0	10.40	
L2	16.4		
L4	13.0	14.0	
L5	2.65	2.95	
L6	15.25	15.75	
L7	6.2	6.6	
L9	3.5	3.93	
DIA.	3.75	3.85	

图 10 – 52   TIP41 封装尺寸

考核评价

变压器封装设计。

制作如图 10 – 53 所示的开关变压器的引脚封装，焊盘间距尺寸如图 10 – 54 所示，其中焊盘参数如下：X – Size = 2 mm，Y – Size = 3 mm，Hole Size = 1.2 mm。

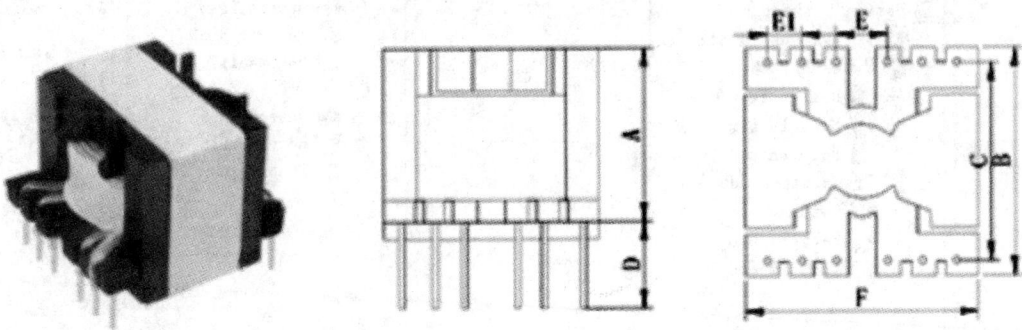

图 10 – 53   开关变压器资料图

尺寸(mm)						
A	B	C±0.5	D±0.5	E	E1	F
18.5	23.2	20.6	4	5	3.8	23.1

图 10−54　变压器外形轮廓及焊盘间距尺寸表

拓展提高

将 Protel 99 SE 的元件封装库转换到 Protel 2004 中。

Protel DXP 早期使用的版本 Protel 99 SE 中有部分封装元件是 Protel DXP 中没有的，实际中可以将 Protel 99 SE 中的封装库导入 Protel DXP 中，为设计工作带来很大方便。

举例说明：将 Protel 99 SE 中的 PCB 库 Transistors 转换到 Protel DXP 中。

第一步：启动 Protel 99 SE，新建一个 ∗.DDB 工程，执行主菜单【打开】命令，在 C:/Program files/Designe explorer 99 SE/Library/PCB/Generic Footprints 目录下找到晶体管封装库文件 Transistors，在这个工程中导入需要的封装库 Transistors.lib，如图 10−55 所示。鼠标右键单击 Transistors.lib，在弹出的快捷菜单中选择"Export"导出该文件到 D:/JCBX 文件夹中，如图 10−56 所示，然后退出 Protel 99 SE。

图 10−55　打开 Protel99se Transistors 库　　　　图 10−56　导出 Protel99seTransistors 库

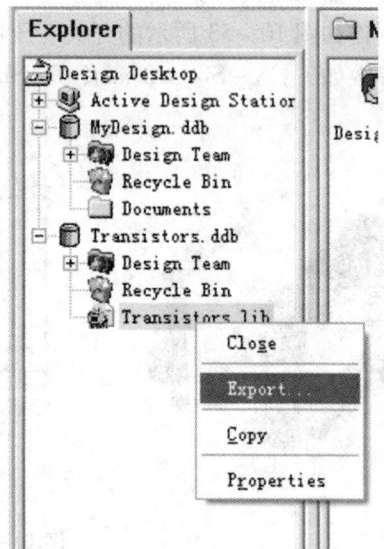

第二步：启动 Protel DXP，执行【文件】→【打开】命令，在 D:/JCBX 文件夹中找到 Transistors 文件，然后按"确认"按钮后，即可将打开晶体管库文件 Transistors 添加到当前工程面板中，如图 10−57 所示。如果还需要其它 Protel 99 SE 的封装库，按照同样的方法将其添

加到 Protel 2004 中。

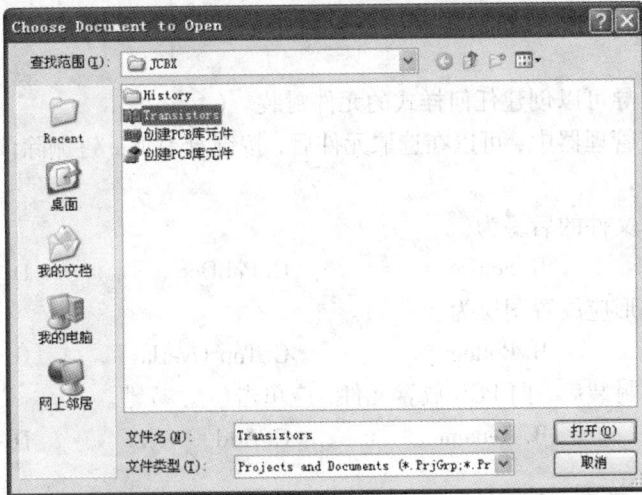

图 10 – 57　DXP 中选择 Transistors PCB 元件库

图 10 – 58　添加到 DXP 中的 Transistors PCB 元件库

练习题

1. 填空题

(1)创建元件封装有两种方式,分别是_____、_____。

(2)利用封装向导可以创建_____种样式的元件封装。

(3)制作直插元件封装时,焊盘所属图层应为_____。

(4)元件封装是指实际元件焊接到电路板时所指示的_____和焊接位置。元件的封装可以在设计电路原理图时指定,也可以在_____时指定。

(5)元件封装的编号一般为"元件类型 + 焊盘_____(焊盘数) + 元件_____尺寸"。

(6)启动 PCB 元件封装编辑库,进入 PCB 元件封装编辑器主窗口。其界面主要由_____、_____、绘图工具栏、编辑区、状态栏与命令行等部分组成。元件封装图形的设计、修改等编辑工作均可在这个部分完成。

(7)手工创建元件封装：利用_____工具，按照____的尺寸绘制出该元件封装。

(8)向导创建元件封装：按照元件封装创建向导预先定义_____，在这些设计规则定义结束后，元件封装库编辑器会_____生成相应的新的元件封装。

2.判断题

(1)利用封装向导可以创建任何样式的元件封装。（　　）

(2)在元件封装管理器中，可以在选取元件后，按键盘 Delete 键删除该元件。（　　）

3.选择题

(1)元件封装库文件的后缀为（　　）。

A. IntLib   B. SchDoc   C. PcbDoc   D. PcbLib

(2)元件封装外形应放置图层为（　　）。

A. Top   B. Bottom   C. Top Overlay   D. Keep – Outlayer

(3)选择好元件封装后，向 PCB 放置元件，应单击（　　）键。

A. Place   B. Rename   C. Add   D. Update PCB

项目十一　线路板制作

项目描述

　　线路板制作是电子产品流程中的一个部分。线路板制作方法有物理雕刻制板、化学腐蚀制板。物理雕刻制板工艺简单、自动化程度高，制板速度较慢，制作精度较差。因无锡层及阻焊工艺，焊接困难，一般不用。化学腐蚀制板工艺相对复杂，制板速度较快，制作精度较高，具备锡层、阻焊及字符工艺，焊接容易。得到广泛应用。化学腐蚀制板有热转印制板、感光板曝光制板、小型工业制板三种。本节主要介绍热转印制板、感光板曝光制板。要求学生掌握这两种制板的最基本流程。

知识准备

11.1　热转印制板

　　热转印制板是当前制作电路板的最佳选择，具有简单、快速、高效，特别适用于电路板的试样。

　　(1)优点：快速、方便、安全、直观、成功率高，工具简单，适合个人业余制作。

　　(2)缺点：需要价格昂贵的激光打印机，制作精度不高，只适合做单层单面板，不适合大批量制作。

11.1.1　热转印制板工艺流程

　　单面板为例，制板工艺流程见右边框图 11 – 1。

11.1.2　文件准备

　　文件：设计好的 PCB 图(单面板)。

11.1.3　耗材工具

　　其他小工具：剪刀、透明胶。

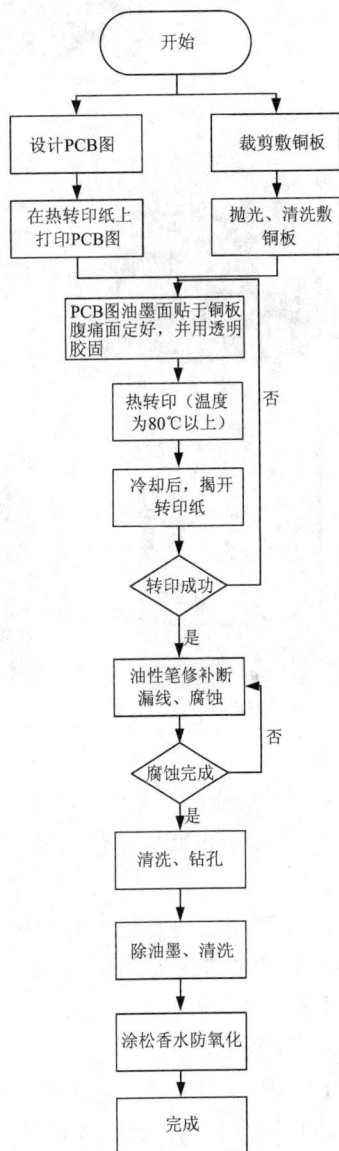

图 11 – 1

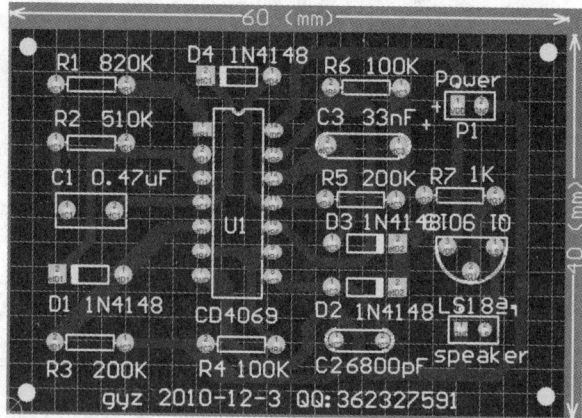

图 11－2

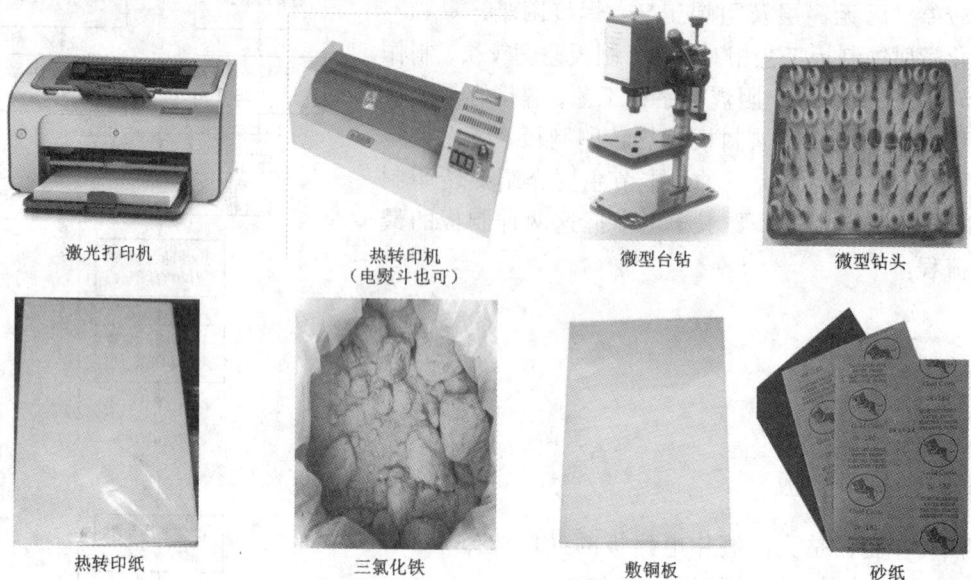

激光打印机　　　热转印机　　　微型台钻　　　微型钻头
　　　　　　　（电熨斗也可）

热转印纸　　　三氯化铁　　　敷铜板　　　砂纸

图 11－3

11.1.4　操作细节

（1）尽量将 PCB 图图纸设置成 A4 纸大小（210x297MM），将 PCB 图排满再打印，避免浪费热转印纸；

（2）在转印之前要防止将在热转印纸上打印好的 PCB 图上的油墨刮掉；

（3）转印的温度要调至 80 度以上，等温度达到后再开始转印，转印后等冷却了再揭开热转印图纸。

11.1.5　注意事项

（1）打印好图纸后，最好用实物确定比例是否一致，否则就要重新设置打印（1∶1 的比例），防止徒劳无功，即浪费时间，又浪费材料；

（2）热转印过程中要防止烫伤；

（3）三氯化铁溶液虽然腐蚀性不大，但很难洗干净，腐蚀的过程中做好带手套对手进行保护。

11.2　单面感光板曝光制板

感光制版是利用感光油墨的光化学变化，即感光油墨受光照射部分交联硬化并与覆铜本底牢固结合在一起形成版膜，未曝光部分经显影形成通孔，便于蚀刻。

用感光板制作电路板比较简单实用，而且做出来板比较美观，精度高、不足之处是成本略高，感光板不易买到等等，但这不失为一种手工制作电路板的好方法。

11.2.1　单面感光板曝光制板工艺流程

简易单面板，不做字符，见下面框图 11 - 4。

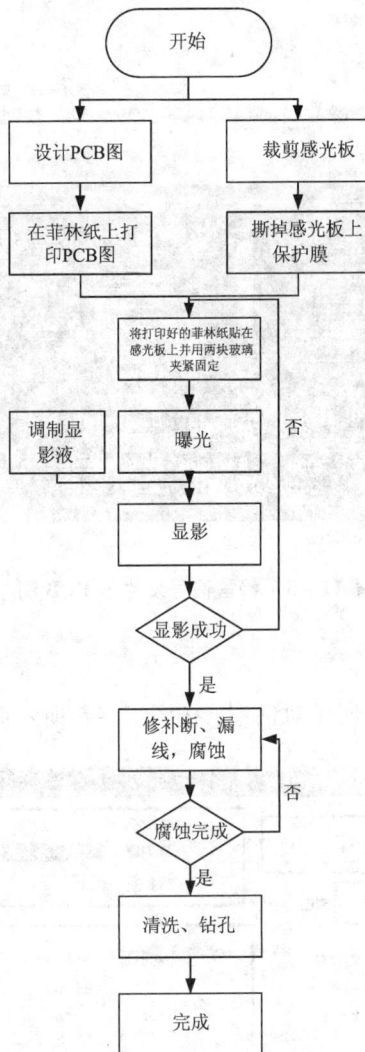

图 11 - 4

11.2.2　文件准备

设计好的 PCB 图。

11.2.3　耗材工具

（1）感光板；（2）显影剂；（3）菲林纸；（4）油性记号笔；（5）三氯化铁；（6）微型台钻（或

手钻);(7)电路板专用钻头(0.8 mm、0.9 mm、1.2 mm、1.5 mm)。

任务实现

以单面板制作为例。

任务一　警笛信号发生器热转印制板演示

步骤一:准备 PCB 图。

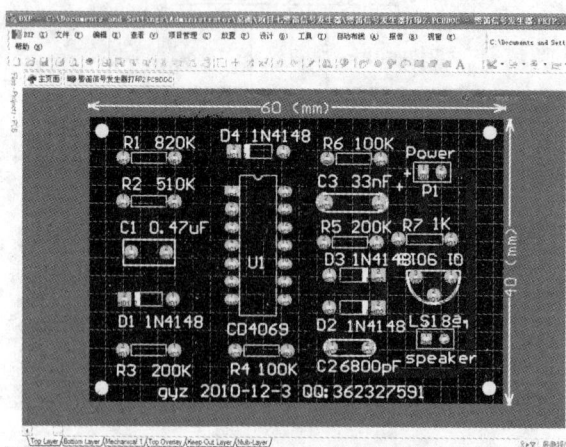

图 11 - 5　警笛信号发生器 PCB 图

步骤二:打印设置。

文件→页面设定,弹出如下所示对话框,按图 11 - 5 所示设置:

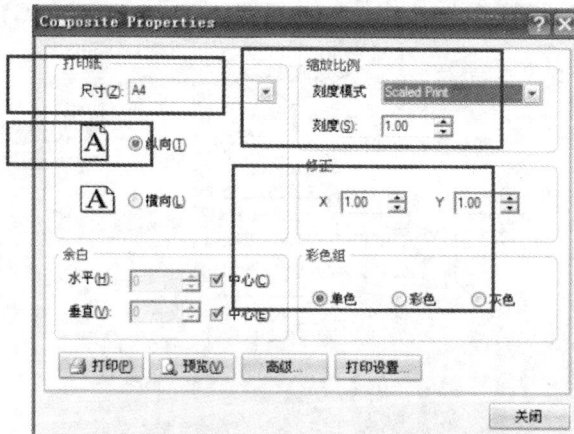

图 11 - 5　打印设置

步骤三：预打印定位(主要是为了节省转印纸，也可省掉这一步)。

先在 A4 纸上用 1:1 的比例打印出 PCB 图，确定 PCB 图在 A4 纸上的大概位置。

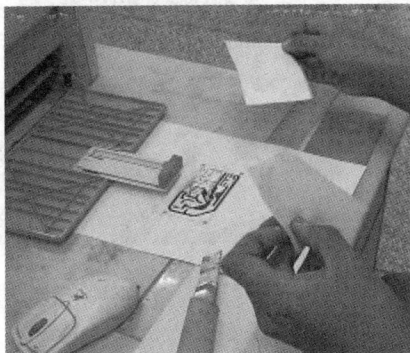

图 11-6 预打印定位

步骤四：打印。

将裁剪好的热转印纸固定在 A4 纸预先定好的位置后，进行 PCB 图打印(注：热转印纸光滑面为打印面)。

图 11-7 打印

步骤五：裁剪、抛光、清洗敷铜板。

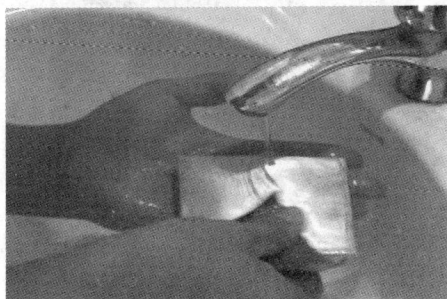

图 11-8 抛光、清洗

步骤六: 转印图贴至敷铜板, 然后用透明胶固定。

图 11 -9   转印图贴至敷铜板

步骤七: 热转印。

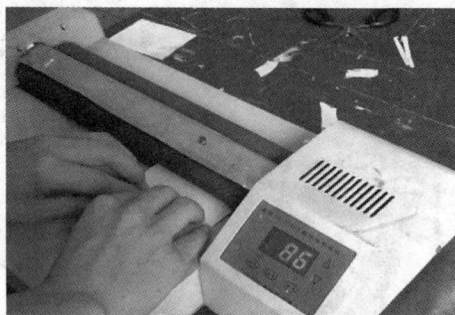

图 11 -10   热转印

骤八: 待冷却后小心撕去转印纸。

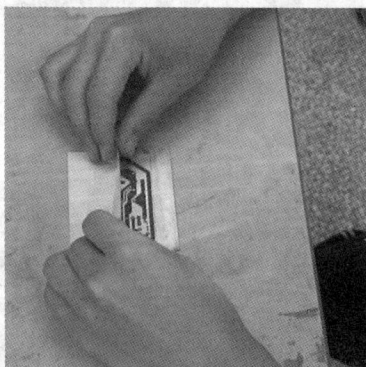

图 11 -11

步骤九: 修补断、漏线。

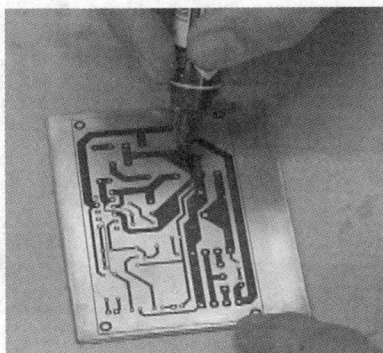

图 11 – 12　修补断、漏线

步骤十：腐蚀。

将固体三氯化铁溶入温水中配成溶液，将转印好的铜板放入溶液中腐蚀。为了加快腐蚀速度，可采用以下三种方法：①适当提高溶液温度；②向溶液中鼓入氧气；③加入三氯化铁，增加溶液的浓度。

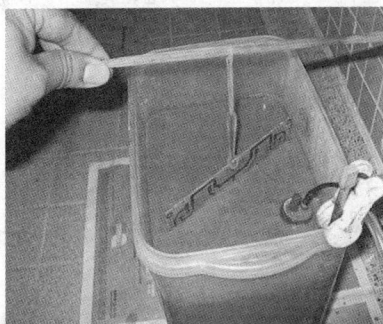

图 11 – 13　腐蚀

步骤十一：清洗、冲水、钻孔、涂松香水腐蚀完成后，用清水冲洗，然后用钻孔机钻孔，最后涂上松香水防止氧化。

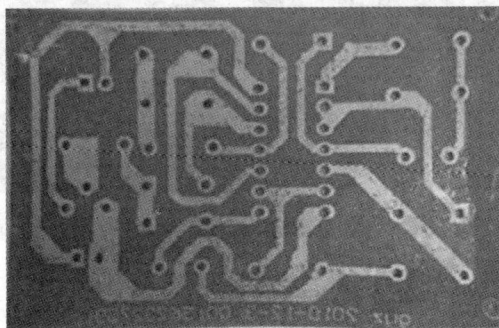

图 11 – 14　制作完成的 PCB 板

步骤十二：装配、调试。

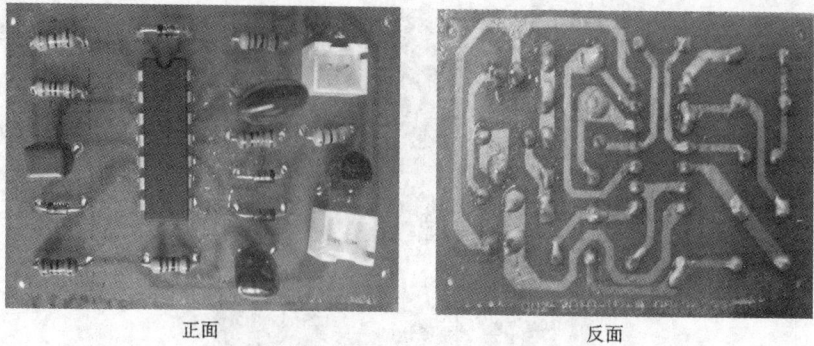

正面   反面

图 11 –15

任务二　单片机小系统感光板曝光制板演示

　　下面要进行的 DIY 制版过程，实际与工厂生产 PCB 的原理是完全一样的，只是为了方便业余条件下制作，对部分步骤进行了工艺上的减化，把工厂使用的昂贵的设备以日常生活常见的简单工具取代掉。这种减化极大地节约了设备方面的投入，而对制成 PCB 的质量没产生严重的影响。相信您严格按照这里介绍的流程制作，一定能达到样品板的效果。

　　步骤一：准备 PCB 原稿图。

　　首先用 Protel DXP 软件在电脑中设计好 PCB 图，如图 11 – 16 所示：

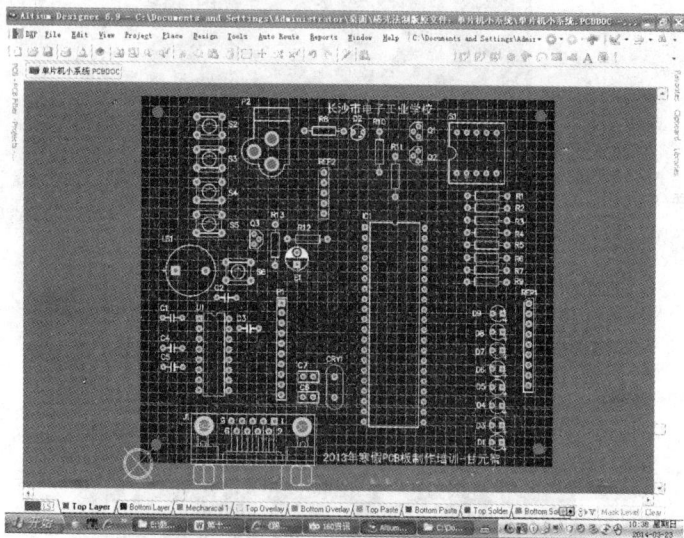

图 11 –16　单片机小系统 PCB 图

　　步骤二：打印菲林。

　　1. 打印设置

　　文件→页面设定，弹出如下所示对话框，按图 11 –17 示设置：

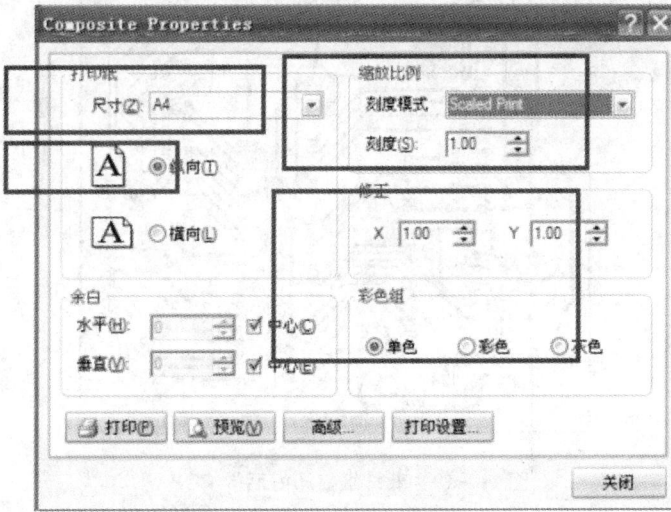

图 11 – 17　打印设置

2. 设置打印层

点"高级",在弹出的对话框中,将与顶部相关的层删除,留下底部相关层及禁止布线层(此处只做简单的单面板,不做阻字符),具体如下:

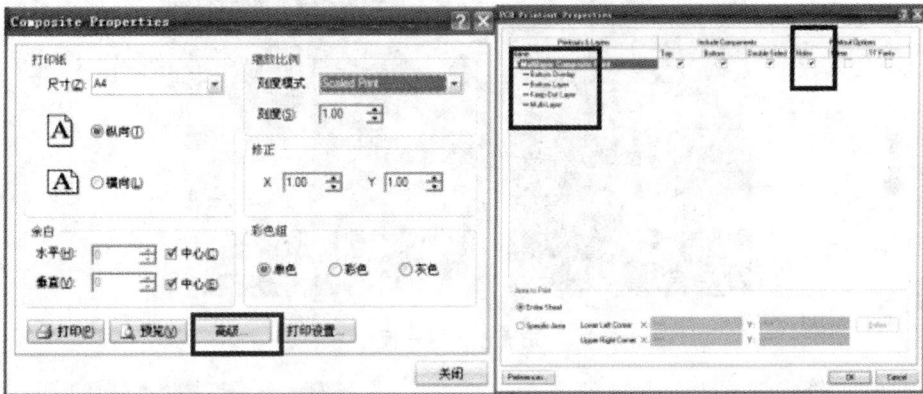

图 11 – 18

另外,为了便于后期钻孔时定位,焊盘中心孔 holes 需要打印出来(图中红色框框标记处),它在底片上也是不透明的。

3. 打印

最好是选择透明的菲林用激光打印机来打印,这样打印出来的效果非常好,完全胜任一般的电路板制作要求。如果是喷墨式打印机就要用硫酸纸,但是效果差。(注:如果是做双面板,打印的时候要注意,Top 层就要选择镜像打印,Bottom 层直接打印就可以了,这样做的目的是为了让菲林的打印面(碳粉面/墨水面)紧贴着感光板的感光膜。)

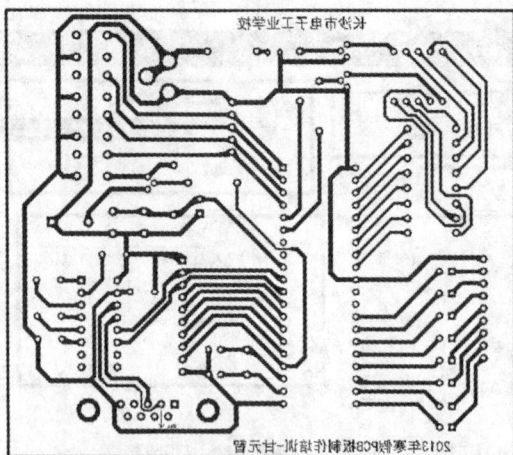

图 11-19 菲林纸打印好后的 PCB 图

步骤二：感光板的曝光。

1. 曝光准备

没使用过的感光板铜皮面会有一层白色不透明的保护膜。用刀子将曝光板裁成所需要的大小，并把毛边刮掉，然后将保护膜撕掉。

市面上的感光板

铜皮面有白色保护膜

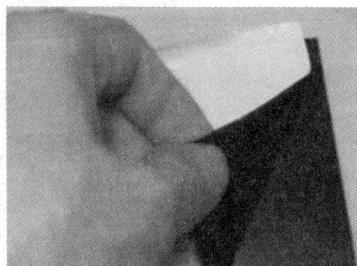

将保护膜撕掉

图 11-20

去掉保护膜的感光板铜皮面被一层绿色的化学物质所覆盖，这层绿色的东西就是感光膜。先将其中一块玻璃放在较平的台面上，然后把感光板放在玻璃上，绿色曝光面朝上。然后将打印好的菲林轻轻铺在感光板上，并对好位置。将另外一块玻璃压上，利用上面那块玻璃本身的自重使曝光板和菲林紧贴在一起。

将感光板放在玻璃上，曝光面朝上

将菲林铺在板上

盖上另一块玻璃

图 11 – 21

2. 曝光

确定两块玻璃已经准确无误地将电路板和菲林压好后，接下来就要开始曝光了。

此过程可以在一般室内环境光线条件下进行，不用担心室内环境光线会造成感光板曝光。曝光的方法有几种：太阳照射曝光、日光灯曝光、专用的曝光机曝光，可以根据情况灵活选择。这里采用的是日光台灯来曝光，台灯和感光板的距离大概是 5 cm 左右。可以制作一简易曝光箱，可以保证曝光量距离和时间稳定。

使用激光打印胶片时，时间 8 – 10 分钟，使用喷墨胶片时，因为一般打印的黑度比激光打印胶片要低一些，曝光时间可适当缩短。当板面积较大时，为了保证曝光均匀，可以使用多支灯管并联。对于双面感光板，为了防止曝光时杂散光线对非曝光面的有害影响，可用保护膜遮挡。一面曝光完成后，将保护膜转移到刚才曝光好的一面，将玻璃板翻转，对另外一面进行曝光，两面的曝光时间相同。

图 11 – 22 曝光

曝光的时间要根据曝光光源的照射强度，以及不同厂家生产的感光板可能对曝光时间要求的不同，具体时间请参考厂家的说明。建议实际制作时先用小块边角试曝，以确定准确的曝光时间。在这里这次曝光用了大约 12 分钟。曝光时间的要求并不是很严格，但时间不要太短，那样会导致曝光不充分，曝多几分钟无所谓。

曝光完成后，将感光板取出，即可进行显影。

步骤三：感光板的显影。

1. 调制显影液

取适量感光板专用显影剂，加温水按 1:20 的比例溶解配置成显影液，置于塑料浅盘中，摇动使其充分溶解，显影液的温度以 30～35℃为宜。（注意：不要用金属材料的盆，不要用纯净水，用一般的自来水即可。）

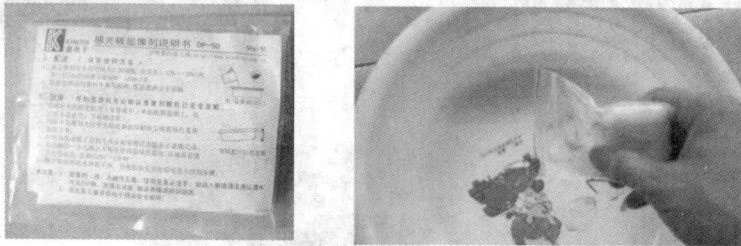

图 11-23　显影液加入水中并摇动使其溶解

2. 显影

将曝光后的感光板放入调制好显像剂的盆中，绿色感光膜面要向上并且不停的晃动盆子，此时会有绿色雾状冒起，线路也会慢慢显露出来。

图 11-24　显影

直到铜箔清晰且不再有绿色雾状冒起时即显像完成，此时需再静待几秒钟以确认显像百分百完成。显像完成后用水稍微冲洗，吹风机吹干，检查磨面线路是否有短路或开路的地方，短路的地方用小刀刮掉，断路的地方用油笔修补。

小提示：对于 20 克包装的显影剂，可以一次全部配制后，使用 2.25 升装的可乐瓶密封保存，使用时根据需要的量倒出即可。一包 20 克包装的显影剂可显影 20 块左右 100 * 150

尺寸的单面感光板。

步骤四：腐蚀。

将三氯化铁放入塑料盆中（注：不能用金属盆），按 250 g 三氯化铁配 1500cc – 2000cc 的水进行调配，用热水可加快蚀刻速度，节约时间。待三氯化铁充分溶于水中后即可将已显影的电路板放入盆中进行蚀刻，蚀刻的过程当中不停地晃动盆子，使蚀刻均匀以及加快蚀刻速度。

大约十几分钟即可完成蚀刻过程，蚀刻完成后将电路板取出用水轻轻冲洗即可。

步骤五：钻孔。

采用和热转印制版过程相同的钻孔方法，用

图 11 – 25　腐蚀

小手电钻（或微型台钻）对零件孔或需要钻孔的地方进行钻孔，钻孔后的电路板就可以进行零件装配焊接了。感光板可以直接焊接绿色的感光膜，如需去除感光膜可用酒精或天那水等进行擦洗。

图 11 – 26　钻孔

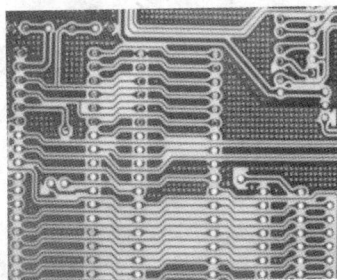

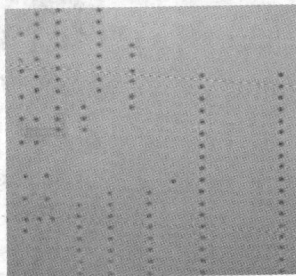

图 11 – 27　完成

考核评价

多路波形发生器 PCB 板感光板曝光制板。

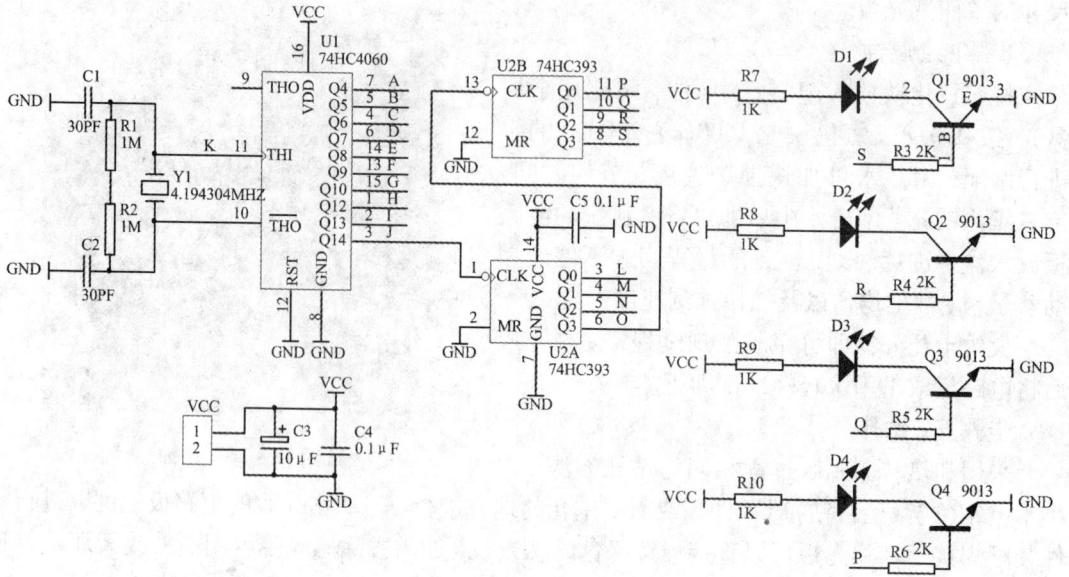

图 11 – 28

拓展提高

字符的制作。

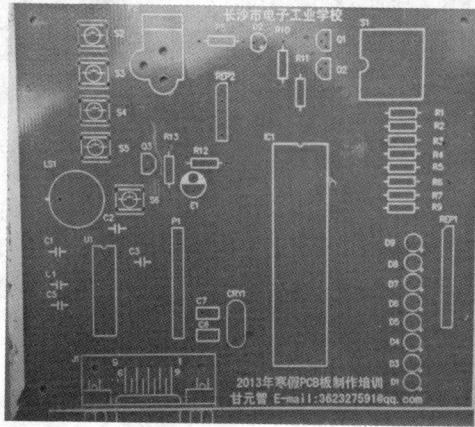

图 11 – 29 字符

项目十二　六位电子时钟 PCB 板制作

项目描述

以六位电子时钟 PCB 板制作，重点介绍小型工业制板过程，要求学生掌握小型工业制板的方法，掌握胶片制作、数控机床钻孔、化学蚀刻、过孔与铜箔处理、助焊、阻焊及 OSP 防氧化处理、质量检验与修改。

知识准备

小型工业制板的特点及设备

1. 小型工业制板特点

工艺相对复杂，制板速度较快，制作精度较高，可批量生产，具备锡层、阻焊及字符工艺，焊接较容易。

2. 小型工业制板总体流程

前期准备──→线路板裁板──→线路板钻孔──→金属化过孔──→线路制作──→阻焊制作──→字符制作。

3. 小型工业制板常用的仪器设备

激光打印机HP5200Lx　　　激光光绘机Create-LGP1600

底片处理设备

精密手动裁板机Create MCM3200　　　脚踏式裁板机Create JCM3000

裁板设备

高精度微型台钻Create–MPD   全自动数控钻床Create DCD3200

钻孔设备

全自动线路板抛光机Create BFM1000   全自动线路板抛光机Create BFM2200

表面处理设备

智能金属过孔机Create MHM4600   全自动镀铜机Create CPC6200

金属过孔设备

线路板丝印机Create MSM2200   线路板自动丝印机Create MSM3400

油墨印刷设备

油墨固化机Createp PSB2200　　　油墨固化机Createp PSB3200

油墨固化和丝网烘烤

自动覆膜机Create GTM3200　　　自动覆膜机Create GTM1200

干膜压膜设备

曝光机Create EXP3200　　　双面全自动曝光机Create EXP6200

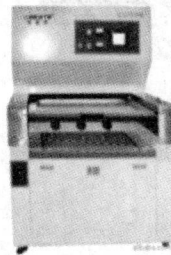

曝光设备

自动喷淋显影机Create DPM4200　　　全自动喷淋显影机Create DPM6200

显影设备

全自动镀锡机Create CPT6200

智能镀锡机Create CPT4200

镀锡设备

台式自动喷淋脱膜机Create ARF3600

全自动喷淋脱膜机Create ARF6200

脱膜设备

全自动喷淋腐蚀机Create AEM6200

台式自动喷淋腐蚀机Create AEM3600

腐蚀设备

自动喷淋褪锡机Create AES4200

台式自动喷淋褪锡机Create AES3600

褪锡设备

欧托创力贴片机BS384V1/V2　　　　　　　台湾元利盛全自动贴片机EM760L

器件贴装设备

桌面式自动贴片流水线　　　　　　　　　　飞机式自动贴片流水线

贴片流水线

台式回流焊机Create SMT820　　　　　全热风无铅回流焊机Create SMT2200

回流焊接设备

锡膏专用冰箱Create ETK200　　热风拔放台AT850B　　恒温焊台AT969D　　焊接视频检测仪Create PDM2200

辅助设备

任务实现

掌握电子时钟 PCB 工业制板流程。

任务一　前期准备

(1)利用 Protel DXP 2004 设计电子时钟 PCB 图,如图 12-1 所示。

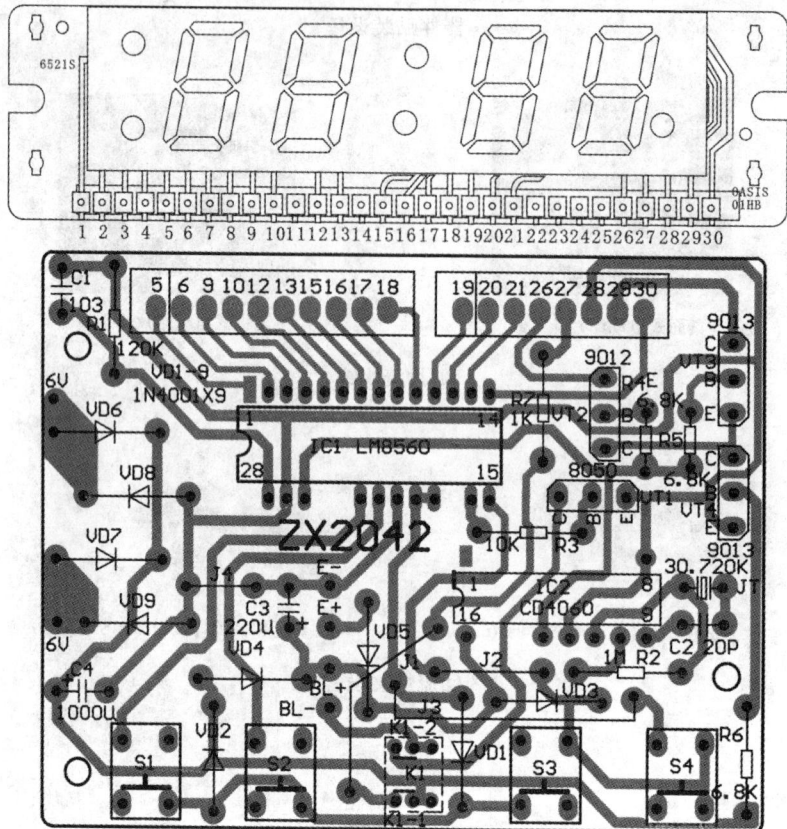

图 12-1

　　(2)利用高精度打印机(HP5200 打印机)打印。单面板:底层线路图、底层阻焊图层、字符图层。双面板:顶层线路图层、底层线路图层、顶层阻焊图层、底层阻焊图层、字符图层。基本操作流程:从 Protel 软件导出 Gerber 格式文件 - >在 CAM350 软件中自动导入 Gerber 文件 - >设置待输出图层的相关信息 - >打印输出设定的图层。如图 12-2 所示。

　　(3)准备所需耗材,如覆铜板、锡膏、显影液、腐蚀液、自来水、透明胶、菲林底片、剪刀、油性笔等。

　　(4)启动加热设备。

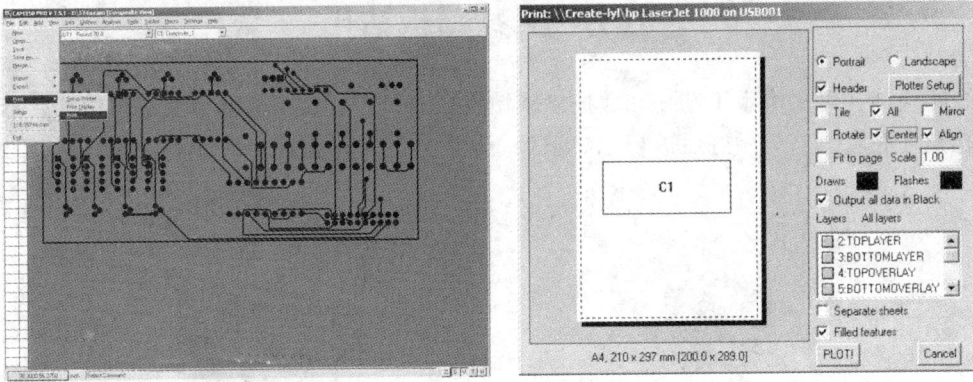

图 12 - 2

任务二 线路板裁板

板材准备又称下料。在 PCB 板制作业前，应根据设计好的 PCB 图大小来确定所需 PCB 板基的尺寸规格，移动定位尺来确定裁剪尺寸，根据具体需要进行裁板。电子时钟 PCB 图是 6 cm×6 cm，裁板应为 8 cm×8 cm。可用的设备如图 12 - 3 所示。

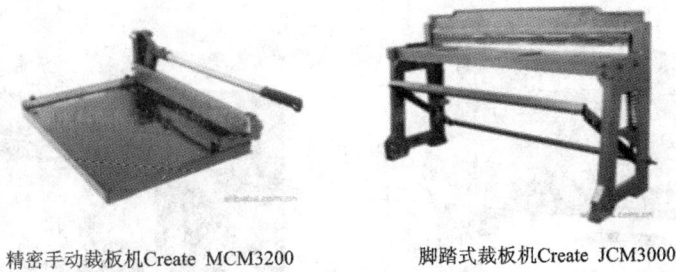

精密手动裁板机Create MCM3200   脚踏式裁板机Create JCM3000

图 12 - 3

由于板基的尺寸较少，选用精密手动裁板机，如图 12 - 4 所示。

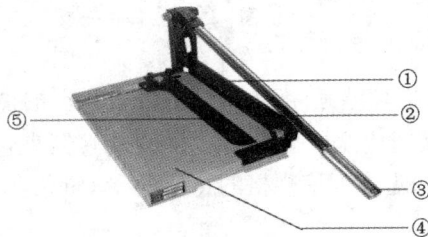

图 12 - 4

①刀片 ②下刀片 ③压杆 ④底板 ⑤定位尺

任务三　线路板钻孔

线路板钻孔可采用手工钻孔和数控机床钻孔。对于单面板，两种方法都可以，只不过手工钻孔是在底层线路板做好后进行。对于双面板，最好采用数控机床钻孔。设备如图 12 - 5 所示。

高精度微型台钻Create MPD　　　　　全自动数控钻床Create DCD3200

图 12 - 5

数控钻床能根据 protel 生成的 PCB 文件自动识别钻孔数据，并快速、精确地完成定位、钻孔等任务。用户只需将设计好的 PCB 文件直接导入数控钻后台软件即可自动完成批量钻孔。如图 12 - 6 所示。

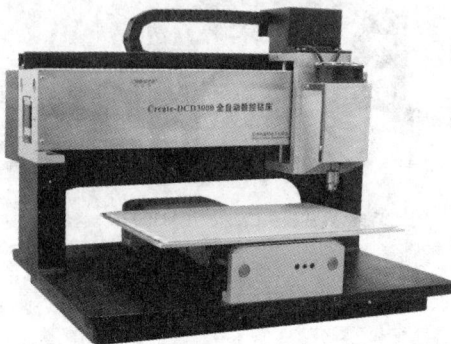

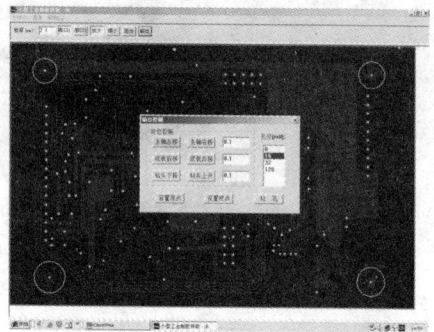

全自动数控钻床　　　　　　　　数控钻软件操作界面

图 12 - 6

数控钻孔步骤：(1)连接数控钻硬件；(2)固定待钻孔覆铜板；(3)在数控钻后台软件导入待钻孔的 PCB 图；(4)安装对应规格孔的钻头；(5)调整钻头起始位置及高度，并作为钻孔起始点；(6)钻好定位孔；(7)选定对应规格的孔，开始分批钻孔。如图 12 - 7 所示。

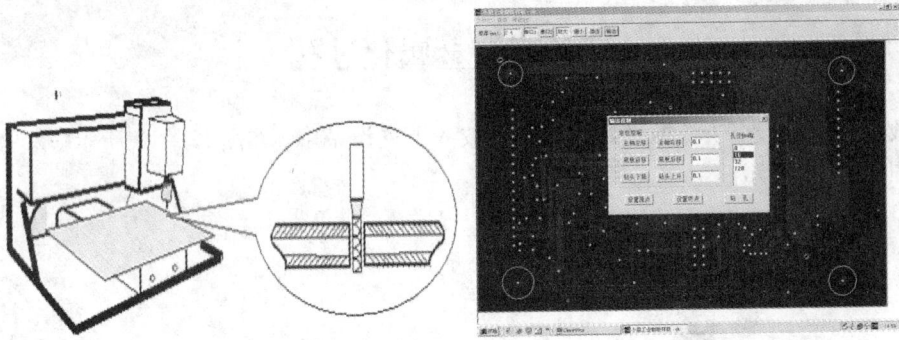

图 12 – 7

任务四　板材抛光

作用：去除覆铜板金属表面氧化物保护膜及油污，进行表面抛光处理。

设备：如图 12 – 8 所示。

全自动线路板抛光机Create BFM1000　　　全自动线路板抛光机Create BFM2200

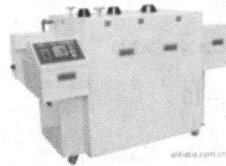

图 12 – 8

操作步骤：

（1）旋转刷轮调节手轮，使上、下刷轮与不锈钢辊轴间隙调整合理；

（2）开启水阀，使抛光时能喷水冲洗，以使覆铜板表面处理更干净；

（3）调节速度调节旋钮，使传送轮速度合适，到最好的表面处理效果；

（4）将待处理的覆铜板置于传送滚轮上，抛光机自动完成板材去氧化物层、油污等全过程。抛光原理如图 12 – 9 所示。

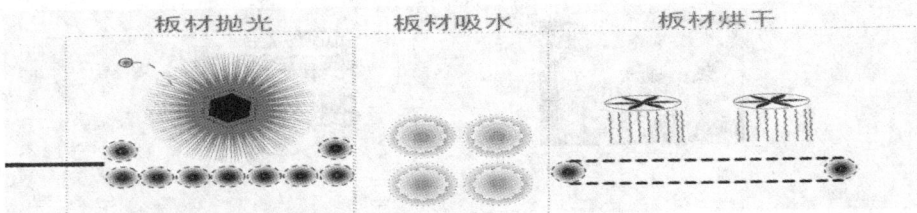

图 12 – 9

任务五　金属化过孔

一般采用下列设备：将抛光好的电路板放入下列设备中，如图 12 - 10 所示。金属化过孔效果如图 12 - 11 所示。

智能金属过孔机Create MHM4600

全自动镀铜机Create CPC6200

图 12 - 10

图 12 - 11

工作步骤是：

1. 预浸

效果如图 12 - 12 所示。

温度：50℃。

时间：3 - 5 分钟(最佳时间 5 分钟)。

目的：清除铜箔和孔内的油污、油脂及毛刺铜粉，调整孔内电荷，有利于碳颗粒的吸附。如图

注意：预浸完毕后，需水洗、烘干。

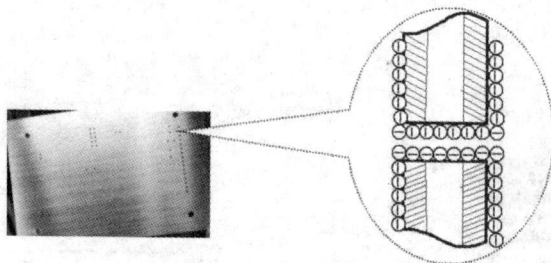

图 12 - 12

2. 活化

效果如图 12－13 所示。

温度：室温。

时间：5 分钟(0.7 mm 及以下小孔活化 3 分钟，通孔固化后再做一次)。

目的：将孔壁吸附一层直径为 10 nm 的导电碳颗粒。

注意：活化后，需通孔及热固化(100℃，5 min)。

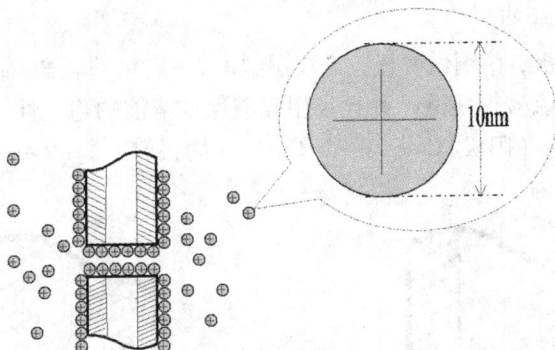

图 12－13

3. 微蚀

效果如图 12－14 所示。

温度：室温。

时间：10 秒(最佳采用对流或者摇摆方式)。

目的：主要去除掉表面铜箔上吸附的碳颗粒，保留孔壁上的碳颗粒。

原理：液体只与铜反应，所以将表面的铜箔轻微的腐蚀掉一层，吸附在铜箔上碳颗粒就会松落去除。

注意：微蚀后，需水洗。

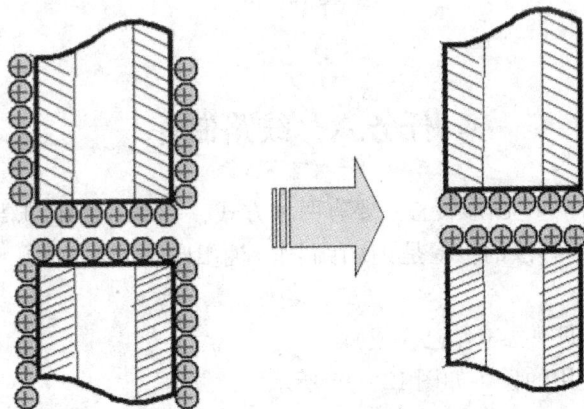

图 12－14

4. 电镀

效果如图 12 - 15 所示。

温度：室温。

时间：20 - 30 分钟（最佳 30 分钟）。

电流：刚开始电镀 3 - 5 分钟内，电镀电流为 0.5A/平方分米；然后使用电镀电流为 2A/平方分米（有效面积）。

目的：孔壁已吸附了一层碳颗粒，碳颗粒是导电的，通过电镀在碳层上电镀上铜层。从而达到多层板双面过孔导通。

原理：以粗铜做阳极，精铜做阴极，硫酸铜（加入一定量的硫酸）做电解液。

溶液主要成分为：硫酸铜溶液。并且采用强酸保护溶液的稳定性。

溶液主要化学式为：（阳极）$Cu-2e- = Cu^{2+}$，（阴极）$Cu^{2+} +2e- = Cu$。

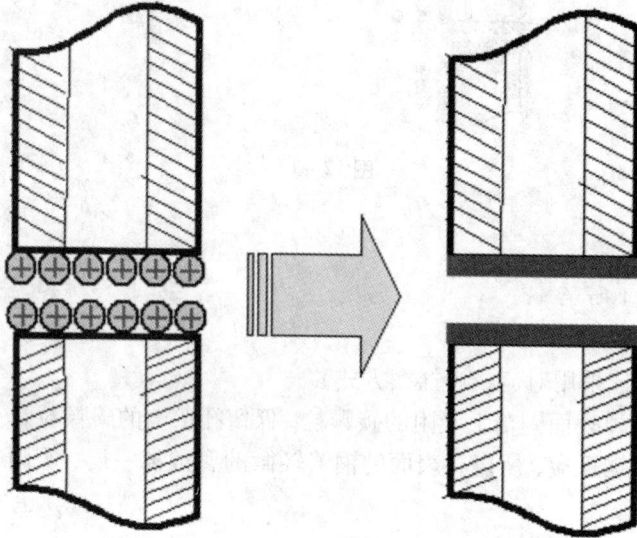

图 12 - 15

任务六　线路制作

在双面线路板制作中，图形转移主要有两种方式：一种是热转印转移法，一种是线路感光转移法。线路感光转移法的步骤是：底片制作、油墨印刷、油墨固化、线路曝光显影、电镀锡。具体讲解如下。

（1）底片制作（前期准备工作已完成）。

（2）油墨印刷，使用的设备如图 12 - 16 所示。

丝网印刷（油墨印刷）包括：感光线路油墨印刷、感光阻焊油墨印刷、感光字符油墨印刷。

感光线路油墨：在双面线路板制作过程中，用感光线路油墨在覆铜板上曝光显影后形成负性线路图形，以用于镀锡并形成锡保护下所需电路图形。

　　阻焊油墨：阻焊油墨主要用于焊接以使各焊盘之间形成阻焊层，使线路板焊接时，不容易产生短路。

　　文字油墨：主要用于标记线路板各器件位置及对应型号，方便位置识别与焊接。

线路板丝印机Create MSM2200　　　　线路板自动丝印机Create MSM3400

图 12 − 16

　　（3）油墨固化，使用的设备如图 12 − 17 所示。

　　为使印刷后的油墨具有较强的粘附性，感光线路油墨、感光阻焊油墨、感光字符油墨均需通过专用的线路板烘干机进行热固化，具体固化温度及时间如下：

　　感光线路油墨：75℃，20 ~ 25 分钟；感光阻焊油墨：曝光显影前：75℃，10 ~ 15 分钟；曝光显影后：150℃，5 分钟；感光文字油墨：曝光显影前：75℃，10 ~ 15 分钟，曝光显影后：120℃，30 分钟（热固化过程）。

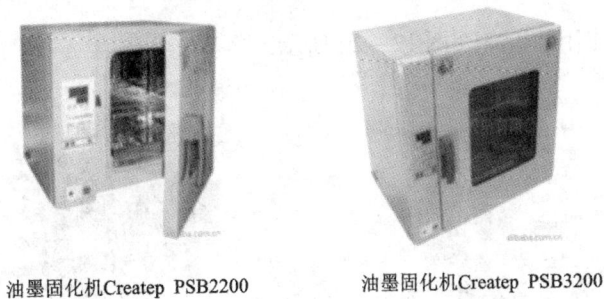

油墨固化机Createp PSB2200　　　　油墨固化机Createp PSB3200

图 12 − 17

　　（4）线路曝光，使用的设备如图 12 − 19 所示。

　　线路曝光步骤：裁剪底片→对位→胶带固定→将待曝光的覆铜板放于曝光平面，待曝光面朝下→启动真空→曝光。如图 12 − 18 所示。

　　具体曝光时间及灯管参数如下：

　　感光线路油墨：曝光时间 3 分钟；感光阻焊油墨：曝光时间 10 分钟；感光文字油墨：曝光时间 10 分钟。

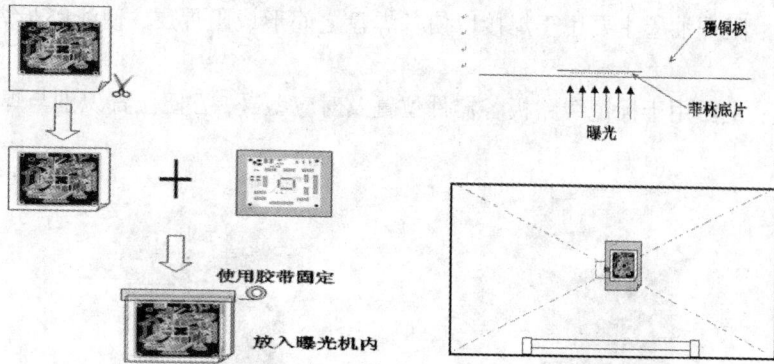

图 12 - 18

曝光机Create EXP3200　　　　　双面全自动曝光机Create EXP6200

图 12 - 19

(5)线路显影,使用的设备如图 12 - 20 所示。

自动喷淋显影机Create DPM4200　　　　全自动喷淋显影机Create DPM6200

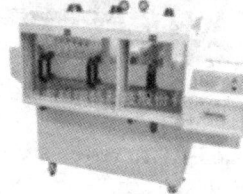

图 12 - 20

显影方法:将曝光后的线路板置于自动显影机中显影。显影温度:40 ~ 45℃。显影效果如图 12 - 21 所示。

显影前　　　　　　　　　　　　　　　显影后

图 12 – 21

（6）镀锡，使用的设备如图 12 – 22 所示。

用途：将焊盘及线路部分镀上锡，以达到在碱性腐蚀液中保护线路不被腐蚀。

操作方法：

1）用不锈钢夹具将印好抗电镀油墨的板材固定好，并置于化学镀锡机中。

2）根据待镀锡板材的大小，调节合适的电流。标准为：$1A/(dm)2$（有效漏铜面积）；刚开始镀锡电流设置为 0.1A，5 分钟后慢慢调大至标准电流。

3）待电镀时间达到 30 分钟左右，取出被电镀板材用水冲洗即可。效果如图 12 – 23 所示。

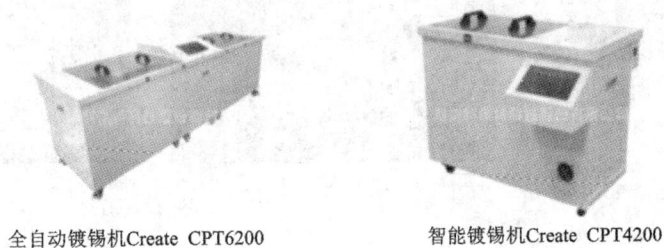

全自动镀锡机Create CPT6200　　　　　智能镀锡机Create CPT4200

图 12 – 22

镀锡前　　　　　　　　　　　　　　镀锡后

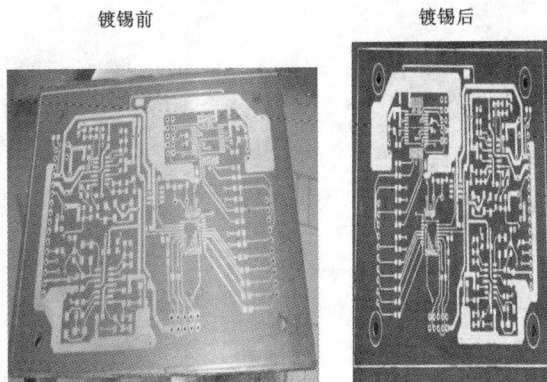

图 12 – 23

(7)线路脱膜,使用的设备如图 12 – 24 所示。

镀锡完毕后,必须将油墨层剥离,以便下一步腐蚀。效果如图 12 – 25 所示。

脱膜前   脱膜后

图 12 – 24

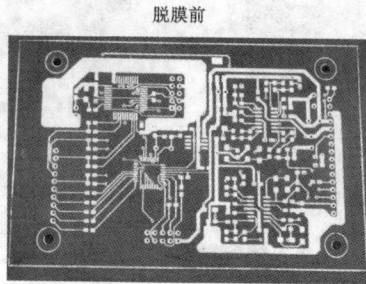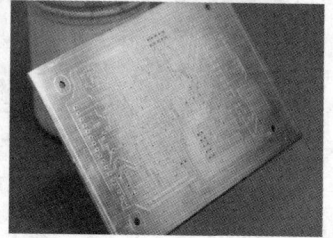

图 12 – 25

(8)线路板腐蚀,使用的设备如图 12 – 26 所示。

由于锡难溶于碱性腐蚀液,而铜容易溶于碱性腐蚀液。镀锡后的线路板所用腐蚀溶液需为碱性溶液。效果如图 12 – 27 所示。

腐蚀前   腐蚀后

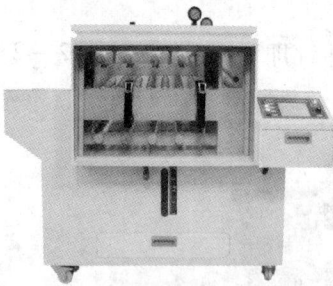

图 12 – 26

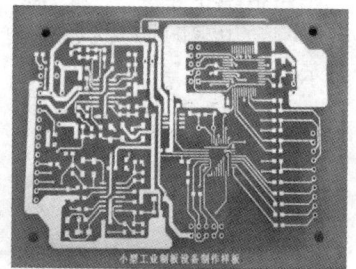

图 12 – 27

(9)线路板褪锡,使用的设备如图 12 – 28 所示。

溶液容易腐蚀锡层,但难腐蚀铜层。具体操作和腐蚀工艺相同。效果如图 12 – 29 所示。

自动喷淋褪锡机Create AES4200   台式自动喷淋褪锡机Create AES3600

图 12 – 28

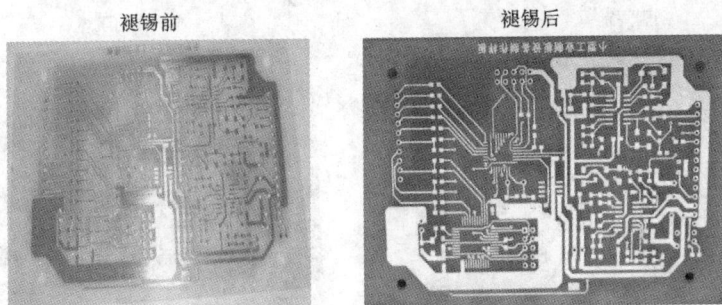

褪锡前　　　　　　　　　　　褪锡后

图 12 - 29

（10）线路板测试，使用的设备如图 12 - 30 所示。

线路板制作完毕后均需进行可靠性检测，检测线路板是否有断线、短路现象，孔是否全部导通（常用检测工具有视频检测仪、万用表、飞针等）。如果出现以上问题，需采取相应的补救措施。

任务七　阻焊丝印、字符丝印

阻焊丝印：当线路板检测完全通过后，将相应的阻焊油墨漏印到线路板上。使用的设备如图 12 - 31 所示。效果如图 12 - 32 所示。

阻焊曝光、显影：阻焊曝光、显影操作方法与线路曝光、显影一致，之后通过烘干机，再将油墨固化在线路板上。阻焊油墨固化：120℃，5 分钟。效果如图 12 - 33 所示。

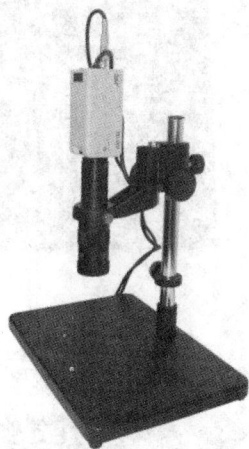

图 12 - 30　视频检测仪器

线路板丝印机Create MSM2200　　　　线路板自动丝印机Create MSM3400

图 12 - 31

字符丝印：操作方法与阻焊丝印相同，不同是字符油墨固化：120℃，30 分钟。效果如图 12 - 34 所示。

刮阻焊前

刮阻焊后

图 12 – 32

曝光 显影前

曝光 显影后

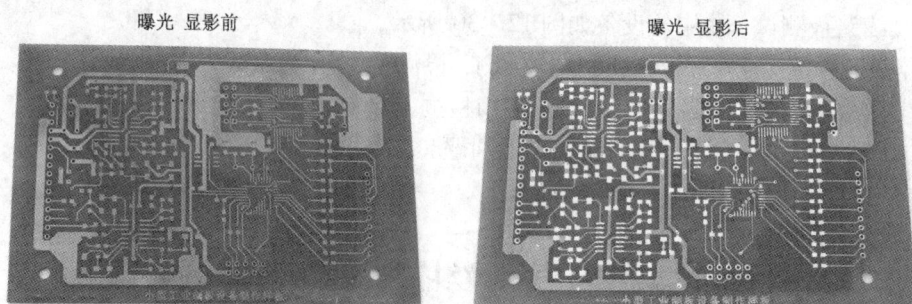

图 12 – 33

丝印前

丝印后

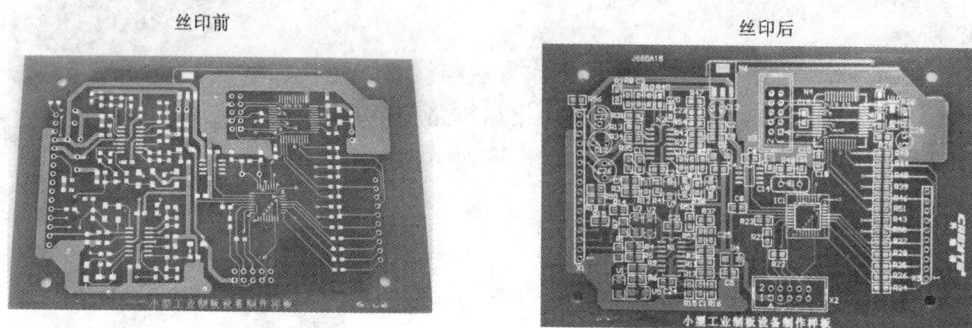

图 12 – 34

考核评价

8 路抢答器 PCB 板制作。

拓展提高

工业制板技术。

参考文献

[1] 刘文涛. Protel 2004. 完全学习手册. 北京：电子工业出版社

[2] 曾斌. Protel DXP 电路设计标准教程. 上海：上海科学普及出版社

[3] 赵建领. Protel 电路设计与制版宝典[M]. 北京：电子工业出版社

[4] 陈亚萍. Protel 2004 项目实训[M]. 北京：高等教育出版社

[5] 崔陵. Protel 2004 项目实训及应用[M]. 北京：高等教育出版社

附　录

附录请扫描二维码